U0249167

现代数学基础丛书 184

# 微分方程的李群方法

蒋耀林 陈 诚 著

科学出版社

北 京

# 内 容 简 介

　　本书主要讨论经典李群方法在微分方程中的应用,内容涵盖了微分方程的李群方法的一些最新研究成果.除绪论外,全书共 6 章,基本内容包括与李群方法相关的基本概念、多种类型微分方程的李群分析、偏微分方程守恒向量的构造和精确解的求解,以及李群方法的其他应用.本书系统性强,各章节自成体系又相互联系.在内容叙述和安排上,尽量采用通俗易懂的语言,详略得当,论证详尽,便于读者全面了解和掌握相关内容.

　　本书可供数学物理及工程领域从事非线性科学相关研究的高年级本科生、研究生、教师阅读和参考,也可作为从事微分方程应用及模拟的科技人员的理论参考书.

**图书在版编目(CIP)数据**

微分方程的李群方法 / 蒋耀林, 陈诚著. —北京:科学出版社,2021.3
(现代数学基础丛书; 184)
ISBN 978-7-03-068220-8

Ⅰ. ①微⋯ Ⅱ. ①蒋⋯ ②陈⋯ Ⅲ. ①微分方程 Ⅳ. ①O175

中国版本图书馆 CIP 数据核字(2021)第 039435 号

责任编辑: 李静科 / 责任校对: 彭珍珍
责任印制: 赵 博 / 封面设计: 陈 敬

科 学 出 版 社 出版
北京东黄城根北街 16 号
邮政编码: 100717
http://www.sciencep.com

三河市骏杰印刷有限公司印刷
科学出版社发行　各地新华书店经销
*
2021 年 3 月第 一 版　开本: 720 × 1000　1/16
2024 年 7 月第三次印刷　印张: 13 3/4
字数: 255 000
**定价: 98.00 元**
(如有印装质量问题, 我社负责调换)

# 《现代数学基础丛书》序

对于数学研究与培养青年数学人才而言, 书籍与期刊起着特殊重要的作用. 许多成就卓越的数学家在青年时代都曾钻研或参考过一些优秀书籍, 从中汲取营养, 获得教益.

20 世纪 70 年代后期, 我国的数学研究与数学书刊的出版由于"文化大革命"的浩劫已经破坏与中断了 10 余年, 而在这期间国际上数学研究却在迅猛地发展着. 1978 年以后, 我国青年学子重新获得了学习、钻研与深造的机会. 当时他们的参考书籍大多还是 50 年代甚至更早期的著述. 据此, 科学出版社陆续推出了多套数学丛书, 其中《纯粹数学与应用数学专著》丛书与《现代数学基础丛书》更为突出, 前者出版约 40 卷, 后者则逾 80 卷. 它们质量甚高, 影响颇大, 对我国数学研究、交流与人才培养发挥了显著效用.

《现代数学基础丛书》的宗旨是面向大学数学专业的高年级学生、研究生以及青年学者, 针对一些重要的数学领域与研究方向, 作较系统的介绍. 既注意该领域的基础知识, 又反映其新发展, 力求深入浅出, 简明扼要, 注重创新.

近年来, 数学在各门科学、高新技术、经济、管理等方面取得了更加广泛与深入的应用, 还形成了一些交叉学科. 我们希望这套丛书的内容由基础数学拓展到应用数学、计算数学以及数学交叉学科的各个领域.

这套丛书得到了许多数学家长期的大力支持, 编辑人员也为其付出了艰辛的劳动. 它获得了广大读者的喜爱. 我们诚挚地希望大家更加关心与支持它的发展, 使它越办越好, 为我国数学研究与教育水平的进一步提高做出贡献.

杨 乐

2003 年 8 月

# 前　　言

自然科学、工程技术以及经济学等领域的许多现象都可以用微分方程来描述，这些微分方程通常包括常微分方程和偏微分方程. 微分方程精确解的求解是近几十年来工程应用领域的重要研究内容之一. 微分方程的精确解不仅可以定量地分析方程的许多重要性质，而且也可以用来解释许多重要的现象，有助于推动相关学科及工程技术的发展.

李群方法是由 Sophus Lie 在 19 世纪末提出的，此方法将群论中的代数方法和解析几何中的微积分进行有机结合，用于微分方程精确解的求解. 从李群分析的角度看，线性和非线性微分方程是等同的，常系数和变系数方程也是等同的. 因此，李群方法是求解非线性微分方程以及变系数微分方程精确解最为有效和重要的方法之一.

李群方法经过一百多年的发展，不仅在理论研究方面取得了丰富的成果，而且还解决了工程应用中的一些重要问题. 近年来，李群方法也成功用于分析分数阶微分方程、微分–积分方程、差分方程等. 这些进展拓展了李群方法的应用范围，并极大地丰富和发展了此方法. 同时，李群方法也在不断地与其他求解微分方程精确解的方法交叉融合，这表明李群方法将会得到更广阔和更深入的发展. 基于此，作者认为有必要对李群方法进行总结，希望能对其进一步的发展与应用起到一定的促进作用.

本书的内容包括作者的研究成果及其相关的最新研究进展. 在内容选材上，既包含经典李群方法的相关内容，又融入了近年来该领域的最新研究成果. 这些内容不仅丰富了已有的知识结构，而且增强了数学书籍的时代感. 本书追求全书的系统性、完整性和自封闭性，各章节自成体系，又相互联系. 读者只要懂得高等数学、常微分方程和偏微分方程的初步知识，就可以顺利阅读本书及掌握书中内容，并在未来的学习和研究中能较熟练地应用李群方法. 本书在内容叙述和安排上，尽量采用通俗易懂的语言，详略得当，论证详尽，便于读者全面了解和掌握有关内容. 这对于欲从事这方面研究的相关研究者，尤其是研究生和年轻的科研人员，降低了他们进入此领域的门槛. 李群方法在微分方程计算和应用模拟领域正受到更加广泛的关注和重视，相信将会有更多的读者从事与李群方法相关领域的研究.

本书阐述的李群方法具有一般性和实用性，涵盖了当前国际上该方法在微分方程领域的最新研究成果，尚有许多研究人员并不熟悉其机理，因此本书可为工程领域中从事微分方程模拟及应用的科研和技术人员提供有益的新思路. 本书有助于推动我国在微分方程模拟方面的发展, 这体现了主流或核心数学理论在现代应用数学和计算数学发展过程中能发挥不可替代的关键作用.

本书除绪论外, 主要内容分为 6 章. 具体安排如下: 绪论部分主要介绍李群方法的基本思想和基本方法, 使读者对李群方法有一个概括性的认识; 第 1 章和第 2 章介绍李群的基本概念、基本理论以及在整数阶微分方程中的应用; 第 3 章介绍在分数阶微分方程中, 李群的相关理论和应用; 第 4 章分别介绍整数阶偏微分方程和分数阶偏微分方程的共轭性概念以及守恒向量定理; 第 5 章介绍利用偏微分方程的守恒向量求解方程精确解的方法; 第 6 章介绍李群方法在其他方面的应用.

在本书的准备中, 作者所在课题组多位成员为本书进行了基本素材的搜集和整理, 以及书稿校对, 付出了大量辛勤劳动. 同时, 作者在关于本书内容的研究中, 多次得到了各类科研基金的大力支持. 在本书出版之际, 衷心感谢所有支持和帮助过作者的机构和个人.

由于作者水平有限, 书中不妥与疏漏之处在所难免, 希望广大读者和同仁不吝赐教.

作　者

2020 年 5 月于西安

# 目　　录

# 绪　　论

微分方程理论是现代数学的一个重要分支, 备受科研工作者的广泛关注, 参见文献[1—16, 20—22, 24, 25, 27]. 微分方程精确解的求解是微分方程理论研究的一个重要方面, 也是一个比较复杂的问题. 李群 (Lie group) 方法在微分方程精确解的求解中扮演着非常重要的角色[8,9,11,12,15-17,19,20,22,24-26,37,39,51], 是一种求解微分方程不变解或精确解的通用且有效方法. 特别地, 对于那些应用一般方法难以求精确解或者只能求出特殊精确解的非线性偏微分方程和变系数微分方程, 李群方法是行之有效的求解方法之一. 除李群方法外, 可用于非线性偏微分方程精确解求解的方法还有逆散射 (inverse scattering) 方法[3,7]、达布 (Darboux) 变换法[1,3,7,11]、贝克隆 (Bäcklund) 变换法[3,7,11]和广田 (Hirota) 双线性法[3,7]等.

## 0.1　李群方法的基本介绍

李群方法, 又称李群分析法、李对称方法或无穷小李变换法等. 它将群论中的代数方法和解析几何中的微积分进行有机结合, 用于求解微分方程的精确解. 自 19 世纪后期 Sophus Lie 提出并初步建立李群理论 (也称为对称群理论) 以来, 微分方程的李群方法得到了极大的丰富和发展. 李群方法是基于微分方程的对称性来分析的一般方法. 此外, 从群论的观点对变量分离法、泊松 (Poisson) 法、傅里叶 (Fourier) 级数法以及贝克隆变换法等方法进行研究, 可知道这些方法一般是基于 "对称" 性的. 李群方法在求解微分方程精确解方面非常有效, 并且它能处理一些难以求解的非线性微分方程和变系数微分方程. 李群方法可以简单分为经典李群方法和非经典李群方法.

(1) 经典李群方法.

求解微分方程的李群方法, 通常称为经典李群方法. 本书所有内容都围绕经典李群方法展开, 这是本书的核心. 经典李群方法的基本思想是利用微分方程所接受的单参数李变换群, 得到方程的无穷小生成元, 进而求得不变解, 其中不变解也称作相似解. 此外, 利用对称约化, 也可能会获得一些新的精确解. 如果一个常微分方程接受一个单参数李变换群, 那么常微分方程的阶数就可以降低一阶. 如果一个偏微分方程接受一个单参数李变换群, 那么在变换群下可以降低方程的维数, 甚至可以约化为常微分方程.

这里给出一个例子进行简单说明. 考虑如下 (1+1) 维热方程

$$u_t = u_{xx}.$$

假设上述方程的一个无穷小生成元为

$$V = t\frac{\partial}{\partial x} - \frac{1}{2}xu\frac{\partial}{\partial u},$$

相应的特征方程为

$$\frac{\mathrm{d}t}{0} = \frac{\mathrm{d}x}{t} = \frac{\mathrm{d}u}{-xu/2},$$

求解此特征方程, 得到热方程的不变解为 $u = \phi(\lambda)\exp(-x^2/4t), \lambda = t$, 其中 $\lambda = t$ 是不变量. 由该不变解可得

$$u_t = \left(\phi' + \frac{x^2}{4t^2}\phi\right)\exp\left(-\frac{x^2}{4t}\right), \quad u_{xx} = \left(\frac{x^2}{4t^2} - \frac{1}{2t}\right)\phi\exp\left(-\frac{x^2}{4t}\right),$$

将上式代入热方程中, 可将其约化为如下一阶常微分方程

$$\phi' + \frac{\phi}{2\lambda} = 0.$$

求解此方程得到 $\phi(\lambda) = C/\sqrt{\lambda}$, 其中 $C$ 是任意常数. 因此, $(1+1)$ 维热方程的一个精确解为 $u = C\exp(-x^2/4t)/\sqrt{t}$.

从这个例子可以看出, 李群方法可以对偏微分方程降维, 即偏微分方程可被约化为一个常微分方程, 由此可求得偏微分方程的特殊精确解. 对 (1+1) 维热方程更详细的李群分析见本书第 2 章.

(2) 非经典李群方法.

非经典李群方法, 也称为条件对称法或非经典无穷小变换. 它是经典李群方法的推广, 即在经典李群方法的基础上, 增加了一个不变曲面为零的条件. 也就是说, 要在不变曲面条件和微分方程同时为零的公共解集上寻找相应的单参数变换群. 这就有可能得到不同于经典李群方法的新变换和不变解. 但是不变曲面条件的引入, 使得关于无穷小生成元的决定方程组的计算更复杂、计算量更大.

特别地, CK(Clarkson-Kruskal) 直接约化法, 也称为 CK 直接变换法, 是非经典李群方法的一种特殊情况. 该方法不涉及群变换, 而是直接寻找偏微分方程如下形式的不变解

$$u(x,\ t) = U(x,\ t,\ w(z(x,\ t))),$$

其中 $U, z$ 是待定函数. 将上式代入所讨论的偏微分方程中, 得到一个较为复杂的方程, 为了使该方程约化为关于 $w(z)$ 的常微分方程, 则要求方程的系数满足一定条件[3,11]. 在这个过程中, 计算的复杂度也较大.

## 0.2 李群方法的基本作用

李群方法是求解微分方程精确解的重要工具之一, 它不仅可以对线性、非线性等常微分方程降阶约化, 而且还可以对偏微分方程进行有效的降维约化. 另外, 李群方法在微分方程中还有其他一些应用[14,19,20,28,32,46-48,58,59,66,67], 主要体现在以下几个方面.

(1) 借助微分方程的已知解及不变解获得微分方程的新解.

(2) 利用李群方法求得偏微分方程的无穷小生成元, 然后基于得到的无穷小生成元研究方程的守恒律和守恒向量, 进一步借助所得到的守恒向量求偏微分方程的精确解.

(3) 将李群方法与其他精确解求解方法相结合, 求得具有特殊含义的精确解. 例如, 获得数学物理方程的孤立波解、Jacobi 椭圆函数解、周期与孤立波混合解、包络解和激发解等, 从而帮助分析和解释一些物理现象.

(4) 利用李群方法所得到的精确解来检验和评估数值方法的有效性.

近年来, 随着计算机的广泛应用和符号计算的发展, 一些用李群方法分析微分方程的软件包已经被开发[10,40-42,68,72,78]. 同时, 李群方法也用于分析分数阶微分方程[23,31,36,38,45-57,60,69,74,75]、分数阶微分–积分方程[65]、差分方程[18,43]等, 并得到了一些重要的理论成果, 极大地扩大了李群方法的应用范围. 随着对李群理论研究的不断深入, 李群方法必将在更多的领域有更为广泛和深刻的应用.

# 第1章  李群的基本概念与基本理论

本章介绍经典李群方法的相关理论, 主要内容包括李群的基本概念以及与微分方程相关的李群方法理论. 关于微分方程的李群方法可以参见文献 [12, 15, 20, 24].

## 1.1  李群的基本概念

群是数学中的一个重要概念, 有关群的性质及结构的理论称为群论. 群不仅在几何学、代数拓扑学、函数论等许多数学分支中有着重要的作用, 还与解析流形、拓扑结构等相结合形成了一些新的数学分支, 其中包括李群. 李群是具有流形结构的群, 它将群论中的代数方法和解析几何中的微积分进行了结合. 本节主要介绍李群的相关概念.

### 1.1.1  李群的定义

在介绍群的定义之前, 首先给出二元运算的定义.

**定义 1.1.1**  设 $G$ 是一个非空集合, 若有一个对应规则 $\phi$, 对 $G$ 中每一对元素 $a, b$ 都规定了一个唯一的元素 $c \in G$ 与之对应, 即 $\phi$ 是 $G \times G \to G$ 的一个映射, 则此对应规则就称为 $G$ 中的一个二元运算, 并表示为 $\phi(a, b) = c$, 其中 $\phi$ 表示二元运算.

由定义可见, 一个二元运算必须满足封闭性: 对任意 $a, b \in G$, 有 $\phi(a, b) = c \in G$, 以及唯一性: $c$ 是唯一确定的.

接下来, 分别介绍群的定义, 以及李群的有关概念.

**定义 1.1.2**  设 $G$ 是一个非空集合, 若在 $G$ 上定义一个二元运算 $\phi$ 满足:

(1) 结合律: 对任意 $a, b, c \in G$, 有 $\phi(\phi(a, b), c) = \phi(a, \phi(b, c))$;

(2) 有单位元: 存在单位元 $e \in G$, 使得对任意 $a \in G$, 有 $\phi(a, e) = \phi(e, a) = a$;

(3) 有逆元: 对任意 $a \in G$, 有逆元 $a^{-1} \in G$, 使得 $\phi(a, a^{-1}) = \phi(a^{-1}, a) = e$, 则称 $(G, \phi)$ 是一个群.

如果群 $(G, \phi)$ 适合交换律: 对任意 $a, b \in G$, 有 $\phi(a, b) = \phi(b, a) \in G$, 则称 $(G, \phi)$ 为交换群或阿贝尔 (Abel) 群.

下面给出两个群的例子.

**例 1.1.1**  设集合 $G$ 为整数集, 对任意 $a, b \in G$, 在 $G$ 上定义二元运算 $\phi(a, b) = a + b$(普通加法), 有 $e = 0$, $a^{-1} = -a$, 则 $(G, +)$ 是群, 并且是交换群.

**例 1.1.2** 设集合 $G = \mathbf{R} \setminus \{0\}$, 对任意 $a, b \in G$, 在 $G$ 上定义二元运算 $\phi(a, b) = a \cdot b$(普通乘法), 有 $e = 1$, $a^{-1} = 1/a$, 则 $(G, \cdot)$ 是群, 并且是交换群.

**定义 1.1.3** 设 $D$ 是 $\mathbf{R}^n$ 的子集, 对任意 $x \in D$, 若 $D$ 上的变换集 $G = \{X | x \to x^* = X(x)\}$ 满足以下条件:

(1) 对任意 $X_1, X_2 \in G$, 有 $\phi(X_1, X_2) \in G$, 其中 $\phi$ 表示一种二元运算;

(2) $G$ 中含有恒等变换, 即 $I \in G$, $I(x) = x$;

(3) 对任意 $X \in G$, 存在 $X^{-1} \in G$, 其中 $X^{-1}$ 表示 $X$ 的逆元, 则称 $(G, \phi)$ 为 $D$ 上的变换群.

**例 1.1.3** 令 $x \in D = \mathbf{R} \setminus \{0, 1\}$, 设 $D$ 上的变换集为 $G = \{I, T_1, T_2, T_3, T_4, T_5\}$, 其中 $I$ : $x^* = x$, $T_1$ : $x^* = 1 - x$, $T_2$ : $x^* = 1/x$, $T_3$ : $x^* = 1/(1 - x)$, $T_4$ : $x^* = -x/(1 - x)$, $T_5$ : $x^* = (x - 1)/x$. 由于 $G$ 满足以下条件:

(1) $G$ 中含有恒等变换 $I$;

(2) $T_1^{-1} = T_1, T_2^{-1} = T_2, T_3^{-1} = T_5, T_4^{-1} = T_4, T_5^{-1} = T_3$;

(3) $T_1^2 = T_2^2 = T_4^2 = I, T_3^2 = T_5, T_5^2 = T_3, T_1 T_2 = T_5, \cdots$.

因此, 变换集 $G$ 为 $D$ 上的变换群.

**定义 1.1.4** 设参数集 $S \subseteq \mathbf{R}$ 是在二元运算 $\phi$ 下的一个群, 对任意给定的参数 $\varepsilon \in S$, 若变换集 $G = \{X | x \to x^* = X(x; \varepsilon), x \in D \subseteq \mathbf{R}^n\}$ 满足以下条件:

(1) 对任意给定的参数 $\varepsilon \in S$, 变换 $X \in G$ 在 $D$ 上是一一对应的;

(2) 当 $\varepsilon = e$(单位元) 时, 有 $X(x; e) = x$;

(3) 若 $x^* = X(x; \varepsilon)$, $x^{**} = X(x^*; \delta)$, 其中 $\varepsilon, \delta \in S$, 则 $x^{**} = X(x; \phi(\varepsilon, \delta))$, 则称变换集 $G$ 构成 $D$ 上的单参数变换群.

**例 1.1.4** 设参数集 $S = \mathbf{R}$ 上的二元运算为 $\phi(\varepsilon, \delta) = \varepsilon + \delta$, 其中 $\varepsilon, \delta \in S$. 容易验证, 对任意给定的参数 $\varepsilon \in S$, $\mathbf{R}$ 上的变换集 $G = \{X | x \to x^* = X(x; \varepsilon) = x + \varepsilon, x \in \mathbf{R}\}$ 满足:

(1) 对任意给定的参数 $\varepsilon \in S$, 变换 $X$ 在 $\mathbf{R}$ 上是一一对应的;

(2) 当 $\varepsilon = 0$(单位元) 时, 有 $x^* = x$;

(3) 若 $x^* = x + \varepsilon$, $x^{**} = x^* + \delta$, 其中 $\varepsilon, \delta \in S$, 则

$$x^{**} = x + \phi(\varepsilon, \delta) = X(x; \phi(\varepsilon, \delta)),$$

因此, 变换集 $G$ 构成 $\mathbf{R}$ 上的单参数变换群.

**定义 1.1.5** 设参数集 $S$ 是 $\mathbf{R}$ 上的闭集, 对任意给定的参数 $\varepsilon \in S$, 若 $D$ 上的单参数变换群 $G = \{X | x \to x^* = X(x; \varepsilon), x \in D\}$ 满足以下条件:

(1) $X$ 在 $D$ 上关于 $x$ 是无穷次可微的, 并且关于参数 $\varepsilon \in S$ 是解析的;

(2) 参数集 $S$ 所构成群上的二元运算 $\phi(\varepsilon, \delta)$ 关于 $\varepsilon, \delta \in S$ 是解析的, 则称群 $G$ 为单参数李变换群, 也称为李群.

**例 1.1.5**　考虑如下平移变换群

$$x^* = x + \varepsilon, \quad y^* = y,$$

其中参数 $\varepsilon \in S$, 参数集 $S$ 是 $\mathbf{R}$ 的闭子集, 并且 $(x, y) \in \mathbf{R}^2$. 参数集 $S$ 所构成群上的二元运算为 $\phi(\varepsilon, \delta) = \varepsilon + \delta$, $\varepsilon, \delta \in S$.

类似于例 1.1.4 的分析过程可知, 平移变换群是一个单参数变换群. 由于变换关于 $x, y$ 是无穷次可微的, 并且参数集 $S$ 上的二元运算 $\phi(\varepsilon, \delta)$ 关于 $\varepsilon, \delta$ 是解析的. 因此, 该平移变换群是单参数李变换群.

**例 1.1.6**　考虑如下旋转变换群

$$x^* = x \cos \varepsilon + y \sin \varepsilon, \quad y^* = y \cos \varepsilon - x \sin \varepsilon,$$

其中参数 $\varepsilon \in S$, 参数集 $S$ 是 $\mathbf{R}$ 的闭子集, 并且 $(x, y) \in \mathbf{R}^2$. 参数集 $S$ 所构成群上的二元运算为 $\phi(\varepsilon, \delta) = \varepsilon + \delta$, $\varepsilon, \delta \in S$. 同理可得, 该旋转变换群是单参数李变换群.

### 1.1.2　无穷小变换

为了进一步认识单参数李变换群, 本小节将介绍无穷小变换.

假设参数集 $S \subseteq \mathbf{R}$ 所构成群上的二元运算为 $\phi(\varepsilon, \delta)$, 其中 $\varepsilon, \delta \in S$, 且单位元为 $\varepsilon = 0$. 对任意给定的参数 $\varepsilon \in S$, $D \subseteq \mathbf{R}^n$ 上的单参数李变换群为

$$G = \{X \mid x \to x^* = X(x; \varepsilon), x = (x_1, x_2, \cdots, x_n) \in D\}.$$

利用 Taylor 公式, 将

$$x^* = X(x; \varepsilon) \tag{1.1.1}$$

在 $\varepsilon = 0$ 附近展开, 得到

$$
\begin{aligned}
x^* &= x + \varepsilon \left( \left. \frac{\partial X(x; \varepsilon)}{\partial \varepsilon} \right|_{\varepsilon=0} \right) + \frac{1}{2} \varepsilon^2 \left( \left. \frac{\partial^2 X(x; \varepsilon)}{\partial \varepsilon^2} \right|_{\varepsilon=0} \right) + \cdots \\
&= x + \varepsilon \left( \left. \frac{\partial X(x; \varepsilon)}{\partial \varepsilon} \right|_{\varepsilon=0} \right) + O(\varepsilon^2) \\
&= x + \varepsilon \xi(x) + O(\varepsilon^2),
\end{aligned}
\tag{1.1.2}
$$

其中 $\xi(x) = \left. \dfrac{\partial X(x; \varepsilon)}{\partial \varepsilon} \right|_{\varepsilon=0}$, 则称式 (1.1.2) 中的 $x + \varepsilon \xi(x)$ 为单参数李变换群 (1.1.1) 的无穷小变换. 相应地, 称 $\xi(x)$ 为单参数李变换群 (1.1.1) 的无穷小, 也称为无穷小对称或群的切向量场.

**注 1.1.1** 由于单参数李变换群 (1.1.1) 中 $x^*=(x_1^*, x_2^*, \cdots, x_n^*)$, 故 (1.1.1) 可以写成如下分量形式

$$x_1^* = X_1(x;\varepsilon), \ x_2^* = X_2(x;\varepsilon), \ \cdots, \ x_n^* = X_n(x;\varepsilon).$$

相应地, 有 $\xi(x) = (\xi_1(x), \xi_2(x), \cdots, \xi_j(x), \cdots, \xi_n(x))$, 其中

$$\xi_j(x) = \left. \frac{\partial X_j(x;\varepsilon)}{\partial \varepsilon} \right|_{\varepsilon=0}, \quad j = 1, 2, \cdots, n.$$

为了更好地理解无穷小变换, 下面以含有两个变量的单参数李变换群为例来说明.

**例 1.1.7** 考虑如下含有两个变量 $x, y$ 的单参数李变换群

$$x^* = \varphi(x, y; \varepsilon) = x + \xi_1(x, y)\varepsilon + O(\varepsilon^2),$$
$$y^* = \psi(x, y; \varepsilon) = y + \xi_2(x, y)\varepsilon + O(\varepsilon^2),$$

其中 $\varepsilon$ 为参数, 则有

$$\xi_1(x, y) = \left. \frac{\partial \varphi(x, y; \varepsilon)}{\partial \varepsilon} \right|_{\varepsilon=0}, \quad \xi_2(x, y) = \left. \frac{\partial \psi(x, y; \varepsilon)}{\partial \varepsilon} \right|_{\varepsilon=0}.$$

对于例 1.1.6 中的旋转变换群, 由上式可得相应的无穷小为

$$\xi_1(x, y) = \left. \frac{\partial x^*}{\partial \varepsilon} \right|_{\varepsilon=0} = y, \quad \xi_2(x, y) = \left. \frac{\partial y^*}{\partial \varepsilon} \right|_{\varepsilon=0} = -x.$$

因此, 可得

$$x^* = x + y\varepsilon + O(\varepsilon^2),$$
$$y^* = y - x\varepsilon + O(\varepsilon^2).$$

上式即为旋转变换群的展开形式.

### 1.1.3 李第一基本定理与无穷小生成元

基于李群的定义和无穷小变换的概念, 本部分主要介绍李第一基本定理和无穷小生成元. 根据李第一基本定理可知, 单参数李变换群可以通过李方程组得到. 此外, 由无穷小变换所确定的单参数李变换群也可以由它的无穷小生成元来确定. 为此, 先给出如下引理.

**引理 1.1.1** 单参数李变换群 $G$ 满足如下关系

$$X(x; \varepsilon + \Delta\varepsilon) = X(X(x;\varepsilon); \phi(\varepsilon^{-1}, \varepsilon + \Delta\varepsilon)), \quad (1.1.3)$$

其中 $\phi$ 是参数集 $S$ 所构成群上的二元运算.

**证**　根据单参数李变换群的定义, 以及群的结合律, 可得

$$
\begin{aligned}
X(X(x;\varepsilon);\phi(\varepsilon^{-1},\varepsilon+\Delta\varepsilon)) &= X(x;\phi(\varepsilon,\ \phi(\varepsilon^{-1},\varepsilon+\Delta\varepsilon))) \\
&= X(x;\phi(\phi(\varepsilon,\varepsilon^{-1}),\varepsilon+\Delta\varepsilon)) \\
&= X(x;\phi(0,\varepsilon+\Delta\varepsilon)) \\
&= X(x;\varepsilon+\Delta\varepsilon).
\end{aligned}
$$

证毕.

利用引理 1.1.1, 可得如下李第一基本定理.

**定理 1.1.1** (李第一基本定理)　存在一个参数化 $\tau(\varepsilon)$, 使得单参数李变换群 (1.1.1) 等价于如下具有初值的一阶常微分方程组

$$
\frac{\mathrm{d}x^*}{\mathrm{d}\tau} = \xi(x^*), \qquad x^*(x;\tau)|_{\tau=0} = x, \tag{1.1.4}
$$

其中 $\tau(\varepsilon) = \displaystyle\int_0^\varepsilon \rho(\varepsilon')\mathrm{d}\varepsilon'$, 这里

$$
\rho(\varepsilon) = \left.\frac{\partial\phi(a,b)}{\partial b}\right|_{(a,b)=(\varepsilon^{-1},\varepsilon)}, \tag{1.1.5}
$$

且 $\rho(0) = 1$, $\varepsilon^{-1}$ 表示 $\varepsilon$ 的逆元.

**证**　根据 Taylor 公式, 可将式 (1.1.3) 的左边和 $\phi(\varepsilon^{-1};\varepsilon+\Delta\varepsilon)$ 分别在 $\Delta\varepsilon = 0$ 处展开为

$$
\begin{aligned}
X(x;\varepsilon+\Delta\varepsilon) &= X(x;\varepsilon) + \frac{\partial X(x;\varepsilon)}{\partial\varepsilon}\Delta\varepsilon + O((\Delta\varepsilon)^2) \\
&= x^* + \frac{\partial X(x;\varepsilon)}{\partial\varepsilon}\Delta\varepsilon + O((\Delta\varepsilon)^2)
\end{aligned}
$$

和

$$
\begin{aligned}
\phi(\varepsilon^{-1},\varepsilon+\Delta\varepsilon) &= \phi(\varepsilon^{-1},\varepsilon) + \frac{\partial\phi(\varepsilon^{-1},\varepsilon)}{\partial\varepsilon}\Delta\varepsilon + O((\Delta\varepsilon)^2) \\
&= \frac{\partial\phi(\varepsilon^{-1},\varepsilon)}{\partial\varepsilon}\Delta\varepsilon + O((\Delta\varepsilon)^2).
\end{aligned}
$$

由于 $\dfrac{\partial\phi(\varepsilon^{-1},\varepsilon)}{\partial\varepsilon}$ 满足式 (1.1.5), 故有

$$
\phi(\varepsilon^{-1},\varepsilon+\Delta\varepsilon) = \rho(\varepsilon)\Delta\varepsilon + O((\Delta\varepsilon)^2).
$$

令 $\delta = \rho(\varepsilon)\Delta\varepsilon + O((\Delta\varepsilon)^2)$, 基于 $\phi(\varepsilon^{-1}, \varepsilon + \Delta\varepsilon)$ 的展式, 可将式 (1.1.3) 的右边展开为

$$
\begin{aligned}
X(X(x;\varepsilon), \phi(\varepsilon^{-1}, \varepsilon + \Delta\varepsilon)) &= X(x^*; \rho(\varepsilon)\Delta\varepsilon + O((\Delta\varepsilon)^2)) \\
&= X(x^*; 0) + \left(\left.\frac{\partial X(x^*; \delta)}{\partial\delta}\right|_{\delta=0}\right)\rho(\varepsilon)\Delta\varepsilon + O((\Delta\varepsilon)^2) \\
&= x^* + \left(\left.\frac{\partial X(x^*; \delta)}{\partial\delta}\right|_{\delta=0}\right)\rho(\varepsilon)\Delta\varepsilon + O((\Delta\varepsilon)^2).
\end{aligned}
$$

根据引理 1.1.1 以及以上展开式, 可得

$$
x^* + \frac{\partial X(x;\varepsilon)}{\partial\varepsilon}\Delta\varepsilon + O((\Delta\varepsilon)^2) = x^* + \left(\left.\frac{\partial X(x^*; \delta)}{\partial\delta}\right|_{\delta=0}\right)\rho(\varepsilon)\Delta\varepsilon + O((\Delta\varepsilon)^2).
$$

分析上式有

$$
\frac{\partial X(x;\varepsilon)}{\partial\varepsilon} = \left(\left.\frac{\partial X(x^*; \delta)}{\partial\delta}\right|_{\delta=0}\right)\rho(\varepsilon),
$$

且 $\rho(\varepsilon) \neq 0$. 再结合式 (1.1.2), 当 $\varepsilon = 0$ 时, 可得

$$
x^* = x \tag{1.1.6}
$$

和

$$
\frac{\mathrm{d}x^*}{\mathrm{d}\varepsilon} = \xi(x^*)\rho(\varepsilon). \tag{1.1.7}
$$

因此, 式 (1.1.7) 可以写成 $\frac{\mathrm{d}x^*}{\rho(\varepsilon)\mathrm{d}\varepsilon} = \xi(x^*)$. 于是有

$$
\frac{\mathrm{d}x^*}{\mathrm{d}\tau} = \xi(x^*), \qquad x^*(x;\tau)|_{\tau=0} = x,
$$

其中参数化 $\tau(\varepsilon) = \int_0^\varepsilon \rho(\varepsilon')\mathrm{d}\varepsilon'$.

同时, 由式 (1.1.2) 可知, 当 $\varepsilon = 0$ 时, 有 $\frac{\mathrm{d}x^*}{\mathrm{d}\varepsilon} = \xi(x^*)$. 结合式 (1.1.7), 可得 $\rho(0) = 1$.

由于 $\frac{\partial\xi}{\partial x_i}(i = 1, 2, \cdots, n)$ 是连续的, 所以根据一阶常微分方程组初值问题解的存在唯一性定理可知, 初值问题 (1.1.4) 的解存在且唯一. 从而得到方程 (1.1.6)-(1.1.7) 的解存在且唯一, 并且这个解就是单参数李变换群 (1.1.1). 证毕.

**注 1.1.2** 李第一基本定理表明: 单参数李变换群 (1.1.1) 可以由单参数李变换群的无穷小来刻画.

**例 1.1.8**　考虑如下平移变换群

$$x^* = x + \varepsilon, \quad y^* = y. \tag{1.1.8}$$

若参数集 $S$ 上的二元运算定义为 $\phi(a,b) = a+b$, $\varepsilon^{-1} = -\varepsilon$, 则有 $\dfrac{\partial \phi(a,b)}{\partial b} = 1$, 并且

$\rho(\varepsilon) = 1$. 由平移变换群 (1.1.8) 可以得到无穷小 $\xi(x) = \left. \left( \dfrac{\partial x^*}{\partial \varepsilon}, \dfrac{\partial y^*}{\partial \varepsilon} \right) \right|_{\varepsilon=0} = (1,0)$.

根据定理 1.1.1 可知, 平移变换群 (1.1.8) 等价于如下具有初值的一阶常微分方程组

$$\begin{cases} \dfrac{\mathrm{d}x^*}{\mathrm{d}\varepsilon} = 1, & x^*(x,y;\varepsilon)\,|_{\varepsilon=0} = x, \\[2mm] \dfrac{\mathrm{d}y^*}{\mathrm{d}\varepsilon} = 0, & y^*(x,y;\varepsilon)\,|_{\varepsilon=0} = y. \end{cases}$$

此方程组的解可由平移变换群 (1.1.8) 所确定.

因此, 若假定一个单参数李变换群可以参数化, 并且参数集 $S$ 所构成群上的二元运算为 $\phi = a+b$, 对任意 $a,b \in S$, 则有 $\varepsilon^{-1} = -\varepsilon$, $\rho(\varepsilon) = 1$. 那么, 单参数李变换群 (1.1.1) 可写为

$$\frac{\mathrm{d}x^*}{\mathrm{d}\varepsilon} = \xi(x^*), \quad x^*(x;\varepsilon)\,|_{\varepsilon=0} = x \,. \tag{1.1.9}$$

称上述含有初值的一阶常微分方程组为李方程组.

由李方程组 (1.1.9) 可知, 如果已知单参数李变换群的无穷小变换, 那么可以通过求解李方程组得到单参数李变换群. 事实上, 由无穷小所确定的单参数李变换群也可以由它相应的无穷小生成元确定. 为此, 下面先给出无穷小生成元的定义.

**定义 1.1.6**　算子

$$V = \xi(x)\nabla = \sum_{i=1}^{n} \xi_i(x) \frac{\partial}{\partial x_i} \tag{1.1.10}$$

称为单参数李变换群 (1.1.1) 的无穷小生成元, 其中 $\nabla = \left( \dfrac{\partial}{\partial x_1}, \dfrac{\partial}{\partial x_2}, \cdots, \dfrac{\partial}{\partial x_n} \right)$ 为梯度算子.

对于任意一个可微函数 $F(x)$, 若将算子 (1.1.10) 作用于 $F(x)$, 则有

$$V(F(x)) = \xi(x)\nabla F(x) = \sum_{i=1}^{n} \xi_i(x) \frac{\partial (F(x))}{\partial x_i}.$$

特别地, 当 $F(x) = x \in \mathbf{R}$ 时, 有 $V(x) = \xi(x)$.

下面举例说明单参数李变换群、单参数李变换群的无穷小以及无穷小生成元之间的关系.

**例 1.1.9** 考虑如下旋转变换群

$$x^* = x\cos\varepsilon + y\sin\varepsilon, \qquad y^* = y\cos\varepsilon - x\sin\varepsilon,$$

其中 $\varepsilon \in \mathbf{R}$. 根据算子 (1.1.10) 可以得到相应的无穷小生成元为 $V = y\dfrac{\partial}{\partial x} - x\dfrac{\partial}{\partial y}$.

由式 (1.1.9) 可以得到李方程组

$$\begin{cases} \dfrac{\mathrm{d}x^*}{\mathrm{d}\varepsilon} = y^*, & x^*\big|_{\varepsilon=0} = x, \\[2mm] \dfrac{\mathrm{d}y^*}{\mathrm{d}\varepsilon} = -x^*, & y^*\big|_{\varepsilon=0} = y. \end{cases}$$

很容易验证旋转变换群就是上述李方程组的解.

**例 1.1.10** 已知某单参数李变换群的无穷小生成元为 $V = x^2\dfrac{\partial}{\partial x} + xy\dfrac{\partial}{\partial y}$, 于是得到相应的无穷小 $\xi_1(x) = x^2$, $\xi_2(x) = xy$. 根据式 (1.1.9) 可以得到李方程组为

$$\begin{cases} \dfrac{\mathrm{d}x^*}{\mathrm{d}\varepsilon} = (x^*)^2, & x^*\big|_{\varepsilon=0} = x, \\[2mm] \dfrac{\mathrm{d}y^*}{\mathrm{d}\varepsilon} = x^*y^*, & y^*\big|_{\varepsilon=0} = y. \end{cases}$$

求解此方程组, 可得 $x^* = -1/(\varepsilon + C_1)$, $y^* = C_2/(\varepsilon + C_1)$. 在初始条件下, 求得 $C_1 = -1/x$, $C_2 = -y/x$. 因此, 与无穷小生成元相应的单参数李变换群为

$$x^* = \frac{x}{1-\varepsilon x}, \qquad y^* = \frac{y}{1-\varepsilon x}.$$

单参数李变换群还可以用指数映射表示, 即有如下定理成立.

**定理 1.1.2** 单参数李变换群 (1.1.1) 可以表示成如下指数映射

$$x^* = \mathrm{e}^{\varepsilon V}(x) = \sum_{k=0}^{+\infty} \frac{\varepsilon^k}{k!} V^k(x), \tag{1.1.11}$$

其中算子 $V = V(\cdot)$ 由式 (1.1.10) 所决定, 算子 $V^k(\cdot) = V(V^{k-1}(\cdot))$, $k = 1, 2, \cdots$, $V^0(\cdot)$ 为恒等算子.

**证** 单参数李变换群 $x^* = X(x;\varepsilon)$ 在 $\varepsilon = 0$ 处展开为

$$\begin{aligned} x^* &= X(x;\varepsilon) \\ &= x + \varepsilon\left(\frac{\partial X(x;\varepsilon)}{\partial\varepsilon}\bigg|_{\varepsilon=0}\right) + \frac{1}{2!}\varepsilon^2\left(\frac{\partial^2 X(x;\varepsilon)}{\partial\varepsilon^2}\bigg|_{\varepsilon=0}\right) + \cdots \\ &= \sum_{k=0}^{+\infty} \frac{1}{k!}\varepsilon^k\left(\frac{\partial^k x^*}{\partial\varepsilon^k}\bigg|_{\varepsilon=0}\right). \end{aligned} \tag{1.1.12}$$

单参数李变换群 (1.1.12) 的无穷小生成元为式 (1.1.10). 把式 (1.1.10) 中的 $x$ 换成 $x^*$ 后, 相应的算子可以表示为 $\bar{V} = \sum_{i=1}^{n} \xi_i(x^*)\dfrac{\partial}{\partial x_i^*}$.

若 $F(x)$ 为一个可微函数, 则有

$$\frac{\mathrm{d}F(x^*)}{\mathrm{d}\varepsilon} = \sum_{i=1}^{n} \frac{\partial F(x^*)}{\partial x_i^*}\frac{\mathrm{d}x_i^*}{\mathrm{d}\varepsilon} = \sum_{i=1}^{n} \xi_i(x^*)\frac{\partial F(x^*)}{\partial x_i^*} = \bar{V}(F(x^*)).$$

若 $F(x^*) = x^*$, 则上式可以写成

$$\frac{\mathrm{d}x^*}{\mathrm{d}\varepsilon} = \sum_{i=1}^{n} \xi_i(x^*)\frac{\partial x^*}{\partial x_i^*} = \bar{V}(x^*). \tag{1.1.13}$$

根据式 (1.1.13) 可以得到

$$\frac{\mathrm{d}^2 x^*}{\mathrm{d}\varepsilon^2} = \frac{\mathrm{d}}{\mathrm{d}\varepsilon}\left(\frac{\mathrm{d}x^*}{\mathrm{d}\varepsilon}\right) = \frac{\mathrm{d}}{\mathrm{d}\varepsilon}(\bar{V}(x^*)).$$

上式还可以写成

$$\frac{\mathrm{d}}{\mathrm{d}\varepsilon}(\bar{V}(x^*)) = \bar{V}\left(\frac{\mathrm{d}}{\mathrm{d}\varepsilon}(x^*)\right) = \bar{V}(\bar{V}(x^*)) = \bar{V}^2(x^*),$$

即 $\dfrac{\mathrm{d}^2 x^*}{\mathrm{d}\varepsilon^2} = \bar{V}^2(x^*)$.

同理可得, $\dfrac{\mathrm{d}^k x^*}{\mathrm{d}\varepsilon^k} = \bar{V}^k(x^*)$, $k = 1, 2, \cdots$. 由于当 $\varepsilon = 0$ 时, 有 $x^* = x$, 所以可得

$$\left.\frac{\mathrm{d}^k x^*}{\mathrm{d}\varepsilon^k}\right|_{\varepsilon=0} = V^k(x), \quad k = 1, 2, \cdots. \tag{1.1.14}$$

将式 (1.1.14) 代入式 (1.1.12) 得到指数映射 (1.1.11). 证毕.

将定理 1.1.2 中的指数映射称为李级数. 由定理 1.1.2, 可得如下推论.

**推论 1.1.1**　如果 $F(x)$ 是 $D \subseteq \mathbf{R}^n$ 上的无穷次可微函数, 且单参数李变换群 (1.1.1) 具有无穷小生成元 (1.1.10), 那么有

$$F(x^*) = F(\mathrm{e}^{\varepsilon V}(x)) = \mathrm{e}^{\varepsilon V}(F(x)).$$

**定义 1.1.7**　在单参数李变换群 (1.1.1) 下, 对于无穷次可微函数 $F(x)(x \in D \subseteq \mathbf{R}^n)$, 若 $F(x^*) \equiv F(x)$ 成立, 则称 $F(x)$ 为单参数李变换群 (1.1.1) 的不变量, 同时也称函数 $F(x)$ 在单参数李变换群 (1.1.1) 下是不变的.

**定理 1.1.3** 设函数 $F(x)$ 是 $D \subseteq \mathbf{R}^n$ 上的无穷次可微函数. $F(x)$ 在单参数李变换群 (1.1.1) 下是不变的, 即 $F(x^*) \equiv F(x)$, 当且仅当对任意 $x \in D \subseteq \mathbf{R}^n$ 成立

$$V(F(x)) = \sum_{i=1}^{n} \xi_i(x) \frac{\partial(F(x))}{\partial x_i} = 0.$$

**证** 必要性: 由推论 1.1.1 可知

$$F(x^*) = \mathrm{e}^{\varepsilon V}(F(x)) = \sum_{k=0}^{+\infty} \frac{\varepsilon^k}{k!} V^k(F(x)) = F(x) + \varepsilon V(F(x)) + \frac{1}{2}\varepsilon^2 V^2(F(x)) + \cdots.$$

因为无穷次可微函数 $F(x)$ 在单参数李变换群 (1.1.1) 下是不变的, 即对任意 $x \in D$ 有 $F(x^*) \equiv F(x)$, 所以由 $x$ 的任意性可得 $V(F(x)) = 0$.

充分性: 若 $V(F(x)) = 0$, 则 $V^n(F(x)) = 0$, $n = 1, 2, \cdots$. 于是有 $F(x^*) \equiv F(x)$. 证毕.

**注 1.1.3** 定理 1.1.3 中的 $\sum\limits_{i=1}^{n} \xi_i(x) \frac{\partial(F(x))}{\partial x_i} = 0$ 是一阶线性齐次偏微分方程, 可以利用首次积分法进行求解. 同时, 相应的特征方程为

$$\frac{\mathrm{d}x_1}{\xi_1(x)} = \frac{\mathrm{d}x_2}{\xi_2(x)} = \cdots = \frac{\mathrm{d}x_n}{\xi_n(x)}.$$

求解上述特征方程组, 可得 $n-1$ 个相互独立的首次积分 $\psi_1(x), \psi_2(x), \cdots, \psi_{n-1}(x)$, 即任意不变量满足

$$F(x) = \Phi(\psi_1(x), \psi_2(x), \cdots, \psi_{n-1}(x)),$$

其中 $\Phi$ 是任意连续可微函数.

**例 1.1.11** 假设单参数李变换群 $G$ 有无穷小生成元 $V = x\frac{\partial}{\partial x} + 2y\frac{\partial}{\partial y}$. 于是, 它的特征方程为 $\frac{\mathrm{d}x}{x} = \frac{\mathrm{d}y}{2y}$, 经积分可得不变量为 $\psi = y/x^2$, 并且有 $F = \Phi(\psi)$, 其中 $\Phi$ 是关于变量 $\psi$ 的连续可微函数.

**定理 1.1.4** 对于单参数李变换群 (1.1.1), 恒等式 $F(x^*) = F(x) + \varepsilon$ 成立, 当且仅当对任意 $x \in D \subseteq \mathbf{R}^n$, 有 $V(F(x)) = 1$.

**证** 必要性: 因为

$$F(x^*) = F(x) + \varepsilon = \mathrm{e}^{\varepsilon V}(F(x)) = F(x) + \varepsilon V(F(x)) + \frac{1}{2}\varepsilon^2 V^2(F(x)) + \cdots,$$

所以对任意 $x \in D$, 可得 $V(F(x)) = 1$.

充分性: 若 $V(F(x)) = 1$, 则有 $V^n(F(x)) = 0$, $n = 2, 3, \cdots$. 从而可知

$$F(x^*) = \mathrm{e}^{\varepsilon V}(F(x)) = F(x) + \varepsilon.$$

于是有 $F(x^*) = F(x) + \varepsilon.$ 证毕.

**定义 1.1.8**　若代数方程 $F(x) = 0$ 在单参数李变换群 (1.1.1) 下都有 $F(x^*) = 0$, 则称代数方程 $F(x) = 0$ 在单参数李变换群 (1.1.1) 下是不变的.

**注 1.1.4**　代数方程 $F(x) = 0$ 在单参数李变换群 (1.1.1) 下是不变的, 即若 $x$ 是方程 $F(x) = 0$ 的解, 则变换后得到的 $x^*$ 也是方程 $F(x) = 0$ 的解. 此时, 也称方程 $F(x) = 0$ 为单参数李变换群下的不变曲面.

该定义也可以推广到微分方程中. 在后面的章节中, 我们将详细介绍.

### 1.1.4　正则坐标

任意一个单参数李变换群, 在合适的变量代换下可以转化为平移变换群. 要将一个单参数李变换群 (1.1.1) 转化为平移变换群, 需要进行坐标变换. 为了不与后面章节中的记号相混淆, 本小节将坐标记作 $x = (x^1, x^2, \cdots, x^n) \in \mathbf{R}^n$.

假设存在一一对应且在某个适当的邻域内连续可微的坐标变换

$$y = Y(x) = (y^1(x), y^2(x), \cdots, y^n(x)). \tag{1.1.15}$$

上述坐标变换也可以写成

$$y^i(x) = \varphi^i(x), \quad i = 1, 2, \cdots, n.$$

由单参数李变换群 (1.1.1) 可知, 在坐标 $(x^1, x^2, \cdots, x^n)$ 下的无穷小生成元为

$$V_1 = \sum_{i=1}^{n} \xi_i(x) \frac{\partial}{\partial x^i} = \xi_1(x) \frac{\partial}{\partial x^1} + \xi_2(x) \frac{\partial}{\partial x^2} + \cdots + \xi_n(x) \frac{\partial}{\partial x^n}. \tag{1.1.16}$$

在由变换 (1.1.15) 所定义的新坐标 $(y^1, y^2, \cdots, y^n)$ 下, 相应的无穷小生成元为

$$V_2 = \sum_{i=1}^{n} \eta_i(y) \frac{\partial}{\partial y^i} = \eta_1(y) \frac{\partial}{\partial y^1} + \eta_2(y) \frac{\partial}{\partial y^2} + \cdots + \eta_n(y) \frac{\partial}{\partial y^n}. \tag{1.1.17}$$

由无穷小生成元 (1.1.17) 可知

$$\eta(y) = (\eta_1(y), \eta_2(y), \cdots, \eta_n(y)).$$

利用偏微分链式法则可得

$$\frac{\partial}{\partial x^i} = \sum_{k=1}^{n} \frac{\partial}{\partial y^k} \frac{\partial \varphi^k}{\partial x^i} = \sum_{k=1}^{n} \frac{\partial \varphi^k}{\partial x^i} \frac{\partial}{\partial y^k}. \tag{1.1.18}$$

将式 (1.1.18) 代入无穷小生成元 (1.1.16) 中, 可以得到

$$V_1 = \xi_1(x) \left( \sum_{k=1}^{n} \frac{\partial \varphi^k}{\partial x^1} \frac{\partial}{\partial y^k} \right) + \xi_2(x) \left( \sum_{k=1}^{n} \frac{\partial \varphi^k}{\partial x^2} \frac{\partial}{\partial y^k} \right)$$

$$+ \xi_3(x) \left( \sum_{k=1}^n \frac{\partial \varphi^k}{\partial x^3} \frac{\partial}{\partial y^k} \right) + \cdots + \xi_n(x) \left( \sum_{k=1}^n \frac{\partial \varphi^k}{\partial x^n} \frac{\partial}{\partial y^k} \right)$$

$$= \left( \xi_1(x) \frac{\partial \varphi^1}{\partial x^1} + \xi_2(x) \frac{\partial \varphi^1}{\partial x^2} + \cdots + \xi_n(x) \frac{\partial \varphi^1}{\partial x^n} \right) \frac{\partial}{\partial y^1}$$

$$+ \left( \xi_1(x) \frac{\partial \varphi^2}{\partial x^1} + \xi_2(x) \frac{\partial \varphi^2}{\partial x^2} + \cdots + \xi_n(x) \frac{\partial \varphi^2}{\partial x^n} \right) \frac{\partial}{\partial y^2}$$

$$+ \cdots + \left( \xi_1(x) \frac{\partial \varphi^n}{\partial x^1} + \xi_2(x) \frac{\partial \varphi^n}{\partial x^2} + \cdots + \xi_n(x) \frac{\partial \varphi^n}{\partial x^n} \right) \frac{\partial}{\partial y^n}$$

$$= V_1(\varphi^1) \frac{\partial}{\partial y^1} + V_1(\varphi^2) \frac{\partial}{\partial y^2} + \cdots + V_1(\varphi^n) \frac{\partial}{\partial y^n}.$$

由于只是进行了坐标变换, 所以群并没有发生改变, 即 $V_1 = V_2$. 因此, 有

$$\eta_i(y) = V_1(\varphi^i) = \xi_1(x) \frac{\partial \varphi^i}{\partial x^1} + \xi_2(x) \frac{\partial \varphi^i}{\partial x^2} + \cdots + \xi_n(x) \frac{\partial \varphi^i}{\partial x^n}, \quad i = 1, 2, \cdots, n.$$

上面讨论了在新坐标变换下的无穷小生成元和无穷小. 接下来将介绍在坐标变换下单参数李变换群与平移变换群之间的关系. 为此, 先给出正则坐标的定义.

**定义 1.1.9** 若在合适的变量代换 $y^i(x) = \varphi^i(x)$, $i = 1, 2, \cdots, n$ 下, 单参数李变换群 (1.1.1) 可变为如下平移变换群

$$\begin{aligned} (y^i)^* &= y^i, \quad i = 1, 2, \cdots, n-1, \\ (y^n)^* &= y^n + \varepsilon, \end{aligned} \tag{1.1.19}$$

则称新变量 $(y^1(x), y^2(x), \cdots, y^n(x))$ 为正则坐标.

**注 1.1.5** 平移变换群 (1.1.19) 的无穷小为

$$\begin{aligned} \eta_i(y) &= 0, \quad i = 1, 2, \cdots, n-1, \\ \eta_n(y) &= 1. \end{aligned}$$

相应的无穷小生成元为 $V_2 = \dfrac{\partial}{\partial y^n}$.

**定理 1.1.5** 对于任意的单参数李变换群 (1.1.1), 存在正则坐标集 $(y^1(x)$, $y^2(x), \cdots, y^n(x))$, 使得单参数李变换群 (1.1.1) 与平移变换群 (1.1.19) 等价.

**证** 在变量代换 $y^i(x) = \varphi^i(x)$, $i = 1, 2, \cdots, n$ 下, 单参数李变换群 (1.1.1) 变为平移变换群 (1.1.19), 那么无穷小生成元 (1.1.17) 可变为 $V_2 = \dfrac{\partial}{\partial y^n}$. 由 $V_1 = V_2$

可得

$$
\begin{aligned}
&\xi_1(x)\frac{\partial \varphi^i}{\partial x^1} + \xi_2(x)\frac{\partial \varphi^i}{\partial x^2} + \cdots + \xi_n(x)\frac{\partial \varphi^i}{\partial x^n} = 0, \quad i = 1, 2, \cdots, n-1, \\
&\xi_1(x)\frac{\partial \varphi^n}{\partial x^1} + \xi_2(x)\frac{\partial \varphi^n}{\partial x^2} + \cdots + \xi_n(x)\frac{\partial \varphi^n}{\partial x^n} = 1.
\end{aligned}
\tag{1.1.20}
$$

求解上述一阶线性偏微分方程组, 可得变量代换 $y^i(x) = \varphi^i(x)$, $i = 1, 2, \cdots, n$, 即得到正则坐标 $(y^1(x), y^2(x), \cdots, y^n(x))$. 证毕.

## 1.2 微分方程延拓的无穷小生成元

本书将主要介绍李群方法在微分方程中的应用. 微分方程与导数或偏导数有关, 因而需要将代数方程在单参数李变换群下不变的有关概念进行拓展. 自然就需要对自变量和因变量所在空间进行延拓, 在这个延拓空间中, 不仅将自变量和因变量作为空间中的元素, 而且还将因变量对自变量的各阶导数或偏导数作为空间中的元素. 由于在单参数李变换群的延拓过程中涉及延拓的无穷小生成元, 所以本节将介绍延拓的无穷小生成元这一重要概念.

### 1.2.1 常微分方程情形

考虑如下 $k$ 阶常微分方程

$$
F\left(x, y, \frac{\mathrm{d}y}{\mathrm{d}x}, \frac{\mathrm{d}^2 y}{\mathrm{d}x^2}, \cdots, \frac{\mathrm{d}^k y}{\mathrm{d}x^k}\right) = 0.
\tag{1.2.1}
$$

为了不产生混淆, 将方程 (1.2.1) 中的导数记作

$$
y_i = \frac{\mathrm{d}^i y}{\mathrm{d}x^i}, \quad i = 1, 2, \cdots, k.
$$

于是有

$$
\mathrm{d}y = y_1 \mathrm{d}x, \ \mathrm{d}y_1 = y_2 \mathrm{d}x, \ \cdots, \ \mathrm{d}y_k = y_{k+1}\mathrm{d}x.
\tag{1.2.2}
$$

对于方程 (1.2.1), 假设作用在空间 $(x, y)$ 上的单参数李变换群为

$$
x^* = X(x, y; \varepsilon), \quad y^* = Y(x, y; \varepsilon).
\tag{1.2.3}
$$

在单参数李变换群 (1.2.3) 下, 新的变量 $x^*$ 和 $y^*$ 之间的关系为 $y^* = y^*(x^*)$.

由于方程 (1.2.1) 含有导数, 所以还需要考虑在单参数李变换群 (1.2.3) 下导数的相应变换, 即

$$
\mathrm{d}y^* = y_1^* \mathrm{d}x^*, \mathrm{d}y_1^* = y_2^* \mathrm{d}x^*, \ \cdots, \mathrm{d}y_k^* = y_{k+1}^* \mathrm{d}x^*.
\tag{1.2.4}
$$

由单参数李变换群 (1.2.3) 可知

$$\mathrm{d}y^* = \mathrm{d}Y(x,y;\varepsilon) = \frac{\partial Y}{\partial x}\mathrm{d}x + \frac{\partial Y}{\partial y}\mathrm{d}y, \tag{1.2.5}$$

$$\mathrm{d}x^* = \mathrm{d}X(x,y;\varepsilon) = \frac{\partial X}{\partial x}\mathrm{d}x + \frac{\partial X}{\partial y}\mathrm{d}y. \tag{1.2.6}$$

将式 (1.2.5) 和式 (1.2.6) 代入式 (1.2.4) 的第一个式子, 得到

$$\frac{\partial Y}{\partial x}\mathrm{d}x + \frac{\partial Y}{\partial y}\mathrm{d}y = y_1^*\left(\frac{\partial X}{\partial x}\mathrm{d}x + \frac{\partial X}{\partial y}\mathrm{d}y\right). \tag{1.2.7}$$

根据式 (1.2.2), 可将式 (1.2.7) 整理为

$$y_1^* = Y_1(x,y,y_1;\varepsilon) = \frac{\dfrac{\partial Y}{\partial x} + y_1\dfrac{\partial Y}{\partial y}}{\dfrac{\partial X}{\partial x} + y_1\dfrac{\partial X}{\partial y}}. \tag{1.2.8}$$

于是有下面的定理成立.

**定理 1.2.1** 作用在空间 $(x,y)$ 上的单参数李变换群 (1.2.3) 可以延拓到作用在空间 $(x,y,y_1)$ 上的单参数李变换群

$$x^* = X(x,y;\varepsilon), \quad y^* = Y(x,y;\varepsilon), \quad y_1^* = Y_1(x,y,y_1;\varepsilon),$$

其中 $Y_1(x,y,y_1;\varepsilon)$ 由式 (1.2.8) 决定.

类似地, 可以得到如下定理.

**定理 1.2.2** 作用在空间 $(x,y)$ 上的单参数李变换群 (1.2.3) 可以延拓到作用在空间 $(x,y,y_1,y_2)$ 上的单参数李变换群

$$x^* = X(x,y;\varepsilon), \quad y^* = Y(x,y;\varepsilon), \quad y_1^* = Y_1(x,y,y_1;\varepsilon),$$

$$y_2^* = Y_2(x,y,y_1,y_2;\varepsilon) = \frac{\dfrac{\partial Y_1}{\partial x} + y_1\dfrac{\partial Y_1}{\partial y} + y_2\dfrac{\partial Y_1}{\partial y_1}}{\dfrac{\partial X}{\partial x} + y_1\dfrac{\partial X}{\partial y}}.$$

**证** 因为

$$\mathrm{d}y_1^* = \mathrm{d}Y_1(x,y,y_1;\varepsilon) = y_2^*\mathrm{d}x^*,$$

$$\mathrm{d}Y_1(x,y,y_1;\varepsilon) = \frac{\partial Y_1}{\partial x}\mathrm{d}x + \frac{\partial Y_1}{\partial y}\mathrm{d}y + \frac{\partial Y_1}{\partial y_1}\mathrm{d}y_1,$$

$$\mathrm{d}x^* = \mathrm{d}X(x,y;\varepsilon) = \frac{\partial X}{\partial x}\mathrm{d}x + \frac{\partial X}{\partial y}\mathrm{d}y.$$

于是可得

$$y_2^* = \frac{\dfrac{\partial Y_1}{\partial x}\mathrm{d}x + \dfrac{\partial Y_1}{\partial y}\mathrm{d}y + \dfrac{\partial Y_1}{\partial y_1}\mathrm{d}y_1}{\dfrac{\partial X}{\partial x}\mathrm{d}x + \dfrac{\partial X}{\partial y}\mathrm{d}y}.$$

再结合式 (1.2.2), 则有

$$y_2^* = \frac{\dfrac{\partial Y_1}{\partial x}\mathrm{d}x + \dfrac{\partial Y_1}{\partial y}y_1\mathrm{d}x + \dfrac{\partial Y_1}{\partial y_1}y_2\mathrm{d}x}{\dfrac{\partial X}{\partial x}\mathrm{d}x + y_1\dfrac{\partial X}{\partial y}\mathrm{d}x} = \frac{\dfrac{\partial Y_1}{\partial x} + y_1\dfrac{\partial Y_1}{\partial y} + y_2\dfrac{\partial Y_1}{\partial y_1}}{\dfrac{\partial X}{\partial x} + y_1\dfrac{\partial X}{\partial y}} = Y_2(x, y, y_1, y_2; \varepsilon).$$

证毕.

运用类似的方法, 可以得到如下定理.

**定理 1.2.3**　作用在空间 $(x, y)$ 上的单参数李变换群 (1.2.3) 可以延拓到作用在空间 $(x, y, y_1, y_2, \cdots, y_k)$ 上的单参数李变换群

$$
\begin{aligned}
x^* &= X(x, y; \varepsilon), \\
y^* &= Y(x, y; \varepsilon), \\
y_1^* &= Y_1(x, y, y_1; \varepsilon), \\
&\cdots\cdots \\
y_k^* &= Y_k(x, y, y_1, \cdots, y_k; \varepsilon) = \frac{\dfrac{\partial Y_{k-1}}{\partial x} + y_1\dfrac{\partial Y_{k-1}}{\partial y} + \cdots + y_k\dfrac{\partial Y_{k-1}}{\partial y_{k-1}}}{\dfrac{\partial X}{\partial x} + y_1\dfrac{\partial X}{\partial y}}.
\end{aligned}
\tag{1.2.9}
$$

**证**　下面利用数学归纳法证明该定理.

当 $k = 1$ 时, 即为定理 1.2.1. 因此, 结论成立.

假设当 $k = N$ 时, 结论成立, 即 $y_N^* = Y_N(x, y, y_1, \cdots, y_N; \varepsilon)$. 当 $k = N + 1$ 时, 有

$$\mathrm{d}y_N^* = \mathrm{d}Y_N(x, y, y_1, \cdots, y_N; \varepsilon) = y_{N+1}^*\mathrm{d}x^*,$$

$$\mathrm{d}Y_N(x, y, y_1, \cdots, y_N; \varepsilon) = \frac{\partial Y_N}{\partial x}\mathrm{d}x + \frac{\partial Y_N}{\partial y}\mathrm{d}y + \frac{\partial Y_N}{\partial y_1}\mathrm{d}y_1 + \cdots + \frac{\partial Y_N}{\partial y_N}\mathrm{d}y_N,$$

$$\mathrm{d}x^* = \mathrm{d}X(x, y; \varepsilon) = \frac{\partial X}{\partial x}\mathrm{d}x + \frac{\partial X}{\partial y}\mathrm{d}y.$$

那么可得

$$y_{N+1}^* = \frac{\mathrm{d}y_N^*}{\mathrm{d}x^*} = \frac{\mathrm{d}Y_N(x, y, y_1, \cdots, y_N; \varepsilon)}{\mathrm{d}x^*}$$

$$=\frac{\dfrac{\partial Y_N}{\partial x}\mathrm{d}x + \dfrac{\partial Y_N}{\partial y}\mathrm{d}y + \dfrac{\partial Y_N}{\partial y_1}\mathrm{d}y_1 + \cdots + \dfrac{\partial Y_N}{\partial y_N}\mathrm{d}y_N}{\dfrac{\partial X}{\partial x}\mathrm{d}x + \dfrac{\partial X}{\partial y}\mathrm{d}y}.$$

再结合式 (1.2.2), 得到

$$y_{N+1}^* = \frac{\dfrac{\partial Y_N}{\partial x}\mathrm{d}x + \dfrac{\partial Y_N}{\partial y}y_1\mathrm{d}x + \dfrac{\partial Y_N}{\partial y_1}y_2\mathrm{d}x + \cdots + \dfrac{\partial Y_N}{\partial y_N}y_{N+1}\mathrm{d}x}{\dfrac{\partial X}{\partial x}\mathrm{d}x + \dfrac{\partial X}{\partial y}y_1\mathrm{d}x}$$

$$=\frac{\dfrac{\partial Y_N}{\partial x} + y_1\dfrac{\partial Y_N}{\partial y} + y_2\dfrac{\partial Y_N}{\partial y_1} + \cdots + y_{N+1}\dfrac{\partial Y_N}{\partial y_N}}{\dfrac{\partial X}{\partial x} + y_1\dfrac{\partial X}{\partial y}}$$

$$=Y_{N+1}(x,y,y_1,\cdots,y_N,y_{N+1};\varepsilon).$$

因此, 当 $k = N+1$ 时, 结论成立.

综上可知, 该定理成立. 证毕.

**注 1.2.1** 从定理 1.2.3 可以得到, 随着 $k$ 的增大, $y_k^*$ 的计算会变得更加复杂.

由于单参数李变换群可以由它的无穷小生成元所确定, 所以对于作用在空间 $(x,y,y_1,y_2,\cdots,y_k)$ 上延拓的单参数李变换群, 也需要寻找与导数相应的无穷小生成元, 即延拓的无穷小生成元.

利用 Taylor 公式, 式 (1.2.9) 可以写成

$$x^* = X(x,y;\varepsilon) = x + \xi(x,y)\varepsilon + O(\varepsilon^2),$$
$$y^* = Y(x,y;\varepsilon) = y + \eta(x,y)\varepsilon + O(\varepsilon^2),$$
$$y_1^* = Y_1(x,y,y_1;\varepsilon) = y_1 + \eta^{(1)}(x,y,y_1)\varepsilon + O(\varepsilon^2),$$
$$\cdots\cdots$$
$$y_k^* = Y_k(x,y,y_1,\cdots,y_k;\varepsilon) = y_k + \eta^{(k)}(x,y,y_1,\cdots,y_k)\varepsilon + O(\varepsilon^2),$$

则相应的 $k$ 阶延拓的无穷小和 $k$ 阶延拓的无穷小生成元分别为

$$(\xi(x,y),\eta(x,y),\eta^{(1)}(x,y,y_1),\cdots,\eta^{(k)}(x,y,y_1,\cdots,y_k))$$

和

$$\mathrm{Pr}^{(k)}V = \xi(x,y)\frac{\partial}{\partial x} + \eta(x,y)\frac{\partial}{\partial y} + \eta^{(1)}(x,y,y_1)\frac{\partial}{\partial y_1} + \cdots + \eta^{(k)}(x,y,y_1,\cdots,y_k)\frac{\partial}{\partial y_k},$$

其中 $k = 1,2,\cdots$.

为了讨论 $\eta^{(k-1)}(x,y,y_1,\cdots,y_k)$ 与 $\eta^{(k)}(x,y,y_1,\cdots,y_k)$ 之间的关系, 需要用到全微分算子. 为此, 先给出全微分算子的定义.

**定义 1.2.1**　对于一元函数 $y = y(x)$, 其因变量 $y$ 有连续导数 $y_1, y_2, \cdots, y_k, \cdots$, 则函数的全微分算子定义为

$$D_x = \frac{\partial}{\partial x} + y_1 \frac{\partial}{\partial y} + y_2 \frac{\partial}{\partial y_1} + \cdots + y_{k+1} \frac{\partial}{\partial y_k} + \cdots.$$

由定义 1.2.1 可知, 对于一个可微函数 $F(x, y, y_1, \cdots, y_k)$, 它的全微分为

$$D_x(F) = \frac{\partial F}{\partial x} + y_1 \frac{\partial F}{\partial y} + y_2 \frac{\partial F}{\partial y_1} + \cdots + y_{k+1} \frac{\partial F}{\partial y_k}.$$

**注 1.2.2**　由全微分算子 $D_x$ 的定义, 给出其他相应的算子

$$D_x^2(\cdot) = D_x(D_x(\cdot)),\ D_x^3(\cdot) = D_x(D_x^2(\cdot)), \cdots, D_x^k(\cdot) = D_x(D_x^{k-1}(\cdot)), \quad k \geqslant 2.$$

**定理 1.2.4**　延拓的无穷小生成元 $\eta^{(k)}(x, y, y_1, \cdots, y_k)$ 满足如下关系

$$\eta^{(k)}(x, y, y_1, \cdots, y_k) = D_x(\eta^{(k-1)}(x, y, y_1, \cdots, y_{k-1})) - y_k D_x(\xi), \quad k = 1, 2, \cdots,$$
$$\tag{1.2.10}$$

其中 $\eta^{(0)} = \eta(x, y)$, $D_x$ 为关于 $x$ 的全微分算子.

**证**　由定理 1.2.3 可知

$$Y_k(x, y, y_1, \cdots, y_k; \varepsilon) = \frac{\dfrac{\partial Y_{k-1}}{\partial x} + y_1 \dfrac{\partial Y_{k-1}}{\partial y} + \cdots + y_k \dfrac{\partial Y_{k-1}}{\partial y_{k-1}}}{\dfrac{\partial X}{\partial x} + y_1 \dfrac{\partial X}{\partial y}}.$$

根据全微分的定义, 上式可以写成

$$Y_k(x, y, y_1, \cdots, y_k; \varepsilon) = \frac{D_x(Y_{k-1})}{D_x(X)},$$

也可以写成

$$Y_k(x, y, y_1, \cdots, y_k; \varepsilon) = \frac{D_x(y_{k-1} + \varepsilon \eta^{(k-1)} + O(\varepsilon^2))}{D_x(x + \varepsilon \xi + O(\varepsilon^2))} = \frac{y_k + \varepsilon D_x(\eta^{(k-1)})}{1 + \varepsilon D_x(\xi)} + O(\varepsilon^2),$$

再利用 Taylor 公式, 将 $\dfrac{y_k + \varepsilon D_x(\eta^{(k-1)})}{1 + \varepsilon D_x(\xi)} + O(\varepsilon^2)$ 在 $\varepsilon = 0$ 处展开, 得到

$$\frac{y_k + \varepsilon D_x(\eta^{(k-1)})}{1 + \varepsilon D_x(\xi)} + O(\varepsilon^2) = y_k + \varepsilon(D_x(\eta^{(k-1)}) - y_k D_x(\xi)) + O(\varepsilon^2).$$

于是有

$$y_k + \varepsilon(D_x(\eta^{(k-1)}) - y_k D_x(\xi)) + O(\varepsilon^2) = y_k + \varepsilon \eta^{(k)}(x, y, y_1, \cdots, y_k) + O(\varepsilon^2).$$

比较上式等号两边 $\varepsilon$ 的系数得到

$$\eta^{(k)}(x, y, y_1, \cdots, y_k) = D_x(\eta^{(k-1)})(x, y, y_1, \cdots, y_{k-1}) - y_k D_x(\xi), \quad k = 1, 2, \cdots.$$

证毕.

进一步, 利用数学归纳法, 可将式 (1.2.10) 写成如下形式

$$\eta^{(k)}(x, y, y_1, \cdots, y_k) = D_x^k(\eta) - \sum_{j=1}^{k} \frac{k!}{(k-j)!j!} y_{k-j+1} D_x^j(\xi), \quad k = 1, 2, \cdots. \quad (1.2.11)$$

由式 (1.2.11) 可以得到

$$\eta^{(1)}(x, y, y_1) = \eta_x + (\eta_y - \xi_x)y_1 - \xi_y(y_1)^2,$$

$$\eta^{(2)}(x, y, y_1, y_2) = \eta_{xx} + (2\eta_{xy} - \xi_{xx})y_1 + (\eta_{yy} - 2\xi_{xy})(y_1)^2$$

$$- \xi_{yy}(y_1)^3 + (\eta_y - 2\xi_x)y_2 - 3\xi_y y_1 y_2,$$

$$\cdots\cdots$$

### 1.2.2 偏微分方程情形

在本小节, 将根据偏微分方程所含变量的个数分析偏微分方程延拓的无穷小生成元的性质.

1. 含有多个自变量, 单个因变量的偏微分方程情形

为了便于理解, 首先考虑含有两个自变量 $x, t$ 以及一个因变量 $u = u(x, t)$ 的偏微分方程. 类似一元函数的全微分算子的定义, 接下来介绍二元函数的全微分算子, 其具体形式为

$$D_x = \frac{\partial}{\partial x} + u_x \frac{\partial}{\partial u} + u_{xx} \frac{\partial}{\partial u_x} + u_{tx} \frac{\partial}{\partial u_t} + u_{xxx} \frac{\partial}{\partial u_{xx}} + u_{txx} \frac{\partial}{\partial u_{tx}} + u_{ttx} \frac{\partial}{\partial u_{tt}} + \cdots,$$

$$D_t = \frac{\partial}{\partial t} + u_t \frac{\partial}{\partial u} + u_{xt} \frac{\partial}{\partial u_x} + u_{tt} \frac{\partial}{\partial u_t} + u_{xxt} \frac{\partial}{\partial u_{xx}} + u_{txt} \frac{\partial}{\partial u_{tx}} + u_{ttt} \frac{\partial}{\partial u_{tt}} + \cdots.$$

因此, 对于给定的可微函数 $F(x, t, u_x, u_t, u_{xx}, u_{tx}, u_{tt}, \cdots)$, 其全微分可表示为

$$D_x(F) = \frac{\partial F}{\partial x} + u_x \frac{\partial F}{\partial u} + u_{xx} \frac{\partial F}{\partial u_x} + u_{tx} \frac{\partial F}{\partial u_t}$$

$$+ u_{xxx} \frac{\partial F}{\partial u_{xx}} + u_{txx} \frac{\partial F}{\partial u_{tx}} + u_{ttx} \frac{\partial F}{\partial u_{tt}} + \cdots,$$

$$D_t(F) = \frac{\partial F}{\partial t} + u_t \frac{\partial F}{\partial u} + u_{xt} \frac{\partial F}{\partial u_x} + u_{tt} \frac{\partial F}{\partial u_t}$$

$$+ u_{xxt}\frac{\partial F}{\partial u_{xx}} + u_{txt}\frac{\partial F}{\partial u_{tx}} + u_{ttt}\frac{\partial F}{\partial u_{tt}} + \cdots.$$

考虑如下二阶偏微分方程

$$F(x, t, u, u_t, u_x, u_{xx}, u_{tx}, u_{tt}) = 0. \tag{1.2.12}$$

对于方程 (1.2.12), 假设作用在空间 $(x, t, u)$ 上的单参数李变换群为

$$
\begin{aligned}
t^* &= T(x, t, u; \varepsilon) = t + \varepsilon\tau(x, t, u) + O(\varepsilon^2),\\
x^* &= X(x, t, u; \varepsilon) = x + \varepsilon\xi(x, t, u) + O(\varepsilon^2),\\
u^* &= U(x, t, u; \varepsilon) = u + \varepsilon\eta(x, t, u) + O(\varepsilon^2).
\end{aligned}
\tag{1.2.13}
$$

在单参数李变换群 (1.2.13) 下, 有 $(x, t, u) \to (x^*, t^*, u^*)$, 即 $u^* = u^*(x^*, t^*)$.

由于方程 (1.2.12) 含有偏导数, 自然需要分别考虑 $u(x, t)$ 的一阶、二阶偏导数 $u_t, u_x, u_{xx}, u_{tx}, u_{tt}$ 的一阶、二阶延拓. 首先分析一阶延拓. 因为 $u^* = U(x, t, u; \varepsilon)$, 所以有

$$
\begin{aligned}
\mathrm{d}u^* &= \frac{\partial U}{\partial t}\mathrm{d}t + \frac{\partial U}{\partial x}\mathrm{d}x + \frac{\partial U}{\partial u}\mathrm{d}u\\
&= \frac{\partial U}{\partial t}\mathrm{d}t + \frac{\partial U}{\partial x}\mathrm{d}x + \frac{\partial U}{\partial u}\left(\frac{\partial u}{\partial t}\mathrm{d}t + \frac{\partial u}{\partial x}\mathrm{d}x\right)\\
&= \left(\frac{\partial U}{\partial t} + \frac{\partial U}{\partial u}\frac{\partial u}{\partial t}\right)\mathrm{d}t + \left(\frac{\partial U}{\partial x} + \frac{\partial U}{\partial u}\frac{\partial u}{\partial x}\right)\mathrm{d}x.
\end{aligned}
\tag{1.2.14}
$$

同理可得

$$\mathrm{d}t^* = \left(\frac{\partial T}{\partial t} + \frac{\partial T}{\partial u}\frac{\partial u}{\partial t}\right)\mathrm{d}t + \left(\frac{\partial T}{\partial x} + \frac{\partial T}{\partial u}\frac{\partial u}{\partial x}\right)\mathrm{d}x, \tag{1.2.15}$$

$$\mathrm{d}x^* = \left(\frac{\partial X}{\partial t} + \frac{\partial X}{\partial u}\frac{\partial u}{\partial t}\right)\mathrm{d}t + \left(\frac{\partial X}{\partial x} + \frac{\partial X}{\partial u}\frac{\partial u}{\partial x}\right)\mathrm{d}x. \tag{1.2.16}$$

根据 $u^* = u^*(x^*, t^*)$ 有

$$\mathrm{d}u^* = \frac{\partial u^*}{\partial t^*}\mathrm{d}t^* + \frac{\partial u^*}{\partial x^*}\mathrm{d}x^*. \tag{1.2.17}$$

将方程 (1.2.14)—(1.2.16) 代入方程 (1.2.17) 中, 可得

$$
\begin{aligned}
&\left(\frac{\partial U}{\partial t} + \frac{\partial U}{\partial u}\frac{\partial u}{\partial t}\right)\mathrm{d}t + \left(\frac{\partial U}{\partial x} + \frac{\partial U}{\partial u}\frac{\partial u}{\partial x}\right)\mathrm{d}x\\
&= \frac{\partial u^*}{\partial t^*}\left(\left(\frac{\partial T}{\partial t} + \frac{\partial T}{\partial u}\frac{\partial u}{\partial t}\right)\mathrm{d}t + \left(\frac{\partial T}{\partial x} + \frac{\partial T}{\partial u}\frac{\partial u}{\partial x}\right)\mathrm{d}x\right)
\end{aligned}
$$

$$+ \frac{\partial u^*}{\partial x^*} \left( \left( \frac{\partial X}{\partial t} + \frac{\partial X}{\partial u} \frac{\partial u}{\partial t} \right) \mathrm{d}t + \left( \frac{\partial X}{\partial x} + \frac{\partial X}{\partial u} \frac{\partial u}{\partial x} \right) \mathrm{d}x \right).$$

对上式进行整理, 可得

$$\left( \frac{\partial U}{\partial t} + \frac{\partial U}{\partial u} \frac{\partial u}{\partial t} \right) \mathrm{d}t + \left( \frac{\partial U}{\partial x} + \frac{\partial U}{\partial u} \frac{\partial u}{\partial x} \right) \mathrm{d}x$$

$$= \left( \frac{\partial u^*}{\partial t^*} \left( \frac{\partial T}{\partial t} + \frac{\partial T}{\partial u} \frac{\partial u}{\partial t} \right) + \frac{\partial u^*}{\partial x^*} \left( \frac{\partial X}{\partial t} + \frac{\partial X}{\partial u} \frac{\partial u}{\partial t} \right) \right) \mathrm{d}t$$

$$+ \left( \frac{\partial u^*}{\partial t^*} \left( \frac{\partial T}{\partial x} + \frac{\partial T}{\partial u} \frac{\partial u}{\partial x} \right) + \frac{\partial u^*}{\partial x^*} \left( \frac{\partial X}{\partial x} + \frac{\partial X}{\partial u} \frac{\partial u}{\partial x} \right) \right) \mathrm{d}x.$$

进而, 得到如下方程组

$$\begin{cases} \dfrac{\partial U}{\partial t} + \dfrac{\partial U}{\partial u} \dfrac{\partial u}{\partial t} = \dfrac{\partial u^*}{\partial t^*} \left( \dfrac{\partial T}{\partial t} + \dfrac{\partial T}{\partial u} \dfrac{\partial u}{\partial t} \right) + \dfrac{\partial u^*}{\partial x^*} \left( \dfrac{\partial X}{\partial t} + \dfrac{\partial X}{\partial u} \dfrac{\partial u}{\partial t} \right), \\[3mm] \dfrac{\partial U}{\partial x} + \dfrac{\partial U}{\partial u} \dfrac{\partial u}{\partial x} = \dfrac{\partial u^*}{\partial t^*} \left( \dfrac{\partial T}{\partial x} + \dfrac{\partial T}{\partial u} \dfrac{\partial u}{\partial x} \right) + \dfrac{\partial u^*}{\partial x^*} \left( \dfrac{\partial X}{\partial x} + \dfrac{\partial X}{\partial u} \dfrac{\partial u}{\partial x} \right). \end{cases} \tag{1.2.18}$$

根据全微分算子的定义, 方程组 (1.2.18) 可以写成如下矩阵形式

$$\begin{pmatrix} D_t T & D_t X \\ D_x T & D_x X \end{pmatrix} \begin{pmatrix} \dfrac{\partial u^*}{\partial t^*} \\[3mm] \dfrac{\partial u^*}{\partial x^*} \end{pmatrix} = \begin{pmatrix} D_t U \\ D_x U \end{pmatrix}.$$

假设矩阵 $A = \begin{pmatrix} D_t T & D_t X \\ D_x T & D_x X \end{pmatrix}$ 可逆, 则有

$$\begin{pmatrix} \dfrac{\partial u^*}{\partial t^*} \\[3mm] \dfrac{\partial u^*}{\partial x^*} \end{pmatrix} = A^{-1} \begin{pmatrix} D_t U \\ D_x U \end{pmatrix}. \tag{1.2.19}$$

结合方程组 (1.2.18), 对方程组 (1.2.19) 进行分析, 可以得到 $\dfrac{\partial u^*}{\partial t^*}$ 和 $\dfrac{\partial u^*}{\partial x^*}$ 与 $u$ 关于 $x, t$ 的所有一阶偏导数有关.

因此, $u_t, u_x$ 的一阶延拓形式为 $u_{t^*}^*, u_{x^*}^*$, 将其利用 Taylor 公式展开, 则有

$$u_{t^*}^* = \frac{\partial u^*}{\partial t^*} = u_t + \eta_t^{(1)}(x, t, u, \partial u)\varepsilon + O(\varepsilon^2),$$

$$u_{x^*}^* = \frac{\partial u^*}{\partial x^*} = u_x + \eta_x^{(1)}(x, t, u, \partial u)\varepsilon + O(\varepsilon^2),$$

其中 $\partial u$ 表示 $u$ 关于 $x, t$ 的所有一阶偏导数.

接下来, 求解一阶延拓的无穷小 $\eta_t^{(1)}(x,t,u,\partial u)$ 和 $\eta_x^{(1)}(x,t,u,\partial u)$ 的具体表达式.

由于

$$
\begin{aligned}
A &= \begin{pmatrix} D_t T & D_t X \\ D_x T & D_x X \end{pmatrix} \\
&= \begin{pmatrix} D_t(t + \varepsilon\tau(x,t,u) + O(\varepsilon^2)) & D_t(x + \varepsilon\xi(x,t,u) + O(\varepsilon^2)) \\ D_x(t + \varepsilon\tau(x,t,u) + O(\varepsilon^2)) & D_x(x + \varepsilon\xi(x,t,u) + O(\varepsilon^2)) \end{pmatrix} \\
&= \begin{pmatrix} 1 + \varepsilon D_t\tau(x,t,u) & \varepsilon D_t\xi(x,t,u) \\ \varepsilon D_x\tau(x,t,u) & 1 + \varepsilon D_x\xi(x,t,u) \end{pmatrix} + O(\varepsilon^2),
\end{aligned}
$$

于是有

$$
A = \begin{pmatrix} 1 & 0 \\ 0 & 1 \end{pmatrix} + \varepsilon \begin{pmatrix} D_t\tau(x,t,u) & D_t\xi(x,t,u) \\ D_x\tau(x,t,u) & D_x\xi(x,t,u) \end{pmatrix} + O(\varepsilon^2). \tag{1.2.20}
$$

从式 (1.2.20) 可以得到

$$
A^{-1} = \begin{pmatrix} 1 & 0 \\ 0 & 1 \end{pmatrix} - \varepsilon \begin{pmatrix} D_t\tau(x,t,u) & D_t\xi(x,t,u) \\ D_x\tau(x,t,u) & D_x\xi(x,t,u) \end{pmatrix} + O(\varepsilon^2).
$$

进一步, 将 $A^{-1}$ 代入方程组 (1.2.19) 中整理可得

$$
\begin{aligned}
&\begin{pmatrix} u_t + \eta_t^{(1)}(x,t,u,\partial u)\varepsilon \\ u_x + \eta_x^{(1)}(x,t,u,\partial u)\varepsilon \end{pmatrix} \\
&= \begin{pmatrix} 1 - \varepsilon D_t\tau(x,t,u) & -\varepsilon D_t\xi(x,t,u) \\ -\varepsilon D_x\tau(x,t,u) & 1 - \varepsilon D_x\xi(x,t,u) \end{pmatrix} \begin{pmatrix} u_t + \varepsilon D_t\eta(x,t,u) \\ u_x + \varepsilon D_x\eta(x,t,u) \end{pmatrix} + O(\varepsilon^2).
\end{aligned}
$$

由上述方程组可得

$$
\begin{aligned}
\eta_t^{(1)}(x,t,u,\partial u) &= D_t\eta(x,t,u) - (D_t\tau(x,t,u))u_t - (D_t\xi(x,t,u))u_x, \\
\eta_x^{(1)}(x,t,u,\partial u) &= D_x\eta(x,t,u) - (D_x\tau(x,t,u))u_t - (D_x\xi(x,t,u))u_x.
\end{aligned} \tag{1.2.21}
$$

将式 (1.2.21) 中的全微分展开, 可以得到一阶延拓的无穷小 $\eta_t^{(1)}(x,t,u,\partial u)$ 以及 $\eta_x^{(1)}(x,t,u,\partial u)$ 的表达式为

$$
\eta_t^{(1)}(x,t,u,\partial u) = \frac{\partial\eta}{\partial t} + \frac{\partial\eta}{\partial u}\frac{\partial u}{\partial t} - \left(\frac{\partial\tau}{\partial t} + \frac{\partial\tau}{\partial u}\frac{\partial u}{\partial t}\right)u_t - \left(\frac{\partial\xi}{\partial t} + \frac{\partial\xi}{\partial u}\frac{\partial u}{\partial t}\right)u_x,
$$

$$
\tag{1.2.22}
$$

$$\eta_x^{(1)}(x,t,u,\partial u) = \frac{\partial \eta}{\partial x} + \frac{\partial \eta}{\partial u}\frac{\partial u}{\partial x} - \left(\frac{\partial \tau}{\partial x} + \frac{\partial \tau}{\partial u}\frac{\partial u}{\partial x}\right)u_t - \left(\frac{\partial \xi}{\partial x} + \frac{\partial \xi}{\partial u}\frac{\partial u}{\partial x}\right)u_x.$$

$$(1.2.23)$$

用类似的方法, 可以得到 $u(x,t)$ 的二阶偏导数 $u_{xx}, u_{tx}, u_{tt}$ 的二阶延拓为

$$u_{t^*t^*}^* = \frac{\partial^2 u^*}{\partial t^{*2}} = u_{tt} + \eta_{tt}^{(2)}(x,t,u,\partial u,\partial^2 u)\varepsilon + O(\varepsilon^2),$$

$$u_{x^*t^*}^* = \frac{\partial^2 u^*}{\partial x^*\partial t^*} = u_{xt} + \eta_{xt}^{(2)}(x,t,u,\partial u,\partial^2 u)\varepsilon + O(\varepsilon^2),$$

$$u_{x^*x^*}^* = \frac{\partial^2 u^*}{\partial x^{*2}} = u_{xx} + \eta_{xx}^{(2)}(x,t,u,\partial u,\partial^2 u)\varepsilon + O(\varepsilon^2),$$

其中 $\partial u$ 和 $\partial^2 u$ 分别表示 $u$ 关于 $x,t$ 的所有一阶和二阶偏导数. 相应地, 二阶延拓的无穷小 $\eta_{tt}^{(2)}, \eta_{xt}^{(2)} = \eta_{tx}^{(2)}, \eta_{xx}^{(2)}$ 分别为

$$\eta_{xx}^{(2)}(x,t,u,\partial u,\partial^2 u) = D_x\eta_x^{(1)} - (D_x\tau)u_{xt} - (D_x\xi)u_{xx},$$

$$\eta_{tt}^{(2)}(x,t,u,\partial u,\partial^2 u) = D_t\eta_t^{(1)} - (D_t\tau)u_{tt} - (D_t\xi)u_{tx},$$

$$\eta_{xt}^{(2)}(x,t,u,\partial u,\partial^2 u) = \eta_{tx}^{(2)}(x,t,u,\partial u,\partial^2 u) = D_t\eta_x^{(1)} - (D_t\tau)u_{xt} - (D_t\xi)u_{xx}.$$

将其中的全微分展开, 即有

$$\begin{aligned}
\eta_{tt}^{(2)} ={} & \frac{\partial^2 \eta}{\partial t^2} + \left(2\frac{\partial^2 \eta}{\partial t\partial u} - \frac{\partial^2 \tau}{\partial t^2}\right)u_t - \frac{\partial^2 \xi}{\partial t^2}u_x + \left(\frac{\partial \eta}{\partial u} - 2\frac{\partial \tau}{\partial t}\right)u_{tt} - 2\frac{\partial \xi}{\partial t}u_{tx} \\
& + \left(\frac{\partial^2 \eta}{\partial u^2} - 2\frac{\partial^2 \tau}{\partial t\partial u}\right)u_t^2 - 2\frac{\partial^2 \xi}{\partial t\partial u}u_t u_x - \frac{\partial^2 \tau}{\partial u^2}u_t^3 - \frac{\partial^2 \xi}{\partial u^2}u_t^2 u_x \\
& - 3\frac{\partial \tau}{\partial u}u_t u_{tt} - \frac{\partial \xi}{\partial u}u_x u_{tt} - 2\frac{\partial \xi}{\partial u}u_t u_{tx},
\end{aligned}$$

$$(1.2.24)$$

$$\begin{aligned}
\eta_{tx}^{(2)} ={} & \frac{\partial^2 \eta}{\partial t\partial x} + \left(\frac{\partial^2 \eta}{\partial t\partial u} - \frac{\partial^2 \xi}{\partial t\partial x}\right)u_x + \left(\frac{\partial^2 \eta}{\partial x\partial u} - \frac{\partial^2 \tau}{\partial t\partial x}\right)u_t \\
& - \frac{\partial \xi}{\partial t}u_{xx} + \left(\frac{\partial \eta}{\partial u} - \frac{\partial \tau}{\partial t} - \frac{\partial \xi}{\partial x}\right)u_{tx} \\
& - \frac{\partial \tau}{\partial x}u_{tt} - \frac{\partial^2 \xi}{\partial t\partial u}u_x^2 + \left(\frac{\partial^2 \eta}{\partial u^2} - \frac{\partial^2 \tau}{\partial t\partial u} - \frac{\partial^2 \xi}{\partial x\partial u}\right)u_x u_t - \frac{\partial^2 \tau}{\partial x\partial u}u_t^2 - \frac{\partial^2 \xi}{\partial u^2}u_t u_x^2 \\
& - \frac{\partial^2 \tau}{\partial u^2}u_t^2 u_x - 2\frac{\partial \xi}{\partial u}u_x u_{tx} - 2\frac{\partial \tau}{\partial u}u_t u_{tx} - \frac{\partial \tau}{\partial u}u_x u_{tt} - \frac{\partial \xi}{\partial u}u_t u_{xx},
\end{aligned}$$

$$(1.2.25)$$

$$\eta_{xx}^{(2)} = \frac{\partial^2 \eta}{\partial x^2} + \left(2\frac{\partial^2 \eta}{\partial x \partial u} - \frac{\partial^2 \xi}{\partial x^2}\right) u_x - \frac{\partial^2 \tau}{\partial x^2} u_t + \left(\frac{\partial \eta}{\partial u} - 2\frac{\partial \xi}{\partial x}\right) u_{xx} - 2\frac{\partial \tau}{\partial x} u_{tx}$$

$$+ \left(\frac{\partial^2 \eta}{\partial u^2} - 2\frac{\partial^2 \xi}{\partial x \partial u}\right) u_x^2 - 2\frac{\partial^2 \tau}{\partial x \partial u} u_t u_x - \frac{\partial^2 \xi}{\partial u^2} u_x^2 - \frac{\partial^2 \tau}{\partial u^2} u_t u_x^2$$

$$- 3\frac{\partial \xi}{\partial u} u_x u_{xx} - \frac{\partial \tau}{\partial u} u_t u_{xx} - 2\frac{\partial \tau}{\partial u} u_x u_{xt}. \tag{1.2.26}$$

接下来, 考虑如下 $k$ 阶偏微分方程

$$F(x, u, \partial u, \partial^2 u, \cdots, \partial^k u) = 0,$$

其中自变量为 $x = (x_1, x_2, \cdots, x_n)$, 因变量为 $u = u(x)$, $\partial^k u$ 表示 $u$ 关于 $x$ 的所有 $k$ 阶偏导数, 并且令 $\partial u = \partial^1 u$. 与 1.2.1 小节类似, 将作用在空间 $(x, u)$ 上的单参数李变换群延拓到作用在空间 $(x, u, \partial u, \partial^2 u, \cdots, \partial^k u)$ 上的单参数李变换群. 同时, 假设上述 $k$ 阶偏微分方程存在 $k$ 阶延拓的无穷小和 $k$ 阶延拓的无穷小生成元.

假设作用在空间 $(x, u)$ 上的单参数李变换群为

$$\begin{aligned} x_i^* &= X_i(x, u; \varepsilon) = x_i + \xi_i(x, u)\varepsilon + O(\varepsilon^2), \quad i = 1, 2, \cdots, n, \\ u^* &= U(x, u; \varepsilon) = u + \eta(x, u)\varepsilon + O(\varepsilon^2). \end{aligned} \tag{1.2.27}$$

其相应的无穷小生成元为

$$V = \sum_{i=1}^{n} \xi_i(x, u)\frac{\partial}{\partial x_i} + \eta(x, u)\frac{\partial}{\partial u}.$$

此时, 作用在空间 $(x, u, \partial u, \partial^2 u, \cdots, \partial^k u)$ 上的延拓的单参数李变换群为

$$\begin{aligned} x_i^* &= X_i(x, u; \varepsilon) = x_i + \xi_i(x, u)\varepsilon + O(\varepsilon^2), \\ u^* &= U(x, u; \varepsilon) = u + \eta(x, u)\varepsilon + O(\varepsilon^2), \\ u_{i_1}^* &= U_{i_1}(x, u, \partial u; \varepsilon) = u_{i_1} + \eta_{i_1}^{(1)}(x, u, \partial u)\varepsilon + O(\varepsilon^2), \\ &\quad \cdots\cdots \end{aligned}$$

$$\begin{aligned} u_{i_1 i_2 \cdots i_k}^* &= U_{i_1 i_2 \cdots i_k}(x, u, \partial u, \partial^2 u, \cdots, \partial^k u; \varepsilon) \\ &= u_{i_1 i_2 \cdots i_k} + \eta_{i_1 i_2 \cdots i_k}^{(k)}(x, u, \partial u, \partial^2 u, \cdots, \partial^k u)\varepsilon + O(\varepsilon^2), \end{aligned} \tag{1.2.28}$$

其中 $i_l = 1, 2, \cdots, n$, $l = 1, 2, \cdots, k$, $k \geqslant 1$. 在式 (1.2.28) 中

$$\partial u = \left\{\frac{\partial u}{\partial x_1}, \frac{\partial u}{\partial x_2}, \frac{\partial u}{\partial x_3}, \cdots, \frac{\partial u}{\partial x_n}\right\},$$

$$\partial^2 u = \left\{\frac{\partial^2 u}{\partial x_1 \partial x_1}, \frac{\partial^2 u}{\partial x_1 \partial x_2}, \cdots, \frac{\partial^2 u}{\partial x_1 \partial x_n}, \cdots, \frac{\partial^2 u}{\partial x_i \partial x_j}, \cdots\right\},$$

$$\partial^3 u = \left\{ \frac{\partial^3 u}{\partial x_1 \partial x_1 \partial x_1}, \frac{\partial^3 u}{\partial x_1 \partial x_1 \partial x_2}, \cdots, \frac{\partial^3 u}{\partial x_i \partial x_j \partial x_p}, \cdots \right\},$$
$$\cdots\cdots$$

相应的 $k$ 阶延拓的无穷小和 $k$ 阶延拓的无穷小生成元分别为

$$(\xi_i(x,u), \eta(x,u), \eta_{i_1}^{(1)}(x,u,\partial u), \cdots, \eta_{i_1 i_2 \cdots i_k}^{(k)}(x,u,\partial u, \cdots, \partial^k u))$$

和

$$\Pr^{(k)} V = V + \sum_{I=1} \eta_{i_1}^{(1)} \frac{\partial}{\partial u_{i_1}} + \sum_{I=2} \eta_{i_1 i_2}^{(2)} \frac{\partial}{\partial u_{i_1 i_2}} + \cdots$$
$$+ \sum_{I=k} \eta_{i_1 i_2 \cdots i_k}^{(k)} \frac{\partial}{\partial u_{i_1 i_2 \cdots i_k}}, \quad k \geqslant 1,$$

其中 $u_{i_1}$ 表示 $u$ 关于 $x = (x_1, x_2, \cdots, x_n)$ 的分量 $x_{i_1}$ 的一阶偏导数, $\eta_{i_1}^{(1)}$ 是 $u_{i_1}$ 相应的一阶延拓无穷小, $\sum\limits_{I=1}$ 表示所有一阶偏导数的和; $u_{i_1 i_2}$ 表示 $u$ 关于 $x = (x_1, x_2, \cdots, x_n)$ 的分量 $x_{i_1}, x_{i_2}$ 的二阶偏导数, $\eta_{i_1 i_2}^{(2)}$ 是 $u_{i_1 i_2}$ 相应的二阶延拓无穷小, $\sum\limits_{I=2}$ 表示所有二阶偏导数的和; 以此类推.

**定理 1.2.5**　延拓的无穷小满足如下递推关系

$$\eta_{i_1}^{(1)} = D_{i_1} \eta - \sum_{i_j=1}^{n} ((D_{i_1} \xi_{i_j}) u_{i_j}),$$
$$\eta_{i_1 i_2 \cdots i_{k-1} i_k}^{(k)} = D_{i_k} \eta_{i_1 i_2 \cdots i_{k-1}}^{(k-1)} - \sum_{i_j=1}^{n} ((D_{i_k} \xi_{i_j}) u_{i_1 i_2 \cdots i_{k-1} i_j}), \quad k \geqslant 2,$$

(1.2.29)

其中 $D_{i_1}, D_{i_k}$ 为如下全微分算子

$$D_{i_1} = \frac{\partial}{\partial x_{i_1}} + u_{i_1} \frac{\partial}{\partial u} + \sum_{i_r=1}^{n} u_{i_1 i_r} \frac{\partial}{\partial u_{i_r}} + \sum_{i_s=1}^{n} \sum_{i_r=1}^{n} u_{i_1 i_s i_r} \frac{\partial}{\partial u_{i_s i_r}} + \cdots,$$

$$D_{i_k} = \frac{\partial}{\partial x_{i_k}} + u_{i_k} \frac{\partial}{\partial u} + \sum_{i_r=1}^{n} u_{i_k i_r} \frac{\partial}{\partial u_{i_r}} + \sum_{i_s=1}^{n} \sum_{i_r=1}^{n} u_{i_k i_s i_r} \frac{\partial}{\partial u_{i_s i_r}} + \cdots.$$

证明此定理可参照式 (1.2.21) 和式 (1.2.24)—(1.2.26) 的推导过程. 证明过程完全类似, 只是增加了自变量个数.

为了更好地理解含有多自变量、单因变量偏微分方程延拓的无穷小生成元, 下面考虑含有三个自变量 $x, y, t$ 以及一个因变量 $u = u(x, y, t)$ 的三阶偏微分方程. 假

设该方程接受如下单参数李变换群

$$x^* = x + \varepsilon \xi^1(x, y, t, u) + O(\varepsilon^2),$$

$$y^* = y + \varepsilon \xi^2(x, y, t, u) + O(\varepsilon^2),$$

$$t^* = t + \varepsilon \tau(x, y, t, u) + O(\varepsilon^2),$$

$$u^* = u + \varepsilon \eta(x, y, t, u) + O(\varepsilon^2).$$

相应的延拓部分为

$$u_{x^*}^* = u_x + \varepsilon \eta_x^{(1)}(x, y, t, u, \partial u) + O(\varepsilon^2),$$

$$u_{y^*}^* = u_y + \varepsilon \eta_y^{(1)}(x, y, t, u, \partial u) + O(\varepsilon^2),$$

$$u_{t^*}^* = u_t + \varepsilon \eta_t^{(1)}(x, y, t, u, \partial u) + O(\varepsilon^2),$$

$$u_{x^*x^*}^* = u_{xx} + \varepsilon \eta_{xx}^{(2)}(x, y, t, u, \partial u, \partial^2 u) + O(\varepsilon^2),$$

$$u_{y^*y^*}^* = u_{yy} + \varepsilon \eta_{yy}^{(2)}(x, y, t, u, \partial u, \partial^2 u) + O(\varepsilon^2),$$

$$u_{t^*t^*}^* = u_{tt} + \varepsilon \eta_{tt}^{(2)}(x, y, t, u, \partial u, \partial^2 u) + O(\varepsilon^2),$$

$$u_{x^*y^*}^* = u_{xy} + \varepsilon \eta_{xy}^{(2)}(x, y, t, u, \partial u, \partial^2 u) + O(\varepsilon^2),$$

$$u_{x^*t^*}^* = u_{xt} + \varepsilon \eta_{xt}^{(2)}(x, y, t, u, \partial u, \partial^2 u) + O(\varepsilon^2),$$

$$u_{y^*t^*}^* = u_{yt} + \varepsilon \eta_{yt}^{(2)}(x, y, t, u, \partial u, \partial^2 u) + O(\varepsilon^2),$$

$$u_{x^*x^*x^*}^* = u_{xxx} + \varepsilon \eta_{xxx}^{(3)}(x, y, t, u, \partial u, \partial^2 u, \partial^3 u) + O(\varepsilon^2),$$

$$u_{y^*y^*y^*}^* = u_{yyy} + \varepsilon \eta_{yyy}^{(3)}(x, y, t, u, \partial u, \partial^2 u, \partial^3 u) + O(\varepsilon^2),$$

$$u_{t^*t^*t^*}^* = u_{ttt} + \varepsilon \eta_{ttt}^{(3)}(x, y, t, u, \partial u, \partial^2 u, \partial^3 u) + O(\varepsilon^2),$$

$$u_{x^*x^*y^*}^* = u_{xxy} + \varepsilon \eta_{xxy}^{(3)}(x, y, t, u, \partial u, \partial^2 u, \partial^3 u) + O(\varepsilon^2),$$

$$u_{x^*y^*y^*}^* = u_{xyy} + \varepsilon \eta_{xyy}^{(3)}(x, y, t, u, \partial u, \partial^2 u, \partial^3 u) + O(\varepsilon^2),$$

$$u_{x^*x^*t^*}^* = u_{xxt} + \varepsilon \eta_{xxt}^{(3)}(x, y, t, u, \partial u, \partial^2 u, \partial^3 u) + O(\varepsilon^2),$$

$$u_{x^*t^*t^*}^* = u_{xtt} + \varepsilon \eta_{xtt}^{(3)}(x, y, t, u, \partial u, \partial^2 u, \partial^3 u) + O(\varepsilon^2),$$

$$u_{y^*y^*t^*}^* = u_{yyt} + \varepsilon \eta_{yyt}^{(3)}(x, y, t, u, \partial u, \partial^2 u, \partial^3 u) + O(\varepsilon^2),$$

$$u_{y^*t^*t^*}^* = u_{ytt} + \varepsilon \eta_{ytt}^{(3)}(x, y, t, u, \partial u, \partial^2 u, \partial^3 u) + O(\varepsilon^2),$$

$$u_{x^*y^*t^*}^* = u_{xyt} + \varepsilon \eta_{xyt}^{(3)}(x, y, t, u, \partial u, \partial^2 u, \partial^3 u) + O(\varepsilon^2).$$

相应的三阶延拓的无穷小生成元为

$$
\begin{aligned}
\mathrm{Pr}^{(3)}V \\
= \xi^1 \frac{\partial}{\partial x} + \xi^2 \frac{\partial}{\partial y} + \tau \frac{\partial}{\partial t} + \eta \frac{\partial}{\partial u} + \eta_x^{(1)} \frac{\partial}{\partial u_x} + \eta_y^{(1)} \frac{\partial}{\partial u_y} + \eta_t^{(1)} \frac{\partial}{\partial u_t} + \eta_{xx}^{(2)} \frac{\partial}{\partial u_{xx}} \\
+ \eta_{yy}^{(2)} \frac{\partial}{\partial u_{yy}} + \eta_{tt}^{(2)} \frac{\partial}{\partial u_{tt}} + \eta_{xy}^{(2)} \frac{\partial}{\partial u_{xy}} + \eta_{tx}^{(2)} \frac{\partial}{\partial u_{tx}} + \eta_{ty}^{(2)} \frac{\partial}{\partial u_{ty}} + \eta_{xxx}^{(3)} \frac{\partial}{\partial u_{xxx}} \\
+ \eta_{yyy}^{(3)} \frac{\partial}{\partial u_{yyy}} + \eta_{ttt}^{(3)} \frac{\partial}{\partial u_{ttt}} + \eta_{xxy}^{(3)} \frac{\partial}{\partial u_{xxy}} + \eta_{xyy}^{(3)} \frac{\partial}{\partial u_{xyy}} + \eta_{xxt}^{(3)} \frac{\partial}{\partial u_{xxt}} + \eta_{xtt}^{(3)} \frac{\partial}{\partial u_{xtt}} \\
+ \eta_{yyt}^{(3)} \frac{\partial}{\partial u_{yyt}} + \eta_{ytt}^{(3)} \frac{\partial}{\partial u_{ytt}} + \eta_{xyt}^{(3)} \frac{\partial}{\partial u_{xyt}}.
\end{aligned}
$$

由定理 1.2.5, 可以得到延拓的无穷小为

$$
\begin{aligned}
\eta_t^{(1)} &= D_t(\eta) - u_x D_t(\xi^1) - u_y D_t(\xi^2) - u_t D_t(\tau), \\
\eta_x^{(1)} &= D_x(\eta) - u_x D_x(\xi^1) - u_y D_x(\xi^2) - u_t D_x(\tau), \\
\eta_y^{(1)} &= D_y(\eta) - u_x D_y(\xi^1) - u_y D_y(\xi^2) - u_t D_y(\tau), \\
\eta_{xx}^{(2)} &= D_x(\eta_x^{(1)}) - u_{xt} D_x(\tau) - u_{xx} D_x(\xi^1) - u_{xy} D_x(\xi^2), \\
\eta_{yy}^{(2)} &= D_y(\eta_y^{(1)}) - u_{yt} D_y(\tau) - u_{xy} D_y(\xi^1) - u_{yy} D_y(\xi^2), \\
\eta_{tt}^{(2)} &= D_t(\eta_t^{(1)}) - u_{tx} D_t(\xi^1) - u_{ty} D_t(\xi^2) - u_{tt} D_y(\tau), \\
\eta_{xy}^{(2)} &= D_y(\eta_x^{(1)}) - u_{xx} D_y(\xi^1) - u_{xy} D_y(\xi^2) - u_{xt} D_y(\tau), \\
\eta_{tx}^{(2)} &= D_x(\eta_t^{(1)}) - u_{xx} D_x(\xi^1) - u_{xy} D_x(\xi^2) - u_{xt} D_x(\tau), \\
\eta_{ty}^{(2)} &= D_y(\eta_t^{(1)}) - u_{yx} D_y(\xi^1) - u_{yy} D_y(\xi^2) - u_{yt} D_y(\tau), \\
\eta_{xxx}^{(3)} &= D_x(\eta_{xx}^{(2)}) - u_{xxt} D_x(\tau) - u_{xxx} D_x(\xi^1) - u_{xxy} D_x(\xi^2), \\
\eta_{yyy}^{(3)} &= D_y(\eta_{yy}^{(2)}) - u_{yyt} D_y(\tau) - u_{yxy} D_y(\xi^1) - u_{yyy} D_y(\xi^2), \\
\eta_{ttt}^{(3)} &= D_t(\eta_{tt}^{(2)}) - u_{ttx} D_t(\xi^1) - u_{tty} D_t(\xi^2) - u_{ttt} D_t(\tau), \\
\eta_{xxy}^{(3)} &= D_y(\eta_{xx}^{(2)}) - u_{xxt} D_y(\tau) - u_{xxx} D_y(\xi^1) - u_{xxy} D_y(\xi^2), \\
\eta_{yyx}^{(3)} &= D_x(\eta_{yy}^{(2)}) - u_{yyt} D_x(\tau) - u_{yyx} D_x(\xi^1) - u_{yyy} D_x(\xi^2), \\
\eta_{xxt}^{(3)} &= D_t(\eta_{xx}^{(2)}) - u_{xxx} D_t(\xi^1) - u_{xxy} D_t(\xi^2) - u_{xxt} D_t(\tau), \\
\eta_{xtt}^{(3)} &= D_t(\eta_{xt}^{(2)}) - u_{xtx} D_t(\xi^1) - u_{xty} D_t(\xi^2) - u_{xtt} D_t(\tau),
\end{aligned}
$$

$$\eta_{ytt}^{(3)} = D_t(\eta_{yt}^{(2)}) - u_{ytx}D_t(\xi^1) - u_{yty}D_t(\xi^2) - u_{ytt}D_t(\tau),$$

$$\eta_{yyt}^{(3)} = D_t(\eta_{yy}^{(2)}) - u_{yyx}D_t(\xi^1) - u_{yyy}D_t(\xi^2) - u_{yyt}D_t(\tau),$$

$$\eta_{xyt}^{(3)} = D_t(\eta_{xy}^{(2)}) - u_{xyx}D_t(\xi^1) - u_{xyy}D_t(\xi^2) - u_{xyt}D_t(\tau).$$

**2. 含有多个自变量, 多个因变量的偏微分方程组情形**

考虑如下含有多个自变量, 多个因变量的 $k$ 阶偏微分方程组

$$F_\nu(x, u, \partial u, \partial^2 u, \cdots, \partial^k u) = 0, \quad \nu = 1, 2, \cdots, p, \tag{1.2.30}$$

其中自变量为 $x = (x_1, x_2, \cdots, x_n)$, 因变量为 $u = (u^1, u^2, \cdots, u^m)$, $\partial^k u$ 表示 $u$ 关于 $x$ 的所有 $k$ 阶偏导数.

对于方程组 (1.2.30), 假设作用在空间 $(x, u)$ 上的单参数李变换群为

$$
\begin{aligned}
x_i^* &= X_i(x, u; \varepsilon) = x_i + \xi_i(x, u)\varepsilon + O(\varepsilon^2), \quad i = 1, 2, \cdots, n, \\
(u^\nu)^* &= U^\nu(x, u; \varepsilon) = u^\nu + \eta^\nu(x, u)\varepsilon + O(\varepsilon^2), \quad \nu = 1, 2, \cdots, m.
\end{aligned}
\tag{1.2.31}
$$

相应的无穷小生成元为

$$V = \sum_{i=1}^n \xi_i(x, u)\frac{\partial}{\partial x_i} + \sum_{\nu=1}^m \eta^\nu \frac{\partial}{\partial u^\nu}.$$

由于方程组 (1.2.30) 含有偏导数, 所以需要考虑 $u$ 关于自变量的一阶、二阶等偏导数的延拓.

将作用在空间 $(x, u, \partial u, \partial^2 u, \cdots, \partial^k u)$ 上的延拓的单参数李变换群定义为

$$
\begin{aligned}
x_i^* &= X_i(x, u; \varepsilon) = x_i + \xi_i(x, u)\varepsilon + O(\varepsilon^2), \\
(u^\nu)^* &= U^\nu(x, u; \varepsilon) = u^\nu + \eta^\nu(x, u)\varepsilon + O(\varepsilon^2), \\
(u_{i_1}^\nu)^* &= U_{i_1}^\nu(x, u, \partial u; \varepsilon) = u_{i_1}^\nu + \eta_{i_1}^{(1)\nu}(x, u, \partial u)\varepsilon + O(\varepsilon^2),
\end{aligned}
$$

$$\cdots \cdots$$

$$
\begin{aligned}
(u_{i_1 i_2 \cdots i_k}^\nu)^* &= U_{i_1 i_2 \cdots i_k}^\nu(x, u, \partial u, \cdots, \partial^k u; \varepsilon) \\
&= u_{i_1 i_2 \cdots i_k}^\nu + \eta_{i_1 i_2 \cdots i_k}^{(k)\nu}(x, u, \partial u, \cdots, \partial^k u)\varepsilon + O(\varepsilon^2),
\end{aligned}
\tag{1.2.32}
$$

其中 $i = 1, 2, \cdots, n$, $i_l = 1, 2, \cdots, n$, $l = 1, 2, \cdots, k$, $\nu = 1, 2, \cdots, m$, $k \geqslant 1$. 在式 (1.2.32) 中, 有

$$\partial u = \left\{ \frac{\partial u^1}{\partial x_1}, \frac{\partial u^1}{\partial x_2}, \cdots, \frac{\partial u^1}{\partial x_n}, \frac{\partial u^2}{\partial x_1}, \frac{\partial u^2}{\partial x_2}, \cdots, \frac{\partial u^2}{\partial x_n}, \cdots, \frac{\partial u^m}{\partial x_1}, \frac{\partial u^m}{\partial x_2}, \cdots, \frac{\partial u^m}{\partial x_n} \right\},$$

$$\partial^2 u = \left\{ \frac{\partial^2 u^1}{\partial x_1 \partial x_1}, \frac{\partial^2 u^1}{\partial x_1 \partial x_2}, \cdots, \frac{\partial^2 u^1}{\partial x_1 \partial x_n}, \frac{\partial^2 u^2}{\partial x_1 \partial x_1}, \frac{\partial^2 u^2}{\partial x_1 \partial x_2}, \cdots, \right.$$

$$\left. \frac{\partial^2 u^2}{\partial x_2 \partial x_n}, \cdots, \frac{\partial u^r \partial u^s}{\partial x_i \partial x_j}, \cdots \right\},$$

$$\cdots \cdots$$

因此, 相应的 $k$ 阶延拓的无穷小生成元为

$$\mathrm{Pr}^{(k)} V = V + \sum_{\nu=1}^{m} \sum_{I=1}^{} \eta_{i_1}^{(1)\nu} \frac{\partial}{\partial u_{i_1}^{\nu}} + \sum_{\nu=1}^{m} \sum_{I=2}^{} \eta_{i_1 i_2}^{(2)\nu} \frac{\partial}{\partial u_{i_1 i_2}^{\nu}}$$

$$+ \cdots + \sum_{\nu=1}^{m} \sum_{I=k}^{} \eta_{i_1 i_2 \cdots i_k}^{(k)\nu} \frac{\partial}{\partial u_{i_1 i_2 \cdots i_k}^{\nu}}, \quad k \geqslant 1, \tag{1.2.33}$$

其中 $u_{i_1}^{\nu}$ 表示 $u^{\nu}$ 关于 $x$ 的分量 $x_{i_1}$ 的一阶偏导数, $\eta_{i_1}^{(1)\nu}$ 是 $u_{i_1}^{\nu}$ 相应的一阶延拓无穷小, $\sum\limits_{I=1}$ 表示所有一阶偏导数的和; $u_{i_1 i_2}^{\nu}$ 表示 $u^{\nu}$ 关于 $x$ 的分量 $x_{i_1}, x_{i_2}$ 的二阶偏导数, $\eta_{i_1 i_2}^{(2)\nu}$ 是 $u_{i_1 i_2}^{\nu}$ 相应的二阶延拓无穷小, $\sum\limits_{I=2}$ 表示所有二阶偏导数的和; 以此类推.

$k$ 阶延拓的无穷小 $\eta_{i_1}^{(1)\nu}, \cdots, \eta_{i_1 i_2 \cdots i_k}^{(k)\nu}$ 之间的关系为

$$\eta_{i_1}^{(1)\nu} = D_{i_1} \eta^{\nu} - \sum_{i_j=1}^{n} ((D_{i_1} \xi_{i_j}) u_{i_j}),$$

$$\eta_{i_1 i_2 \cdots i_{k-1} i_k}^{(k)\nu} = D_{i_k} \eta_{i_1 i_2 \cdots i_{k-1}}^{(k-1)\nu} - \sum_{i_j=1}^{n} ((D_{i_k} \xi_{i_j}) u_{i_1 i_2 \cdots i_{k-1} i_j}^{\nu}), \quad k \geqslant 2,$$

其中 $D_{i_1}, D_{i_k}$ 为如下全微分算子

$$D_{i_1} = \frac{\partial}{\partial x_{i_1}} + \sum_{\nu=1}^{m} u_{i_1}^{\nu} \frac{\partial}{\partial u^{\nu}} + \sum_{\nu=1}^{m} \sum_{i_r=1}^{n} u_{i_1 i_r}^{\nu} \frac{\partial}{\partial u_{i_r}^{\nu}} + \sum_{\nu=1}^{m} \sum_{i_s=1}^{n} \sum_{i_r=1}^{n} u_{i_1 i_s i_r}^{\nu} \frac{\partial}{\partial u_{i_s i_r}^{\nu}} + \cdots,$$

$$D_{i_k} = \frac{\partial}{\partial x_{i_k}} + \sum_{\nu=1}^{m} u_{i_k}^{\nu} \frac{\partial}{\partial u^{\nu}} + \sum_{\nu=1}^{m} \sum_{i_r=1}^{n} u_{i_k i_r}^{\nu} \frac{\partial}{\partial u_{i_r}^{\nu}} + \sum_{\nu=1}^{m} \sum_{i_s=1}^{n} \sum_{i_r=1}^{n} u_{i_k i_s i_r}^{\nu} \frac{\partial}{\partial u_{i_s i_r}^{\nu}} + \cdots.$$

考虑如下含有两个自变量 $x, t$ 以及两个因变量 $u = u(x, t)$ 和 $v = v(x, t)$ 的二阶偏微分方程组

$$F_1(x, t, u, v, u_t, v_t, u_x, v_x, u_{xx}, v_{xx}, u_{xt}, v_{tx}, u_{tt}, v_{tt}) = 0,$$
$$F_2(x, t, u, v, u_t, v_t, u_x, v_x, u_{xx}, v_{xx}, u_{xt}, v_{tx}, u_{tt}, v_{tt}) = 0. \tag{1.2.34}$$

对于方程组 (1.2.34), 假设作用在空间 $(x, t, u, v)$ 上的单参数李变换群为

$$x^* = X(x, t, u, v; \varepsilon) = x + \varepsilon\xi(x, t, u, v) + O(\varepsilon^2),$$

$$t^* = T(x, t, u, v; \varepsilon) = t + \varepsilon\tau(x, t, u, v) + O(\varepsilon^2),$$

$$u^* = U(x, t, u, v; \varepsilon) = u + \varepsilon\eta(x, t, u, v) + O(\varepsilon^2),$$

$$v^* = V(x, t, u, v; \varepsilon) = v + \varepsilon\varphi(x, t, u, v) + O(\varepsilon^2).$$

根据式 (1.2.33) 可以得到相应的二阶延拓的无穷小生成元为

$$\mathrm{Pr}^{(2)}V = \xi\frac{\partial}{\partial x} + \tau\frac{\partial}{\partial t} + \eta\frac{\partial}{\partial u} + \varphi\frac{\partial}{\partial v} + \eta_t^{(1)}\frac{\partial}{\partial u_t} + \varphi_t^{(1)}\frac{\partial}{\partial v_t} + \eta_x^{(1)}\frac{\partial}{\partial u_x} + \varphi_x^{(1)}\frac{\partial}{\partial v_x}$$

$$+ \eta_{xx}^{(2)}\frac{\partial}{\partial u_{xx}} + \eta_{xt}^{(2)}\frac{\partial}{\partial u_{xt}} + \eta_{tt}^{(2)}\frac{\partial}{\partial u_{tt}} + \varphi_{xx}^{(2)}\frac{\partial}{\partial v_{xx}} + \varphi_{xt}^{(2)}\frac{\partial}{\partial v_{xt}} + \varphi_{tt}^{(2)}\frac{\partial}{\partial v_{tt}},$$

其中二阶延拓的无穷小为

$$\eta_t^{(1)} = D_t(\eta) - (D_t(\xi))u_x - (D_t(\tau))u_t, \tag{1.2.35}$$

$$\eta_x^{(1)} = D_x(\eta) - (D_x(\xi))u_x - (D_x(\tau))u_t, \tag{1.2.36}$$

$$\eta_{xx}^{(2)} = D_x(\eta_x^{(1)}) - (D_x(\xi))u_{xx} - (D_x(\tau))u_{tx},$$

$$\eta_{xt}^{(2)} = D_t(\eta_x^{(1)}) - (D_t(\xi))u_{xx} - (D_t(\tau))u_{xt},$$

$$\eta_{tt}^{(2)} = D_t(\eta_t^{(1)}) - (D_t(\xi))u_{tx} - (D_t(\tau))u_{tt},$$

$$\varphi_t^{(1)} = D_t(\varphi) - (D_t(\xi))v_x - (D_t(\tau))v_t, \tag{1.2.37}$$

$$\varphi_x^{(1)} = D_x(\varphi) - (D_x(\xi))v_x - (D_x(\tau))v_t, \tag{1.2.38}$$

$$\varphi_{xx}^{(2)} = D_x(\varphi_x) - (D_x(\xi))v_{xx} - (D_x(\tau))v_{xt},$$

$$\varphi_{xt}^{(2)} = D_t(\varphi_x) - (D_t(\xi))v_{xx} - (D_t(\tau))v_{xt},$$

$$\varphi_{tt}^{(2)} = D_t(\varphi_t) - (D_t(\xi))v_{tx} - (D_t(\tau))v_{tt}.$$

## 1.3　微分方程的不变解与不变性准则

　　李群方法用于微分方程精确解的求解, 其关键之处在于通过单参数李变换群将方程的解映为一个新解, 称这个新解为不变解. 如何寻找这样的单参数李变换群, 这是李群方法的关键步骤. 本节将介绍微分方程不变解的概念以及微分方程的不变性准则.

## 1.3.1　微分方程的不变解

考虑如下 $n$ 阶常微分方程

$$F(x, y, y_1, y_2, \cdots, y_n) = 0. \tag{1.3.1}$$

对于方程 (1.3.1), 假设作用在空间 $(x, y)$ 上的单参数李变换群为

$$x^* = X(x, y; \varepsilon) = x + \varepsilon \xi(x, y) + O(\varepsilon^2),$$
$$y^* = Y(x, y; \varepsilon) = y + \varepsilon \eta(x, y) + O(\varepsilon^2). \tag{1.3.2}$$

相应的无穷小生成元为

$$V = \xi(x, y) \frac{\partial}{\partial x} + \eta(x, y) \frac{\partial}{\partial y}.$$

**定义 1.3.1**　若 $\varphi(x, y) = 0$ 是 $n$ 阶常微分方程 (1.3.1) 的解且满足 $V(\varphi) = 0$, 即

$$\xi(x, y) \frac{\partial \varphi}{\partial x} + \eta(x, y) \frac{\partial \varphi}{\partial y} = 0,$$

则称 $\varphi(x, y) = 0$ 是 $n$ 阶常微分方程 (1.3.1) 的不变解.

考虑如下含有一个因变量, 多个自变量的 $k$ 阶偏微分方程

$$F(x, u, \partial u, \partial^2 u, \cdots, \partial^k u) = 0, \tag{1.3.3}$$

其中 $u = u(x)$, $x = (x_1, x_2, \cdots, x_n)$. 假设作用在空间 $(x, u)$ 上的单参数李变换群为 (1.2.27), 则相应的无穷小生成元为

$$V = \sum_{i=1}^{n} \xi_i(x, u) \frac{\partial}{\partial x_i} + \eta(x, u) \frac{\partial}{\partial u}.$$

**定义 1.3.2**　若 $u = \varphi(x)$ 是偏微分方程 (1.3.3) 的解且满足 $V(u - \varphi(x)) = 0$, 即

$$\sum_{i=1}^{n} \xi_i(x, u) \frac{\partial \varphi(x)}{\partial x_i} = \eta(x, \varphi(x)),$$

则称 $u = \varphi(x)$ 是偏微分方程 (1.3.3) 的不变解.

## 1.3.2　常微分方程的不变性准则

**定义 1.3.3**　$n$ 阶常微分方程 (1.3.1), 对任意 $\varepsilon \in S$, 若在延拓单参数李变换群

$$x^* = X(x, y; \varepsilon) = x + \xi(x, y)\varepsilon + O(\varepsilon^2),$$
$$y^* = Y(x, y; \varepsilon) = y + \eta(x, y)\varepsilon + O(\varepsilon^2),$$
$$y_1^* = Y_1(x, y, y_1; \varepsilon) = y_1 + \eta^{(1)}(x, y, y_1)\varepsilon + O(\varepsilon^2),$$
$$\cdots \cdots$$
$$y_n^* = Y_n(x, y, y_1, \cdots, y_n; \varepsilon) = y_n + \eta^{(n)}(x, y, y_1, \cdots, y_n)\varepsilon + O(\varepsilon^2)$$

下, 都有 $F(x^*, y^*, y_1^*, y_2^*, \cdots, y_n^*) = 0$, 则称 $n$ 阶常微分方程 (1.3.1) 在单参数李变换群下是不变的或称 $n$ 阶常微分方程 (1.3.1) 接受单参数李变换群.

**注 1.3.1**　由微分方程所接受的单参数李变换群所生成的无穷小生成元 $V$ 称为方程 $F(x, y, y_1, y_2, \cdots, y_n) = 0$ 的无穷小生成元, 也可称作李对称或李点对称.

**例 1.3.1**　一阶齐次微分方程 $\dfrac{\mathrm{d}y}{\mathrm{d}x} = F\left(\dfrac{y}{x}\right)$ 在单参数李尺度群

$$x^* = \varepsilon x, \quad y^* = \varepsilon y$$

下是不变的. 因为 $\dfrac{\mathrm{d}y^*}{\mathrm{d}x^*} = \dfrac{\varepsilon \mathrm{d}y}{\varepsilon \mathrm{d}x}$, 所以 $F\left(\dfrac{y^*}{x^*}\right) = F\left(\dfrac{y}{x}\right)$. 于是 $\dfrac{\mathrm{d}y^*}{\mathrm{d}x^*} = F\left(\dfrac{y^*}{x^*}\right)$ 成立.

**定理 1.3.1**　$n$ 阶常微分方程 (1.3.1) 在单参数李变换群 (1.3.2) 下不变的充要条件是

$$\mathrm{Pr}^{(n)}V(F(x, y, y_1, y_2, \cdots, y_n))\big|_{F(x,y,y_1,y_2,\cdots,y_n)=0} = 0, \tag{1.3.4}$$

其中

$$\mathrm{Pr}^{(n)}V = \xi(x,y)\frac{\partial}{\partial x} + \eta(x,y)\frac{\partial}{\partial y} + \eta^{(1)}(x,y,y_1)\frac{\partial}{\partial y_1} + \cdots + \eta^{(n)}(x,y,y_1,\cdots,y_n)\frac{\partial}{\partial y_n}.$$

**证**　必要性: 方程 $F(x, y, y_1, y_2, \cdots, y_n) = 0$ 在单参数李变换群下不变, 即有

$$F(x^*, y^*, y_1^*, y_2^*, \cdots, y_n^*) = 0.$$

将上式的左边在 $\varepsilon = 0$ 处展开, 则有

$$F(x^*, y^*, y_1^*, y_2^*, \cdots, y_n^*)$$

$$= F(x^*, y^*, y_1^*, y_2^*, \cdots, y_n^*)\big|_{\varepsilon=0} + \varepsilon\left(\frac{\partial F(x^*, y^*, y_1^*, y_2^*, \cdots, y_n^*)}{\partial \varepsilon}\right)\bigg|_{\varepsilon=0} + O(\varepsilon^2)$$

$$= F(x, y, y_1, y_2, \cdots, y_n) + \varepsilon\left(\left(\frac{\partial F(x^*, y^*, y_1^*, y_2^*, \cdots, y_n^*)}{\partial x^*}\frac{\partial x^*}{\partial \varepsilon}\right)\bigg|_{\varepsilon=0}\right.$$

$$+ \left(\frac{\partial F(x^*, y^*, y_1^*, y_2^*, \cdots, y_n^*)}{\partial y^*}\frac{\partial y^*}{\partial \varepsilon}\right)\bigg|_{\varepsilon=0}$$

$$+ \left(\frac{\partial F(x^*, y^*, y_1^*, y_2^*, \cdots, y_n^*)}{\partial y_1^*}\frac{\partial y_1^*}{\partial \varepsilon}\right)\bigg|_{\varepsilon=0} + \cdots$$

$$+ \left.\left(\frac{\partial F(x^*, y^*, y_1^*, y_2^*, \cdots, y_n^*)}{\partial y_n^*}\frac{\partial y_n^*}{\partial \varepsilon}\right)\bigg|_{\varepsilon=0}\right) + O(\varepsilon^2).$$

由于

$$\frac{\partial x^*}{\partial \varepsilon}\bigg|_{\varepsilon=0} = \xi, \quad \frac{\partial y^*}{\partial \varepsilon}\bigg|_{\varepsilon=0} = \eta, \quad \frac{\partial y_1^*}{\partial \varepsilon}\bigg|_{\varepsilon=0} = \eta^{(1)}, \cdots, \frac{\partial y_n^*}{\partial \varepsilon}\bigg|_{\varepsilon=0} = \eta^{(n)},$$

所以可得

$$F(x^*, y^*, y_1^*, y_2^*, \cdots, y_n^*)$$
$$= F(x, y, y_1, y_2, \cdots, y_n) + \varepsilon \left( \frac{\partial F}{\partial x} \xi + \frac{\partial F}{\partial y} \eta + \frac{\partial F}{\partial y_1} \eta^{(1)} + \cdots + \frac{\partial F}{\partial y_n} \eta^{(n)} \right) + O(\varepsilon^2).$$

又因为 $F(x^*, y^*, y_1^*, y_2^*, \cdots, y_n^*) = F(x, y, y_1, y_2, \cdots, y_n) = 0$, 所以有

$$\xi \frac{\partial F}{\partial x} + \eta \frac{\partial F}{\partial y} + \eta^{(1)} \frac{\partial F}{\partial y_1} + \cdots + \eta^{(n)} \frac{\partial F}{\partial y_n} = 0.$$

从而得到 $\mathrm{Pr}^{(n)} V(F(x, y, y_1, y_2, \cdots, y_n))|_{F(x,y,y_1,y_2,\cdots,y_n)=0} = 0$.

充分性: 设 $y = y(x)$ 为 $F(x, y, y_1, y_2, \cdots, y_n) = 0$ 的解, 则有

$$F(x^*, y^*, y_1^*, y_2^*, \cdots, y_n^*)$$

$$= \mathrm{e}^{\varepsilon(\mathrm{Pr}^{(n)} V)}(F(x, y, y_1, y_2, \cdots, y_n))$$

$$= \left( 1 + \frac{\varepsilon}{1!} \mathrm{Pr}^{(n)} V + \frac{\varepsilon^2}{2!} (\mathrm{Pr}^{(n)} V)^2 + \cdots + \frac{\varepsilon^s}{s!} (\mathrm{Pr}^{(n)} V)^s + \cdots \right) F(x, y, y_1, y_2, \cdots, y_n)$$

$$= F(x, y, y_1, y_2, \cdots, y_n) + \frac{\varepsilon}{1!} \mathrm{Pr}^{(n)} V(F(x, y, y_1, y_2, \cdots, y_n))$$

$$\quad + \frac{\varepsilon^2}{2!} (\mathrm{Pr}^{(n)} V)^2 (F(x, y, y_1, y_2, \cdots, y_n)) + \cdots$$

$$\quad + \frac{\varepsilon^s}{s!} (\mathrm{Pr}^{(n)} V)^s (F(x, y, y_1, y_2, \cdots, y_n)) + \cdots.$$

由于 $\mathrm{Pr}^{(n)} V(F(x, y, y_1, y_2, \cdots, y_n)) = 0$, 所以可得

$$(\mathrm{Pr}^{(n)} V)^2 (F(x, y, y_1, y_2, \cdots, y_n)) = \mathrm{Pr}^{(n)} V(\mathrm{Pr}^{(n)} V(F(x, y, y_1, y_2, \cdots, y_n))) = 0.$$

从而对任意 $s \geqslant 1$, 都有 $(\mathrm{Pr}^{(n)} V)^s (F(x, y, y_1, y_2, \cdots, y_n)) = 0$. 于是得到

$$F(x^*, y^*, y_1^*, y_2^*, \cdots, y_n^*) = F(x, y, y_1, y_2, \cdots, y_n) = 0.$$

综上可知, $n$ 阶常微分方程在单参数李变换群 (1.3.2) 下是不变的. 证毕.

通常称定理 1.3.1 为常微分方程的不变性准则, 并且称式 (1.3.4) 为 $n$ 阶常微分方程在单参数李变换群 (1.3.2) 下的不变性条件或决定方程.

**注 1.3.2** 若 $n$ 阶常微分方程可以写成如下形式

$$y_n = f(x, y, y_1, y_2, \cdots, y_{n-1}),$$

则式 (1.3.4) 可以写成

$$\eta^{(n)}(x, y, y_1, \cdots, y_n) = \xi \frac{\partial f}{\partial x} + \eta \frac{\partial f}{\partial y} + \eta^{(1)} \frac{\partial f}{\partial y_1} + \cdots + \eta^{(n-1)} \frac{\partial f}{\partial y_{n-1}},$$

其中 $\eta^{(k)}$ 的具体形式如式 (1.2.10) 所示.

### 1.3.3　偏微分方程的不变性准则

**定义 1.3.4**　对任意 $\varepsilon \in S$, 若 $k$ 阶偏微分方程 (1.3.3) 在延拓单参数李变换群

$$x_i^* = X_i(x, u; \varepsilon) = x_i + \xi_i(x, u)\varepsilon + O(\varepsilon^2) \quad (i = 1, 2, \cdots, n),$$
$$u^* = U(x, u; \varepsilon) = u + \eta(x, u)\varepsilon + O(\varepsilon^2),$$
$$u_{i_1}^* = U_{i_1}(x, u, \partial u; \varepsilon) = u_{i_1} + \eta_{i_1}^{(1)}(x, u, \partial u)\varepsilon + O(\varepsilon^2),$$
$$\cdots\cdots$$
$$u_{i_1 i_2 \cdots i_k}^* = U_{i_1 i_2 \cdots i_k}(x, u, \partial u, \partial^2 u, \cdots, \partial^k u; \varepsilon)$$
$$= u_{i_1 i_2 \cdots i_k} + \eta_{i_1 i_2 \cdots i_k}^{(k)}(x, u, \partial u, \partial^2 u, \cdots, \partial^k u)\varepsilon + O(\varepsilon^2)$$
$$(i_l = 1, 2, \cdots, n, \ l = 1, 2, \cdots, k, \ k \geqslant 1)$$

下, 都有 $F(x^*, u^*, \partial u^*, \partial^2 u^*, \cdots, \partial^k u^*) = 0$, 则称偏微分方程 (1.3.3) 在单参数李变换群 (1.2.27) 下不变或称偏微分方程 (1.3.3) 接受单参数李变换群 (1.2.27).

**例 1.3.2**　波动方程 $u_{xx} = u_{tt}$ 在单参数李尺度群

$$x^* = \alpha x, \quad t^* = \alpha t, \quad u^* = u$$

下不变. 事实上, 可以得到 $u_{x^*x^*}^* = \alpha^{-2} u_{xx}$, $u_{t^*t^*}^* = \alpha^{-2} u_{tt}$, 从而有 $u_{x^*x^*}^* = u_{t^*t^*}^*$.

**定理 1.3.2**　$k$ 阶偏微分方程 (1.3.3) 在单参数李变换群 (1.2.27) 下不变的充要条件是

$$\left. \mathrm{Pr}^{(k)} V(F(x, u, \partial u, \partial^2 u, \cdots, \partial^k u)) \right|_{F(x, u, \partial u, \partial^2 u, \cdots, \partial^k u) = 0} = 0, \tag{1.3.5}$$

其中

$$\mathrm{Pr}^{(k)} V = V + \sum_{I=1} \eta_{i_1}^{(1)} \frac{\partial}{\partial u_{i_1}} + \sum_{I=2} \eta_{i_1 i_2}^{(2)} \frac{\partial}{\partial u_{i_1 i_2}} + \cdots + \sum_{I=k} \eta_{i_1 i_2 \cdots i_k}^{(k)} \frac{\partial}{\partial u_{i_1 i_2 \cdots i_k}}, \quad k \geqslant 1.$$

**证**　不失一般性, 仅对含有两个自变量, 一个因变量的二阶偏微分方程进行证明. 设方程

$$F(x, t, u, u_x, u_t, u_{xx}, u_{xt}, u_{tt}) = 0 \tag{1.3.6}$$

所接受的单参数李变换群为

$$x^* = x + \varepsilon \xi(x, t, u) + O(\varepsilon^2),$$
$$t^* = t + \varepsilon \tau(x, t, u) + O(\varepsilon^2), \tag{1.3.7}$$
$$u^* = u + \varepsilon \eta(x, t, u) + O(\varepsilon^2).$$

相应的延拓为

$$u_{x^*}^* = u_x + \varepsilon \eta_x^{(1)}(x,t,u,\partial u) + O(\varepsilon^2),$$
$$u_{t^*}^* = u_t + \varepsilon \eta_t^{(1)}(x,t,u,\partial u) + O(\varepsilon^2),$$
$$u_{x^*x^*}^* = u_{xx} + \varepsilon \eta_{xx}^{(2)}(x,t,u,\partial u,\partial^2 u) + O(\varepsilon^2),$$
$$u_{x^*t^*}^* = u_{xt} + \varepsilon \eta_{xt}^{(2)}(x,t,u,\partial u,\partial^2 u) + O(\varepsilon^2),$$
$$u_{t^*t^*}^* = u_{tt} + \varepsilon \eta_{tt}^{(2)}(x,t,u,\partial u,\partial^2 u) + O(\varepsilon^2).$$

从而存在二阶延拓的无穷小生成元, 记作 $\mathrm{Pr}^{(2)}V$.

必要性: 方程 (1.3.6) 在单参数李变换群 (1.3.7) 下不变, 则有

$$F(x^*,t^*,u^*,u_{x^*}^*,u_{t^*}^*,u_{x^*x^*}^*,u_{x^*t^*}^*,u_{t^*t^*}^*) = 0,$$

将上式的左边在 $\varepsilon = 0$ 处展开, 可得

$$F(x^*,t^*,u^*,u_{x^*}^*,u_{t^*}^*,u_{x^*x^*}^*,u_{x^*t^*}^*,u_{t^*t^*}^*)$$

$$=F(x,t,u,u_x,u_t,u_{xx},u_{xt},u_{tt})$$

$$+ \varepsilon \Bigg( \left( \left( \frac{\partial F(x^*,t^*,u^*,u_{x^*}^*,u_{t^*}^*,u_{x^*x^*}^*,u_{x^*t^*}^*,u_{t^*t^*}^*)}{\partial x^*} \frac{\partial x^*}{\partial \varepsilon} \right) \right|_{\varepsilon=0}$$

$$+ \left( \frac{\partial F(x^*,t^*,u^*,u_{x^*}^*,u_{t^*}^*,u_{x^*x^*}^*,u_{x^*t^*}^*,u_{t^*t^*}^*)}{\partial t^*} \frac{\partial t^*}{\partial \varepsilon} \right) \bigg|_{\varepsilon=0}$$

$$+ \left( \frac{\partial F(x^*,t^*,u^*,u_{x^*}^*,u_{t^*}^*,u_{x^*x^*}^*,u_{x^*t^*}^*,u_{t^*t^*}^*)}{\partial u^*} \frac{\partial u^*}{\partial \varepsilon} \right) \bigg|_{\varepsilon=0}$$

$$+ \left( \frac{\partial F(x^*,t^*,u^*,u_{x^*}^*,u_{t^*}^*,u_{x^*x^*}^*,u_{x^*t^*}^*,u_{t^*t^*}^*)}{\partial u_{x^*}^*} \frac{\partial u_{x^*}^*}{\partial \varepsilon} \right) \bigg|_{\varepsilon=0}$$

$$+ \left( \frac{\partial F(x^*,t^*,u^*,u_{x^*}^*,u_{t^*}^*,u_{x^*x^*}^*,u_{x^*t^*}^*,u_{t^*t^*}^*)}{\partial u_{t^*}^*} \frac{\partial u_{t^*}^*}{\partial \varepsilon} \right) \bigg|_{\varepsilon=0}$$

$$+ \left( \frac{\partial F(x^*,t^*,u^*,u_{x^*}^*,u_{t^*}^*,u_{x^*x^*}^*,u_{x^*t^*}^*,u_{t^*t^*}^*)}{\partial u_{x^*x^*}^*} \frac{\partial u_{x^*x^*}^*}{\partial \varepsilon} \right) \bigg|_{\varepsilon=0}$$

$$+ \left( \frac{\partial F(x^*,t^*,u^*,u_{x^*}^*,u_{t^*}^*,u_{x^*x^*}^*,u_{x^*t^*}^*,u_{t^*t^*}^*)}{\partial u_{x^*t^*}^*} \frac{\partial u_{x^*t^*}^*}{\partial \varepsilon} \right) \bigg|_{\varepsilon=0}$$

$$+ \left( \frac{\partial F(x^*,t^*,u^*,u_{x^*}^*,u_{t^*}^*,u_{x^*x^*}^*,u_{x^*t^*}^*,u_{t^*t^*}^*)}{\partial u_{t^*t^*}^*} \frac{\partial u_{t^*t^*}^*}{\partial \varepsilon} \right) \bigg|_{\varepsilon=0} \Bigg) + O(\varepsilon^2)$$

$$=F(x,t,u,u_x,u_t,u_{xx},u_{xt},u_{tt})$$

$$+ \varepsilon \left( \frac{\partial F(x,t,u,u_x,u_t,u_{xx},u_{xt},u_{tt})}{\partial x}\xi + \frac{\partial F(x,t,u,u_x,u_t,u_{xx},u_{xt},u_{tt})}{\partial t}\tau \right.$$

$$+ \frac{\partial F(x,t,u,u_x,u_t,u_{xx},u_{xt},u_{tt})}{\partial u}\eta + \frac{\partial F(x,t,u,u_x,u_t,u_{xx},u_{xt},u_{tt})}{\partial u_x}\eta_x^{(1)}$$

$$+ \frac{\partial F(x,t,u,u_x,u_t,u_{xx},u_{xt},u_{tt})}{\partial u_t}\eta_t^{(1)} + \frac{\partial F(x,t,u,u_x,u_t,u_{xx},u_{xt},u_{tt})}{\partial u_{xx}}\eta_{xx}^{(2)}$$

$$+ \frac{\partial F(x,t,u,u_x,u_t,u_{xx},u_{xt},u_{tt})}{\partial u_{xt}}\eta_{xt}^{(2)} + \frac{\partial F(x,t,u,u_x,u_t,u_{xx},u_{xt},u_{tt})}{\partial u_{tt}}\eta_{tt}^{(2)}\bigg) + O(\varepsilon^2).$$

由于方程在单参数李变换群下不变, 所以有

$$F(x,t,u,u_x,u_t,u_{xx},u_{xt},u_{tt}) = F(x^*,t^*,u^*,u_{x^*}^*,u_{t^*}^*,u_{x^*x^*}^*,u_{x^*t^*}^*,u_{t^*t^*}^*) = 0,$$

于是得到

$$\xi\frac{\partial F}{\partial x} + \tau\frac{\partial F}{\partial t} + \eta\frac{\partial F}{\partial u} + \eta_x^{(1)}\frac{\partial F}{\partial u_x} + \eta_t^{(1)}\frac{\partial F}{\partial u_t} + \eta_{xx}^{(2)}\frac{\partial F}{\partial u_{xx}} + \eta_{xt}^{(2)}\frac{\partial F}{\partial u_{xt}} + \eta_{tt}^{(2)}\frac{\partial F}{\partial u_{tt}} = 0,$$

从而可得

$$\mathrm{Pr}^{(2)}V(F(x,t,u,u_x,u_t,u_{xx},u_{xt},u_{tt})) = 0.$$

充分性: 设 $u(x,t)$ 为方程 $F(x,t,u,u_x,u_t,u_{xx},u_{xt},u_{tt}) = 0$ 的解, 在单参数李变换群下, $u(x,t)$ 变为 $u^*(x^*,t^*)$. 于是可得

$$F(x^*,t^*,u^*,u_{x^*}^*,u_{t^*}^*,u_{x^*x^*}^*,u_{x^*t^*}^*,u_{t^*t^*}^*)$$

$$= e^{\varepsilon\,\mathrm{Pr}^{(2)}V}(F(x,t,u,u_x,u_t,u_{xx},u_{xt},u_{tt}))$$

$$= \left(1 + \frac{\varepsilon}{1!}\mathrm{Pr}^{(2)}V + \frac{\varepsilon^2}{2!}(\mathrm{Pr}^{(2)}V)^2 + \cdots + \frac{\varepsilon^s}{s!}(\mathrm{Pr}^{(2)}V)^s + \cdots\right)$$

$$\times (F(x,t,u,u_x,u_t,u_{xx},u_{xt},u_{tt}))$$

$$= F(x,t,u,u_x,u_t,u_{xx},u_{xt},u_{tt}) + \frac{\varepsilon}{1!}\mathrm{Pr}^{(2)}V(F(x,t,u,u_x,u_t,u_{xx},u_{xt},u_{tt}))$$

$$+ \frac{\varepsilon^2}{2!}(\mathrm{Pr}^{(2)}V)^2(F(x,t,u,u_x,u_t,u_{xx},u_{xt},u_{tt}))$$

$$+ \cdots + \frac{\varepsilon^s}{s!}(\mathrm{Pr}^{(2)}V)^s(F(x,t,u,u_x,u_t,u_{xx},u_{xt},u_{tt})) + \cdots.$$

由于 $\mathrm{Pr}^{(2)}V(F(x,t,u,u_x,u_t,u_{xx},u_{xt},u_{tt})) = 0$, 所以可得

$$(\mathrm{Pr}^{(2)}V)^2(F(x,t,u,u_x,u_t,u_{xx},u_{xt},u_{tt}))$$

$$= \mathrm{Pr}^{(2)}V(\mathrm{Pr}^{(2)}V(F(x,t,u,u_x,u_t,u_{xx},u_{xt},u_{tt}))) = 0,$$

从而对任意 $s \geqslant 1$, 都有 $(\mathrm{Pr}^{(2)}V)^s(F(x,t,u,u_x,u_t,u_{xx},u_{xt},u_{tt})) = 0$. 于是有

$$F(x^*,t^*,u^*,u_{x^*}^*,u_{t^*}^*,u_{x^*x^*}^*,u_{x^*t^*}^*,u_{t^*t^*}^*)$$

$$=F(x,t,u,u_x,u_t,u_{xx},u_{xt},u_{tt})=0.$$

综上可知, 方程在单参数李变换群下不变.

用类似的方法可以证明一个因变量, $n(n \geqslant 3)$ 个自变量的偏微分方程的情形. 证毕.

通常称定理 1.3.2 为偏微分方程的不变性准则, 并且称方程 (1.3.5) 为偏微分方程在单参数李变换群 (1.2.27) 下的不变性条件或决定方程.

**注 1.3.3** 对于一个给定的微分方程, 由定理 1.3.1 和定理 1.3.2 可以得到相应的不变性条件, 通过分析不变性条件, 能找到相应的无穷小, 从而得到了单参数李变换群. 因此, 这两个不变性准则是李群方法的核心.

考虑如下含有两个自变量 $x,t$, 一个因变量 $u=u(x,t)$ 的 $k$ 阶齐次线性偏微分方程

$$u_{i_1 i_2 \cdots i_l} = F(x,t,u,\partial u, \partial^2 u, \cdots, \partial^k u), \tag{1.3.8}$$

其中 $F(x,t,u,\partial u, \partial^2 u, \cdots, \partial^k u)$ 不依赖 $u_{i_1 i_2 \cdots i_l}(l \leqslant k)$. 方程 (1.3.8) 的 $k$ 阶延拓的无穷小生成元为

$$\mathrm{Pr}^{(k)}V = \xi(x,t,u)\frac{\partial}{\partial x} + \tau(x,t,u)\frac{\partial}{\partial t} + \eta(x,t,u)\frac{\partial}{\partial u} + \eta_x^{(1)}\frac{\partial}{\partial u_x} + \eta_t^{(1)}\frac{\partial}{\partial u_t} + \cdots$$

$$+ \eta_{\underbrace{xx\cdots xx}_{k}}^{(k)}\frac{\partial}{\partial u_{\underbrace{xx\cdots xx}_{k}}} + \eta_{\underbrace{xx\cdots xt}_{k}}^{(k)}\frac{\partial}{\partial u_{\underbrace{xx\cdots xt}_{k}}} + \cdots$$

$$+ \eta_{\underbrace{xt\cdots tt}_{k}}^{(k)}\frac{\partial}{\partial u_{\underbrace{xt\cdots tt}_{k}}} + \eta_{\underbrace{tt\cdots tt}_{k}}^{(k)}\frac{\partial}{\partial u_{\underbrace{tt\cdots tt}_{k}}}.$$

**定理 1.3.3** 若 $k(k \geqslant 2)$ 阶齐次线性偏微分方程 (1.3.8) 在单参数李变换群

$$x^* = X(x,t,u;\varepsilon) = x + \varepsilon\xi(x,t,u) + O(\varepsilon^2),$$
$$t^* = T(x,t,u;\varepsilon) = t + \varepsilon\tau(x,t,u) + O(\varepsilon^2),$$
$$u^* = U(x,t,u;\varepsilon) = u + \varepsilon\eta(x,t,u) + O(\varepsilon^2)$$

下不变, 则有

$$\frac{\partial\xi}{\partial u} = 0, \quad \frac{\partial\tau}{\partial u} = 0, \quad \frac{\partial^2\eta}{\partial u^2} = 0,$$

即

$$\xi = \xi(x,t), \quad \tau = \tau(x,t), \quad \eta = f(x,t)u + g(x,t), \tag{1.3.9}$$

其中 $\xi(x,t), \tau(x,t), f(x,t), g(x,t)$ 是关于 $x,t$ 的函数.

定理 1.3.3 的详细证明过程可参见文献 [23, 26].

根据式 (1.3.9), 可将式 (1.2.22)—(1.2.26) 简化为

$$\eta_t^{(1)} = \frac{\partial g}{\partial t} + \frac{\partial f}{\partial t}u - \frac{\partial \xi}{\partial t}u_x + \left(f - \frac{\partial \tau}{\partial t}\right)u_t, \tag{1.3.10}$$

$$\eta_x^{(1)} = \frac{\partial g}{\partial x} + \frac{\partial f}{\partial x}u + \left(f - \frac{\partial \xi}{\partial x}\right)u_x - \frac{\partial \tau}{\partial x}u_t, \tag{1.3.11}$$

$$\eta_{tt}^{(2)} = \frac{\partial^2 g}{\partial t^2} + \frac{\partial^2 f}{\partial t^2}u - \frac{\partial^2 \xi}{\partial t^2}u_x + \left(2\frac{\partial f}{\partial t} - \frac{\partial^2 \tau}{\partial t^2}\right)u_t - 2\frac{\partial \xi}{\partial t}u_{tx} + \left(f - 2\frac{\partial \tau}{\partial t}\right)u_{tt}, \tag{1.3.12}$$

$$\eta_{tx}^{(2)} = \eta_{xt}^{(2)} = \frac{\partial^2 g}{\partial t \partial x} + \frac{\partial^2 f}{\partial t \partial x}u + \left(\frac{\partial f}{\partial x} - \frac{\partial^2 \xi}{\partial t \partial x}\right)u_x + \left(\frac{\partial f}{\partial t} - \frac{\partial^2 \tau}{\partial t \partial x}\right)u_t - \frac{\partial \xi}{\partial t}u_{xx}$$

$$+ \left(f - \frac{\partial \tau}{\partial t} - \frac{\partial \xi}{\partial x}\right)u_{tx} - \frac{\partial \tau}{\partial x}u_{tt}, \tag{1.3.13}$$

$$\eta_{xx}^{(2)} = \frac{\partial^2 g}{\partial x^2} + \frac{\partial^2 f}{\partial x^2}u + \left(2\frac{\partial f}{\partial x} - \frac{\partial^2 \xi}{\partial x^2}\right)u_x - \frac{\partial^2 \tau}{\partial x^2}u_t + \left(f - 2\frac{\partial \xi}{\partial x}\right)u_{xx} - 2\frac{\partial \tau}{\partial x}u_{tx}. \tag{1.3.14}$$

**定理 1.3.4**　含有多个自变量, 多个因变量的 $k$ 阶偏微分方程组 (1.2.30), 在单参数李变换群 (1.2.31) 下不变的充要条件是

$$\mathrm{Pr}^{(k)} V(F_\nu(x, u, \partial u, \partial^2 u, \cdots, \partial^k u))\big|_{F_\nu(x, u, \partial u, \partial^2 u, \cdots, \partial^k u) = 0} = 0, \quad \nu = 1, 2, \cdots, p, \tag{1.3.15}$$

其中 $\mathrm{Pr}^{(k)} V$ 是方程组 (1.2.30) 的 $k$ 阶延拓无穷小生成元 (1.2.33).

**证**　此定理的证明过程可参照定理 1.3.2 的证明过程. 只需将定理 1.3.2 证明过程中的 $F$ 变为 $F_\nu(\nu = 1, 2, \cdots, p)$, 其中不变性条件为 $p$ 个, 并且 $u = (u^1, u^2, \cdots, u^m)$. 证毕.

通常称定理 1.3.4 为偏微分方程组的不变性准则, 方程 (1.3.15) 为偏微分方程组在单参数李变换群 (1.2.31) 下的不变性条件或决定方程.

## 1.4　李第二、第三基本定理与李代数

前面介绍了单参数李变换群的相关概念, 本节将介绍多参数李变换群, 李第二、第三基本定理以及李代数的有关概念.

**定义 1.4.1**　设参数集 $S = \{\varepsilon | \varepsilon = (\varepsilon_1, \varepsilon_2, \cdots, \varepsilon_m) \in \mathbf{R}^m\}$ 是 $\mathbf{R}^m$ 中的闭集, 对于给定的参数 $\varepsilon \in S$, 若 $D$ 上的 $m$ 参数变换群

$$G = \{X | x \to x^* = X(x; \varepsilon), \ x = (x_1, x_2, \cdots, x_n) \in D \subseteq \mathbf{R}^n\}$$

还满足以下条件:

(1) $X$ 在 $D$ 上关于 $x$ 是无穷次可微的, 并且关于参数 $\varepsilon \in S$ 是解析的;

(2) 群 $(S, \phi)$ 上的二元运算 $\phi(\varepsilon, \delta)$ 关于 $\varepsilon, \delta \in S$ 是解析的, 则称群 $G$ 为 $m$ 参数李变换群.

考虑如下 $m$ 参数李变换群

$$x^* = X(x; \varepsilon). \tag{1.4.1}$$

由于李变换群 (1.4.1) 含有 $m$ 个参数, 所以相应的无穷小是一个 $m \times n$ 矩阵 $M = (\xi_{ij}(x))_{m \times n}$, 其中

$$\xi_{ij}(x) = \left.\frac{\partial X_j(x; \varepsilon)}{\partial \varepsilon_i}\right|_{\varepsilon = 0}, \quad i = 1, 2, \cdots, m, \ j = 1, 2, \cdots, n. \tag{1.4.2}$$

**定义 1.4.2** 算子

$$V_i = \sum_{j=1}^{n} \xi_{ij}(x) \frac{\partial}{\partial x_j}, \quad i = 1, 2, \cdots, m,$$

称为 $m$ 参数李变换群 (1.4.1) 的无穷小生成元.

**例 1.4.1** 考虑如下含有两个变量 $x, y$ 的两参数 $\varepsilon = (\varepsilon_1, \varepsilon_2)$ 李变换群

$$x^* = \mathrm{e}^{\varepsilon_1} x + \varepsilon_2, \quad y^* = \mathrm{e}^{2\varepsilon_1} y. \tag{1.4.3}$$

由算子 (1.4.2) 可得

$$\xi_{11}(x) = \left.\frac{\partial x^*}{\partial \varepsilon_1}\right|_{\varepsilon=0} = x, \quad \xi_{12}(x) = \left.\frac{\partial y^*}{\partial \varepsilon_1}\right|_{\varepsilon=0} = 2y,$$

$$\xi_{21}(x) = \left.\frac{\partial x^*}{\partial \varepsilon_2}\right|_{\varepsilon=0} = 1, \quad \xi_{22}(x) = \left.\frac{\partial y^*}{\partial \varepsilon_2}\right|_{\varepsilon=0} = 0.$$

根据定义 1.4.2, 可知两参数的李变换群 (1.4.3) 的无穷小生成元为

$$V_1 = x\frac{\partial}{\partial x} + 2y\frac{\partial}{\partial y}, \quad V_2 = \frac{\partial}{\partial x}.$$

接下来, 定义多参数对应的无穷小生成元间的运算, 即李括号或称为交换子.

**定义 1.4.3** 设 $V_p, V_q$ 是 $m$ 参数李变换群 (1.4.1) 的两个无穷小生成元, $V_p, V_q$ 的李括号 $[V_p, V_q]$ 定义为

$$
[V_p, V_q] = V_p V_q - V_q V_p
$$
$$
= \sum_{i,j=1}^{n} \left( \left( \xi_{pi}(x)\frac{\partial}{\partial x_i} \right)\left( \xi_{qj}(x)\frac{\partial}{\partial x_j} \right) - \left( \xi_{qi}(x)\frac{\partial}{\partial x_i} \right)\left( \xi_{pj}(x)\frac{\partial}{\partial x_j} \right) \right)
$$

$$= \sum_{j=1}^{n} \eta_j(x) \frac{\partial}{\partial x_j},$$

其中

$$\eta_j(x) = \sum_{i=1}^{n} \left( \xi_{pi}(x) \frac{\partial \xi_{qj}(x)}{\partial x_i} - \xi_{qi}(x) \frac{\partial \xi_{pj}(x)}{\partial x_i} \right).$$

根据交换子的定义可知 $[V_p, V_q] = -[V_q, V_p]$. 若 $p = q$, 则 $[V_p, V_q] = 0$. 若 $[V_p, V_q] = 0$, 则称 $V_p, V_q$ 是可交换的.

为了便于理解李括号的定义, 考虑如下两参数李变换群的两个无穷小生成元

$$V_1 = \xi_1(x, y) \frac{\partial}{\partial x} + \eta_1(x, y) \frac{\partial}{\partial y}, \quad V_2 = \xi_2(x, y) \frac{\partial}{\partial x} + \eta_2(x, y) \frac{\partial}{\partial y},$$

则 $V_1, V_2$ 的李括号为

$$[V_1, V_2] = (V_1(\xi_2) - V_2(\xi_1)) \frac{\partial}{\partial x} + (V_1(\eta_2) - V_2(\eta_1)) \frac{\partial}{\partial y}.$$

进一步, 还可以得到算子 $V_1, V_2, \cdots, V_m$ 在李括号下满足如下性质:

(1) 反对称性: $[V_p, V_q] = -[V_q, V_p]$;

(2) 双线性:

$$[c_1 V_p + c_2 V_q, V_r] = c_1 [V_p, V_r] + c_2 [V_q, V_r],$$

$$[V_p, c_2 V_q + c_3 V_r] = c_2 [V_p, V_q] + c_3 [V_p, V_r],$$

其中 $c_1, c_2, c_3$ 是常数;

(3) Jacobi 恒等式: $[V_p, [V_q, V_r]] + [V_q, [V_r, V_p]] + [V_r, [V_p, V_q]] = 0$.

接下来, 给出李第二、第三基本定理以及李代数的定义.

**定理 1.4.1** (李第二基本定理)　若 $V_p, V_q$ 是 $m$ 参数李变换群 (1.4.1) 的任意两个无穷小生成元, 则

$$[V_p, V_q] = \sum_{r=1}^{m} C_{pq}^r V_r, \tag{1.4.4}$$

其中称系数 $C_{pq}^r$ 为结构常数, $p, q, r = 1, 2, \cdots, m$.

**定理 1.4.2** (李第三基本定理)　由式 (1.4.4) 所定义的结构常数满足如下关系

$$C_{pq}^r = -C_{qp}^r, \quad \sum_{\rho=1}^{m} \left( C_{pq}^\rho C_{\rho r}^\delta + C_{qr}^\rho C_{\rho p}^\delta + C_{rp}^\rho C_{\rho q}^\delta \right) = 0.$$

最后, 我们来介绍李代数的有关概念.

**定义 1.4.4** 设 $m$ 参数李变换群 (1.4.1) 的无穷小生成元 $V_1, V_2, \cdots, V_m$ 所生成的 $m$ 维线性空间为

$$L_m = \{V \mid V = C_1 V_1 + C_2 V_2 + \cdots + C_m V_m\},$$

其中 $C_1, C_2, \cdots, C_m$ 是常数. 若对任意 $V_p, V_q, V_r \in L_m$, 都满足反对称性、Jacobi 恒等式以及式 (1.4.4), 则称线性空间 $L_m$ 为李代数. 向量空间 $L_m$ 的维数就是李代数的维数.

在例 1.4.1 中, 两参数的李变换群 (1.4.3) 相应的无穷小生成元 $V_1, V_2$ 形成了二维李代数 $L_2$, 其中 $[V_1, V_2] = -V_2$.

**定义 1.4.5** 设 $L_{m'}$ 是 $L_m$ 的子空间, 对任意 $V_p, V_q \in L_{m'}$ 有 $[V_p, V_q] \in L_{m'}$, 则称 $L_{m'}$ 为李代数 $L_m$ 的子代数.

**定义 1.4.6** 设 $L_{m'}$ 是李代数 $L_m$ 的子代数, 对任意 $V_p \in L_{m'}$, $V_q \in L_m$ 有 $[V_p, V_q] \in L_{m'}$, 则称 $L_{m'}$ 为李代数 $L_m$ 的理想.

例 1.4.1 中二维李代数 $L_2$ 的理想是 $L_{m'} = \{V_2\}$. 根据李代数 $L_m$ 的理想 $L_{m'}$ 可以推测 $L_m$ 的相关性质.

关于李第二、第三基本定理的证明以及李代数的更多相关内容可以参见文献 [15].

# 第 2 章 整数阶微分方程的不变解与精确解

前面一章介绍了李群的一些基本概念和重要定理. 本章主要介绍李群方法在整数阶微分方程中的具体应用: 将李群方法用于分析一阶、二阶常微分方程[12]和偏微分方程[15,35,37,39,71]的不变解, 并结合其他求微分方程精确解的方法, 得到所讨论方程的一些特殊精确解.

## 2.1 常微分方程在正则坐标下的精确解

物理、化学和生态学中的许多数学模型都是用 阶或二阶常微分方程描述的. 若能得到方程的精确解, 则有利于分析相关模型的性质. 由于任意单参数李变换群在正则坐标下与平移变换群等价, 所以在正则坐标下, 可将一阶和二阶常微分方程约化为可积形式的方程, 进而得到其精确解. 本节将分别介绍一阶和二阶常微分方程在正则坐标下的精确解.

### 2.1.1 一阶常微分方程情形

考虑如下显式形式的一阶常微分方程

$$y' = f(x, y). \tag{2.1.1}$$

假设方程 (2.1.1) 接受如下单参数李变换群

$$
\begin{aligned}
x^* &= x + \varepsilon \xi(x, y) + O(\varepsilon^2), \\
y^* &= y + \varepsilon \eta(x, y) + O(\varepsilon^2).
\end{aligned}
\tag{2.1.2}
$$

方程 (2.1.1) 相应的一阶延拓为

$$(y')^* = y' + \eta^{(1)}(x, y, y')\varepsilon + O(\varepsilon^2),$$

其中延拓的无穷小 $\eta^{(1)}(x, y, y')$ 的表达式为

$$\eta^{(1)}(x, y, y') = \eta_x + (\eta_y - \xi_x)y' - \xi_y(y')^2.$$

此时, 相应的无穷小生成元和一阶延拓的无穷小生成元分别为

$$V = \xi(x, y)\frac{\partial}{\partial x} + \eta(x, y)\frac{\partial}{\partial y}$$

和

$$\mathrm{Pr}^{(1)}V = \xi(x,y)\frac{\partial}{\partial x} + \eta(x,y)\frac{\partial}{\partial y} + \eta^{(1)}(x,y,y')\frac{\partial}{\partial y'}. \tag{2.1.3}$$

根据常微分方程的不变性准则, 即定理 1.3.1, 将一阶延拓的无穷小生成元 (2.1.3) 作用于方程 (2.1.1), 可得 $\mathrm{Pr}^{(1)}V(y' - f(x,y))\big|_{y'=f(x,y)} = 0$, 则有

$$\eta_x + (\eta_y - \xi_x)f - \xi_y f^2 - \xi f_x - \eta f_y = 0. \tag{2.1.4}$$

求解此方程可得方程 (2.1.1) 的无穷小. 由于运用一般方法求解方程 (2.1.4) 较为繁琐, 所以经常选取一些形式简单的单参数李变换群作用于方程 (2.1.1), 如平移变换群、尺度群和旋转群等.

根据定理 1.1.5 可知, 通过应用正则坐标 $(s,r)$, 可以使得单参数李变换群 (2.1.2) 与平移变换群 $r^* = r + \varepsilon, s^* = s$ 等价, 其中正则坐标 $s = s(x,y)$, $r = r(x,y)$ 可由方程组 (1.1.20) 求出, 即

$$\begin{aligned} \xi(x,y)\frac{\partial r}{\partial x} + \eta(x,y)\frac{\partial r}{\partial y} &= 1, \\ \xi(x,y)\frac{\partial s}{\partial x} + \eta(x,y)\frac{\partial s}{\partial y} &= 0. \end{aligned} \tag{2.1.5}$$

利用正则坐标, 方程 (2.1.1) 可转化为如下可积的一阶微分方程

$$\frac{\mathrm{d}s}{\mathrm{d}r} = G(r), \tag{2.1.6}$$

其中 $G(r)$ 是关于 $r$ 的函数. 对方程 (2.1.6) 进行积分得到 $s = \phi(r,C)$, 其中 $C$ 是积分常数. 在此基础上, 将 $s = s(x,y)$ 和 $r = r(x,y)$ 代入 $s = \phi(r,C)$ 中, 即可得方程 (2.1.1) 的解. 下面通过具体例子对以上过程进行详细说明.

**例 2.1.1** 考虑如下 Riccati 方程

$$y' + y^2 - \frac{2}{x^2} = 0. \tag{2.1.7}$$

在非齐次伸缩变换群 $x^* = x\mathrm{e}^\varepsilon, y^* = y\mathrm{e}^{-\varepsilon}$ ($\varepsilon$ 为参数) 下有

$$\frac{\mathrm{d}y^*}{\mathrm{d}x^*} + (y^*)^2 - \frac{2}{(x^*)^2} = \frac{\mathrm{e}^{-\varepsilon}\mathrm{d}y}{\mathrm{e}^\varepsilon\mathrm{d}x} + (\mathrm{e}^{-\varepsilon}y)^2 - \frac{2}{(\mathrm{e}^\varepsilon x)^2} = \mathrm{e}^{-2\varepsilon}\left(\frac{\mathrm{d}y}{\mathrm{d}x} + y^2 - \frac{2}{x^2}\right) = 0.$$

因此, 方程 (2.1.7) 在非齐次伸缩变换群下是不变的.

根据以上非齐次伸缩变换群, 可以得到方程 (2.1.7) 的无穷小生成元为 $V = x\dfrac{\partial}{\partial x} - y\dfrac{\partial}{\partial y}$. 由无穷小生成元 $V$ 和方程组 (2.1.5) 可得

$$\begin{aligned} x\frac{\partial r}{\partial x} - y\frac{\partial r}{\partial y} &= 1, \\ x\frac{\partial s}{\partial x} - y\frac{\partial s}{\partial y} &= 0. \end{aligned} \tag{2.1.8}$$

因为只需要找到满足方程组 (2.1.8) 的一组特解即可, 所以可以取 $r = r(x)$, 这样就有 $r = \ln|x|$ 和 $s = y/x$. 利用正则坐标, 可得

$$\frac{\mathrm{d}y}{\mathrm{d}x} = \frac{-s + s'}{x^2},$$

$$y' + y^2 - \frac{2}{x^2} = \frac{s'}{x^2} - \frac{s}{x^2} + \frac{s^2}{x^2} - \frac{2}{x^2} = \frac{1}{x^2}(s' + s^2 - s - 2) = 0.$$

从而, 方程 (2.1.7) 可转化为

$$\frac{\mathrm{d}s}{\mathrm{d}r} = -(s^2 - s - 2) = -(s - 2)(s + 1),$$

即 $\dfrac{\mathrm{d}s}{(s - 2)(s + 1)} = -\mathrm{d}r$, 对此式积分得到 $s = (2\mathrm{e}^{3r} + C)/(\mathrm{e}^{3r} - C)$. 将 $r = \ln|x|$ 和 $s = y/x$ 代入上式中, 可得 Riccati 方程的特解为 $y = (2x^3 + C)/(x(x^3 - C))$, 其中 $C$ 是积分常数. 此外, 易得 $y = -1/x$ 也是 Riccati 方程的一个精确解.

### 2.1.2　二阶常微分方程情形

考虑如下二阶常微分方程

$$F(x, y, y', y'') = 0. \tag{2.1.9}$$

假设方程 (2.1.9) 接受如下单参数李变换群

$$x^* = X(x, y; \varepsilon) = x + \varepsilon \xi(x, y) + O(\varepsilon^2),$$

$$y^* = Y(x, y; \varepsilon) = y + \varepsilon \eta(x, y) + O(\varepsilon^2).$$

方程 (2.1.9) 相应的一阶、二阶延拓可以写为

$$(y')^* = y' + \eta^{(1)}(x, y, y')\varepsilon + O(\varepsilon^2),$$

$$(y'')^* = y'' + \eta^{(2)}(x, y, y', y'')\varepsilon + O(\varepsilon^2),$$

其中延拓的无穷小 $\eta^{(1)}(x, y, y')$ 和 $\eta^{(2)}(x, y, y', y'')$ 的表达式分别为

$$\eta^{(1)}(x, y, y') = \eta_x + (\eta_y - \xi_x)y' - \xi_y(y')^2$$

和

$$\eta^{(2)}(x, y, y', y'') = \eta_{xx} + (2\eta_{xy} - \xi_{xx})y' + (\eta_{yy} - 2\xi_{xy})(y')^2 - \xi_{yy}(y')^3$$
$$+ (\eta_y - 2\xi_x)y'' - 3\xi_y y' y''.$$

此时, 相应的无穷小生成元和二阶延拓的无穷小生成元分别为

$$V = \xi(x, y)\frac{\partial}{\partial x} + \eta(x, y)\frac{\partial}{\partial y}$$

和

$$\mathrm{Pr}^{(2)}V = \xi(x,y)\frac{\partial}{\partial x} + \eta(x,y)\frac{\partial}{\partial y} + \eta^{(1)}(x,y,y')\frac{\partial}{\partial y'} + \eta^{(2)}(x,y,y',y'')\frac{\partial}{\partial y''}. \quad (2.1.10)$$

根据定理 1.3.1, 将二阶延拓的无穷小生成元 (2.1.10) 作用于方程 (2.1.9), 得到 $\mathrm{Pr}^{(2)}V(F(x,y,y',y''))|_{F(x,y,y',y'')=0} = 0$. 从而得到不变性条件

$$(\xi F_x + \eta F_y + \eta^{(1)}F_{y'} + \eta^{(2)}F_{y''}|_{F(x,y,y',y'')=0} = 0. \quad (2.1.11)$$

如果二阶常微分方程 (2.1.9) 可以写成如下形式

$$y'' = f(x,y,y'), \quad (2.1.12)$$

那么将 $\eta^{(1)}(x,y,y')$, $\eta^{(2)}(x,y,y',y'')$ 和式 (2.1.12) 同时代入不变性条件 (2.1.11) 中并化简, 可得

$$\eta_{xx} + (2\eta_{xy} - \xi_{xx})y' + (\eta_{yy} - 2\xi_{xy})(y')^2 - (y')^3\xi_{yy} + (\eta_y - 2\xi_x - 3y'\xi_y)f$$
$$-(\eta_x + (\eta_y - \xi_x)y' - (y')^2\xi_y)f_{y'} - \xi f_x - \eta f_y = 0.$$

整理上式得到一个关于 $y'$ 的三次多项式

$$\eta_{xx} + \eta_y f - 2\xi_x f - \eta_x f_{y'} - \xi f_x - \eta f_y + ((2\eta_{xy} - \xi_{xx}) - 3f\xi_y$$
$$- (\eta_y - \xi_x)f_{y'})y' + ((\eta_{yy} - 2\xi_{xy}) + f_{y'}\xi_y)(y')^2 - \xi_{yy}(y')^3 = 0. \quad (2.1.13)$$

由于上式中含有三个变量 $x, y, y'$ 且 $\xi, \eta$ 中不含有 $y'$, 所以式 (2.1.13) 可以写成关于未知量 $\xi, \eta$ 的一个超定方程组. 令式 (2.1.13) 中 $(y')^0$, $y'$, $(y')^2$, $(y')^3$ 的系数为零, 可得如下超定方程组

$$\eta_{xx} + \eta_y f - 2\xi_x f - \eta_x f'_y - \xi f_x - \eta f_y = 0,$$
$$(2\eta_{xy} - \xi_{xx}) - 3f\xi_y - (\eta_y - \xi_x)f_{y'} = 0,$$
$$(\eta_{yy} - 2\xi_{xy}) + f_{y'}\xi_y = 0,$$
$$\xi_{yy} = 0.$$

求解上述超定方程组, 得到方程 (2.1.12) 的无穷小.

**例 2.1.2** 考虑如下二阶微分方程

$$y'' + \frac{1}{x}y' - \mathrm{e}^y = 0. \quad (2.1.14)$$

令 $f = \mathrm{e}^y - y'/x$, 根据式 (2.1.13) 和方程 (2.1.14) 可知, 决定方程为

$$\eta_{xx} + (2\eta_{xy} - \xi_{xx})y' + (\eta_{yy} - 2\xi_{xy})(y')^2 + (\eta_y - 2\xi_x - 3y'\xi_y)\left(\mathrm{e}^y - \frac{1}{x}y'\right)$$

$$+ \frac{1}{x}(\eta_x + (\eta_y - \xi_x)y' - y'^2\xi_y) - \xi\frac{y'}{x^2} - \eta\mathrm{e}^y - (y')^3\xi_{yy} = 0.$$

令此方程中 $(y')^0$, $y'$, $(y')^2$, $(y')^3$ 的系数为零, 可得如下超定方程组

$$\eta_{xx} + \frac{1}{x}\eta_x + (\eta_y - 2\xi_x - \eta)\mathrm{e}^y = 0,$$

$$2\eta_{xy} - \xi_{xx} + \frac{x\xi_x - \xi}{x^2} - 3\xi_y\mathrm{e}^y = 0,$$

$$\eta_{yy} - 2\xi_{xy} + \frac{2}{x}\xi_y = 0,$$

$$\xi_{yy} = 0.$$

求解上述超定方程组, 得到 $\xi(x, y) = C_1 x\ln x + C_2 x$, $\eta(x, y) = -2(C_1(1 + \ln x) + C_2)$, 其中 $C_1, C_2$ 是积分常数. 于是, 方程 (2.1.14) 的无穷小生成元为

$$V = (C_1 x\ln x + C_2 x)\frac{\partial}{\partial x} - 2(C_1(1 + \ln x) + C_2)\frac{\partial}{\partial y}$$

或

$$V = C_1\left(x\ln x\frac{\partial}{\partial x} - 2(1 + \ln x)\frac{\partial}{\partial y}\right) + C_2\left(x\frac{\partial}{\partial x} - 2\frac{\partial}{\partial y}\right) = C_1 V_1 + C_2 V_2,$$

其中

$$V_1 = x\ln x\frac{\partial}{\partial x} - 2(1 + \ln x)\frac{\partial}{\partial y}, \quad V_2 = x\frac{\partial}{\partial x} - 2\frac{\partial}{\partial y}$$

是方程 (2.1.14) 的两个线性无关的无穷小生成元.

根据李括号的定义, 可知 $[V_1, V_2] = -V_2$. 因此, $V_1, V_2$ 生成一个二维李代数. 于是称方程 (2.1.14) 容许一个二维李代数.

**例 2.1.3**　考虑如下二阶微分方程

$$y'' - \frac{y'}{y^2} + \frac{1}{xy} = 0. \tag{2.1.15}$$

令 $f = y'/y^2 - 1/xy$, 根据式 (2.1.13) 和方程 (2.1.15) 可知, 决定方程为

$$\eta_{xx} + (2\eta_{xy} - \xi_{xx})y' + (\eta_{yy} - 2\xi_{xy})(y')^2 - (y')^3\xi_{yy} - \frac{\xi}{x^2 y} + \left(\frac{2y'}{y^3} - \frac{1}{xy^2}\right)\eta$$

$$+ (\eta_y - 2\xi_x - 3y'\xi_y)\left(\frac{y'}{y^2} - \frac{1}{xy}\right) - \frac{1}{y^2}(\eta_x + (\eta_y - \xi_x)y' - (y')^2\xi_y) = 0.$$

令此方程中 $(y')^0$, $y'$, $(y')^2$, $(y')^3$ 的系数为零, 可得如下超定方程组

$$x^2y^2\eta_{xx} - x^2\eta_x + xy(2\xi_x - \eta_y) - x\eta - y\xi = 0,$$

$$y^3(2\eta_{xy} - \xi_{xx}) - y\xi_x + 2\eta + \frac{3y^2}{x}\xi_y = 0,$$

$$y^2(\eta_{yy} - 2\xi_{xy}) - 2\xi_y = 0, \quad \xi_{yy} = 0.$$

求解上述超定方程组, 得到方程 (2.1.15) 的无穷小为 $\xi(x,y) = C_1x^2 + C_2x$, $\eta(x,y) = (C_1x + C_2/2)y$, 其中 $C_1, C_2$ 是积分常数. 于是, 方程 (2.1.15) 的无穷小生成元为

$$V = (C_1x^2 + C_2x)\frac{\partial}{\partial x} + \left(C_1x + \frac{1}{2}C_2\right)y\frac{\partial}{\partial y}$$

或

$$V = C_1\left(x^2\frac{\partial}{\partial x} + xy\frac{\partial}{\partial y}\right) + C_2\left(x\frac{\partial}{\partial x} + \frac{1}{2}y\frac{\partial}{\partial y}\right) = C_1V_1 + C_2V_2,$$

其中

$$V_1 = x^2\frac{\partial}{\partial x} + xy\frac{\partial}{\partial y}, \quad V_2 = x\frac{\partial}{\partial x} + \frac{1}{2}y\frac{\partial}{\partial y}$$

是方程 (2.1.15) 的两个线性无关的无穷小生成元. 根据李括号的定义可知, $V_1, V_2$ 生成一个二维李代数. 因此, 方程 (2.1.15) 容许一个二维李代数.

若二阶常微分方程 (2.1.12) 容许一个二维李代数 $V_1, V_2$, 则有如下定理.

**定理 2.1.1** 通过选择恰当的基 $V_1, V_2$ 和恰当的正则坐标 $(t, s)$, 任意一个二维李代数 $L_2$ 可以变换为表 2.1 中给出的四种标准形式之一.

**表 2.1** $L_2$ 的结构和标准形式

| 类型 | $L_2$ 的结构 | $L_2$ 的标准形式 |
|------|------------|----------------|
| I | $[V_1, V_2] = 0$, $\quad \xi_1\eta_2 - \eta_1\xi_2 \neq 0$ | $\tilde{V}_1 = \dfrac{\partial}{\partial t}$, $\quad \tilde{V}_2 = \dfrac{\partial}{\partial s}$ |
| II | $[V_1, V_2] = 0$, $\quad \xi_1\eta_2 - \eta_1\xi_2 = 0$ | $\tilde{V}_1 = \dfrac{\partial}{\partial s}$, $\quad \tilde{V}_2 = t\dfrac{\partial}{\partial s}$ |
| III | $[V_1, V_2] = V_1$, $\quad \xi_1\eta_2 - \eta_1\xi_2 \neq 0$ | $\tilde{V}_1 = \dfrac{\partial}{\partial s}$, $\quad \tilde{V}_2 = t\dfrac{\partial}{\partial t} + s\dfrac{\partial}{\partial s}$ |
| IV | $[V_1, V_2] = V_1$, $\quad \xi_1\eta_2 - \eta_1\xi_2 = 0$ | $\tilde{V}_1 = \dfrac{\partial}{\partial s}$, $\quad \tilde{V}_2 = s\dfrac{\partial}{\partial s}$ |

**注 2.1.1** 这里只给出定理 2.1.1 的结论, 其证明过程可参见文献 [22]. 此外, 在 III 和 IV 中, 若 $[V_1, V_2] \neq 0$, 则需要对 $L_2$ 中的 $V_1$ 或 $V_2$ 做适当的基变换, 使得 $[V_1, V_2] = V_1$ 成立, 这将在例 2.1.4 中进行说明.

为了对容许一个二维李代数 $L_2$ 的二阶微分方程 (2.1.12) 进行积分, Sophus Lie 通过引入正则坐标 $(t, s)$ 后, 将 $L_2$ 转化为表 2.1 中的一个标准形式. 也就是说, 在

正则坐标下, 方程 (2.1.12) 变换为 $s'' = g(t, s, s')$, 该方程将是表 2.2 中的四种方程之一, 这就是李积分法的思想.

**表 2.2　容许 $L_2$ 标准形式下的二阶方程**

| 类型 | $L_2$ 的标准形式 | | 正则坐标下的方程形式 |
|------|------|------|------|
| I | $\tilde{V}_1 = \dfrac{\partial}{\partial t}$, | $\tilde{V}_2 = \dfrac{\partial}{\partial s}$ | $s'' = f(s')$ |
| II | $\tilde{V}_1 = \dfrac{\partial}{\partial s}$, | $\tilde{V}_2 = t\dfrac{\partial}{\partial s}$ | $s'' = f(t)$ |
| III | $\tilde{V}_1 = \dfrac{\partial}{\partial s}$, | $\tilde{V}_2 = t\dfrac{\partial}{\partial t} + s\dfrac{\partial}{\partial s}$ | $s'' = \dfrac{1}{t} f(s')$ |
| IV | $\tilde{V}_1 = \dfrac{\partial}{\partial s}$, | $\tilde{V}_2 = s\dfrac{\partial}{\partial s}$ | $s'' = f(t)s'$ |

若二阶常微分方程 (2.1.12) 接受一个二维李代数 $L_2$, 则李积分法有如下步骤.

第一步: 表 2.1 中 $L_2$ 的结构决定 $L_2$ 的类型, 这可能需要根据交换子的表达式类型 III 和 IV 对 $L_2$ 的基做变换 (见注 2.1.1).

第二步: 求解与如下类型对应的方程, 得到正则坐标 $(t, s)$.

类型 1: $\tilde{V}_1(t) = 1$, $\tilde{V}_2(t) = 0$, $\tilde{V}_1(s) = 0$, $\tilde{V}_2(s) = 1$;

类型 2: $\tilde{V}_1(t) = 0$, $\tilde{V}_2(t) = 0$, $\tilde{V}_1(s) = 1$, $\tilde{V}_2(s) = t$;

类型 3: $\tilde{V}_1(t) = 0$, $\tilde{V}_2(t) = t$, $\tilde{V}_1(s) = 1$, $\tilde{V}_2(s) = s$;

类型 4: $\tilde{V}_1(t) = 0$, $\tilde{V}_2(t) = 0$, $\tilde{V}_1(s) = 1$, $\tilde{V}_2(s) = s$,

其中 $t$ 是新的自变量, $s$ 是新的因变量. 利用正则坐标 $(t, s)$ 将原来的二阶常微分方程转化为关于变量 $(t, s)$ 的一个新方程, 然后对该新方程积分, 并得到它的解.

第三步: 将变量 $(x, y)$ 代入第二步新方程的解中, 得到原二阶常微分方程 (2.1.12) 的解.

接下来, 用上述方法求解二阶微分方程 (2.1.15).

**例 2.1.4**　已知方程 (2.1.15) 容许一个二维李代数, 且 $[V_1, V_2] = -V_1$. 不妨设

$$V_1 = x^2 \frac{\partial}{\partial x} + xy \frac{\partial}{\partial y}, \quad V_2 = -x \frac{\partial}{\partial x} - \frac{1}{2} y \frac{\partial}{\partial y},$$

则有 $[V_1, V_2] = V_1$, $\xi_1 \eta_2 - \eta_1 \xi_2 = x^2 y/2 \neq 0$. 由此式可以看出, 对应表 2.1 中类型 III 的结构. 下面将寻找 $(x, y)$ 与正则坐标 $(t, s)$ 之间的关系.

根据李积分法第二步中的类型 3 可知

$$\tilde{V}_1(t) = 0, \quad \tilde{V}_2(t) = t, \tag{2.1.16}$$

$$\tilde{V}_1(s) = 1, \quad \tilde{V}_2(s) = s. \tag{2.1.17}$$

由式 (2.1.16) 可得

$$x^2 \frac{\partial t}{\partial x} + xy \frac{\partial t}{\partial y} = 0,$$

$$-x \frac{\partial t}{\partial x} - \frac{1}{2} y \frac{\partial t}{\partial y} = t.$$

求解上述方程组, 得到

$$t = \left(\frac{y}{x}\right)^2. \tag{2.1.18}$$

由式 (2.1.17) 可得

$$x^2 \frac{\partial s}{\partial x} + xy \frac{\partial s}{\partial y} = 1,$$

$$-x \frac{\partial s}{\partial x} - \frac{1}{2} y \frac{\partial s}{\partial y} = s.$$

求解上述方程组, 得到

$$s = -\frac{1}{x}. \tag{2.1.19}$$

根据定理 2.1.1 可知, 在正则坐标 $(t,s)$ 下方程 (2.1.15) 所接受的二维李代数 $V_1, V_2$ 的标准形式为

$$\tilde{V}_1 = \frac{\partial}{\partial s}, \quad \tilde{V}_2 = t \frac{\partial}{\partial t} + s \frac{\partial}{\partial s}.$$

由式 (2.1.18), 并结合全微分算子的定义, 可将关于 $x$ 的全微分 $D_x$ 变换成如下定义的关于 $t$ 的全微分 $D_t$:

$$D_x = D_x \left( \left(\frac{y}{x}\right)^2 \right) D_t = \frac{2y(xy'-y)}{x^3} D_t,$$

即 $D_x = 2s(t - \sqrt{t}y')D_t$. 根据此式和式 (2.1.19), 于是有 $D_x(-1/x) = 2s(t - \sqrt{t}y')D_t(s)$, 即 $1/x^2 = 2s(t - \sqrt{t}y')s'$, 同时还可以将此式写成 $s^2 = 2s(t - \sqrt{t}y')s'$, 进一步可得 $s/(2s') = t - \sqrt{t}y'$. 因此有 $y' = \sqrt{t} - s/(2\sqrt{t}s')$, 然后可以得到

$$y'' = \frac{s^3}{4t\sqrt{t}(s')^2} + \frac{s^3 s''}{4t\sqrt{t}(s')^3}.$$

同时, 由式 (2.1.18) 和式 (2.1.19), 可以得到 $1/(xy) = s^2/\sqrt{t}$. 利用式 (2.1.18), 式 (2.1.19) 和 $y'$ 的表达式可以推出

$$\frac{y'}{y^2} = \frac{s^2}{\sqrt{t}} - \frac{s^3}{2s't\sqrt{t}}.$$

将上式代入方程 (2.1.15) 中并化简, 则方程 (2.1.15) 可变为关于正则坐标 $(t,s)$ 的微分方程 $s'' + (s' + 1/2)s'/t = 0$. 求解此方程, 可得

$$s = C_0 - \frac{1}{2}t, \quad s = \frac{1}{C_1^2}(C_1\sqrt{t} + \ln|C_1\sqrt{t} - 1| + C_2),$$

其中 $C_0, C_1, C_2$ 是积分常数.

将式 (2.1.18) 和式 (2.1.19) 代入上式, 得到方程 (2.1.15) 的精确解为

$$y = \pm\sqrt{2x + C_0 x^2}, \quad C_1 y + C_2 x + x\ln\left|C_1\frac{y}{x} - 1\right| + C_1^2 = 0.$$

此外, 易得 $y = kx$($k$ 是常数) 也是方程 (2.1.15) 的一个精确解.

## 2.2　几类偏微分方程的不变解与精确解

本节将利用李群方法求几类非线性偏微分方程的不变解与精确解.

### 2.2.1　(1+1) 维热方程情形

考虑如下 (1+1) 维热方程

$$u_t = u_{xx}. \tag{2.2.1}$$

**1. 方程 (2.2.1) 的李群分析**

假设方程 (2.2.1) 接受如下单参数李变换群

$$t^* = t + \varepsilon\tau(x, t, u) + O(\varepsilon^2),$$
$$x^* = x + \varepsilon\xi(x, t, u) + O(\varepsilon^2),$$
$$u^* = u + \varepsilon\eta(x, t, u) + O(\varepsilon^2).$$

相应的二阶延拓的无穷小生成元为

$$\mathrm{Pr}^{(2)}V = \tau\frac{\partial}{\partial t} + \xi\frac{\partial}{\partial x} + \eta\frac{\partial}{\partial u} + \eta_t^{(1)}\frac{\partial}{\partial u_t} + \eta_{xx}^{(2)}\frac{\partial}{\partial u_{xx}}, \tag{2.2.2}$$

其中 $\eta_t^{(1)}$ 和 $\eta_{xx}^{(2)}$ 分别在式 (1.2.22) 和式 (1.2.26) 中给出.

根据偏微分方程的不变性准则, 即定理 1.3.2, 将二阶延拓的无穷小生成元 (2.2.2) 作用于方程 (2.2.1), 可以得到如下不变性条件

$$\eta_{xx}^{(2)} = \eta_t^{(1)}, \tag{2.2.3}$$

其中 $u_{xx} = u_t$.

由于方程 (2.2.1) 是齐次线性的, 所以由定理 1.3.3 可知

$$\xi = \xi(x, t), \quad \tau = \tau(x, t), \quad \eta = f(x, t)u + g(x, t),$$

其中 $f(x, t)$ 和 $g(x, t)$ 是关于 $x, t$ 的待定函数.

再将 $\eta_t^{(1)}$ 和 $\eta_{xx}^{(2)}$ 的表达式 (1.3.10) 和 (1.3.14) 代入不变性条件 (2.2.3) 中, 并结合方程 (2.2.1), 不变性条件可化简为

$$\left(\frac{\partial^2 g}{\partial x^2} - \frac{\partial g}{\partial t}\right) + \left(\frac{\partial^2 f}{\partial x^2} - \frac{\partial f}{\partial t}\right)u + \left(2\frac{\partial f}{\partial x} - \frac{\partial^2 \xi}{\partial x^2} + \frac{\partial \xi}{\partial t}\right)u_x$$

$$+ \left(\frac{\partial \tau}{\partial t} - \frac{\partial^2 \tau}{\partial x^2} - 2\frac{\partial \xi}{\partial x}\right)u_t - 2\frac{\partial \tau}{\partial x}u_{xt} = 0.$$

令上式中 $u, u_x, u_t, u_{xt}$ 的系数以及 $\dfrac{\partial^2 g}{\partial x^2} - \dfrac{\partial g}{\partial t}$ 都等于零, 可得如下超定方程组

$$\frac{\partial \tau}{\partial x} = 0, \quad \frac{\partial \tau}{\partial t} - \frac{\partial^2 \tau}{\partial x^2} - 2\frac{\partial \xi}{\partial x} = 0, \quad 2\frac{\partial f}{\partial x} - \frac{\partial^2 \xi}{\partial x^2} + \frac{\partial \xi}{\partial t} = 0,$$

$$\frac{\partial^2 f}{\partial x^2} - \frac{\partial f}{\partial t} = 0, \quad \frac{\partial^2 g}{\partial x^2} - \frac{\partial g}{\partial t} = 0.$$

求解上述超定方程组, 得到热方程 (2.2.1) 的无穷小为

$$\tau = \alpha + 2\beta t + \gamma t^2, \quad \xi = \kappa + \beta x + \gamma xt + \delta t, \quad \eta = \left(-\gamma\left(\frac{1}{4}x^2 + \frac{1}{2}t\right) - \frac{1}{2}\delta x + \lambda\right)u,$$

其中 $\alpha, \beta, \gamma, \kappa, \lambda, \delta$ 是任意常数. 于是有

$$V = (\alpha + 2\beta t + \gamma t^2)\frac{\partial}{\partial t} + (\kappa + \beta x + \gamma xt + \delta t)\frac{\partial}{\partial x}$$

$$+ \left(-\gamma\left(\frac{1}{4}x^2 + \frac{1}{2}t\right) - \frac{1}{2}\delta x + \lambda\right)u\frac{\partial}{\partial u},$$

即

$$V = \kappa\frac{\partial}{\partial x} + \alpha\frac{\partial}{\partial t} + \beta\left(\frac{\partial}{\partial x} + 2t\frac{\partial}{\partial t}\right) + \gamma\left(xt\frac{\partial}{\partial x} + t^2\frac{\partial}{\partial t} - \left(\frac{1}{4}x^2 + \frac{1}{2}t\right)u\frac{\partial}{\partial u}\right)$$

$$+ \delta\left(t\frac{\partial}{\partial x} - \frac{1}{2}xu\frac{\partial}{\partial u}\right) + \lambda u\frac{\partial}{\partial u}$$

$$= \kappa V_1 + \alpha V_2 + \beta V_3 + \gamma V_4 + \delta V_5 + \lambda V_6,$$

其中

$$V_1 = \frac{\partial}{\partial x}, \quad V_2 = \frac{\partial}{\partial t}, \quad V_3 = x\frac{\partial}{\partial x} + 2t\frac{\partial}{\partial t},$$

$$V_4 = xt\frac{\partial}{\partial x} + t^2\frac{\partial}{\partial t} - \left(\frac{1}{4}x^2 + \frac{1}{2}t\right)u\frac{\partial}{\partial u},$$

$$V_5 = t\frac{\partial}{\partial x} - \frac{1}{2}xu\frac{\partial}{\partial u}, \quad V_6 = u\frac{\partial}{\partial u}.$$

根据李括号的定义, 可知 $V_i(i = 1, 2, \cdots, 6)$ 之间的李括号如表 2.3 所示.

表 2.3　无穷小生成元的李括号

| 无穷小生成元 | $V_1$ | $V_2$ | $V_3$ | $V_4$ | $V_5$ | $V_6$ |
|---|---|---|---|---|---|---|
| $V_1$ | 0 | 0 | $V_1$ | $V_5$ | $-V_6/2$ | 0 |
| $V_2$ | 0 | 0 | $2V_2$ | $V_3 - V_6/2$ | $V_1$ | 0 |
| $V_3$ | $-V_1$ | $-2V_2$ | 0 | $2V_4$ | $V_5$ | 0 |
| $V_4$ | $-V_5$ | $-V_3 + V_6/2$ | $-2V_4$ | 0 | 0 | 0 |
| $V_5$ | $V_6/2$ | $-V_1$ | $-V_5$ | 0 | 0 | 0 |
| $V_6$ | 0 | 0 | 0 | 0 | 0 | 0 |

　　因此, 热方程 (2.2.1) 容许一个六维李代数. 也就是说, $V_i(i = 1, 2, \cdots, 6)$ 都是热方程 (2.2.1) 的无穷小生成元.

　　利用无穷小生成元可以求出相应的单参数李变换群. 以无穷小生成元

$$V_4 = xt\frac{\partial}{\partial x} + t^2\frac{\partial}{\partial t} - \left(\frac{1}{4}x^2 + \frac{1}{2}t\right)u\frac{\partial}{\partial u}$$

为例, 根据李第一基本定理可知, $V_4$ 所对应的李方程组为

$$\begin{cases} \dfrac{\mathrm{d}t^*}{\mathrm{d}\varepsilon} = (t^*)^2, & t^*|_{\varepsilon=0} = t, \\[2mm] \dfrac{\mathrm{d}x^*}{\mathrm{d}\varepsilon} = x^*t^*, & x^*|_{\varepsilon=0} = x, \\[2mm] \dfrac{\mathrm{d}u^*}{\mathrm{d}\varepsilon} = -\left(\dfrac{1}{4}(x^*)^2 + \dfrac{1}{2}t^*\right)u^*, & u^*|_{\varepsilon=0} = u. \end{cases}$$

求解上述李方程组, 得到单参数李变换群

$$G_4: \ t^* = \frac{t}{1-4\varepsilon t}, \quad x^* = \frac{x}{1-4\varepsilon t}, \quad u^* = u\sqrt{1-\varepsilon t}\exp\left(-\frac{\varepsilon x^2}{4(1-\varepsilon t)}\right),$$

其中 $\varepsilon$ 是参数.

　　同理, 也可以得到其他无穷小生成元 $V_i(i = 1, 2, 3, 5, 6)$ 相应的单参数李变换群 $G_i(i = 1, 2, 3, 5, 6)$, 具体形式如下:

$$\begin{aligned} &G_1: \ t^* = t, \quad x^* = x + \varepsilon, \quad u^* = u, \\ &G_2: \ t^* = t + \varepsilon, \quad x^* = x, \quad u^* = u, \\ &G_3: \ t^* = te^{2\varepsilon}, \quad x^* = xe^{\varepsilon}, \quad u^* = u, \\ &G_5: \ t^* = t, \quad x^* = x + 2\varepsilon t, \quad u^* = u\exp(-\varepsilon x - \varepsilon^2 t), \\ &G_6: \ t^* = t, \quad x^* = x, \quad u^* = e^{\varepsilon}u. \end{aligned}$$

　　如果 $u = F(x, t)$ 是热方程 (2.2.1) 的解, 那么通过上面的单参数李变换群 $G_i(i = 1, 2, \cdots, 6)$ 可以得到热方程 (2.2.1) 的一些新解, 这些新解的具体形式

如下:

$$G_1:\ u_1^* = F(x - \varepsilon, t),$$
$$G_2:\ u_2^* = F(x, t - \varepsilon),$$
$$G_3:\ u_3^* = F(\mathrm{e}^{-\varepsilon}x, \mathrm{e}^{-2\varepsilon}t),$$
$$G_4:\ u_4^* = \frac{1}{\sqrt{1 + 4\varepsilon t}} \exp\left(\frac{-\varepsilon x^2}{1 + 4\varepsilon t}\right) F\left(\frac{x}{1 + 4\varepsilon t}, \frac{t}{1 + 4\varepsilon t}\right),$$
$$G_5:\ u_5^* = \exp(-2\varepsilon x + \varepsilon^2 t) F(x - 2\varepsilon t, t),$$
$$G_6:\ u_6^* = \mathrm{e}^\varepsilon F(x, t).$$

**2. 方程 (2.2.1) 的不变解**

接下来, 以无穷小生成元

$$V_4 = xt\frac{\partial}{\partial x} + t^2\frac{\partial}{\partial t} - \left(\frac{1}{4}x^2 + \frac{1}{2}t\right)u\frac{\partial}{\partial u}$$

为例, 求解热方程 (2.2.1) 的不变解和精确解.

在无穷小生成元 $V_4$ 下的特征方程为

$$\frac{\mathrm{d}x}{xt} = \frac{\mathrm{d}t}{t^2} = \frac{\mathrm{d}u}{-(x^2/4 + t/2)\,u},$$

求解此特征方程, 得到热方程 (2.2.1) 的不变解为

$$u = \frac{1}{\sqrt{t}}\exp\left(-\frac{x^2}{4t}\right)\Phi(\rho), \tag{2.2.4}$$

其中 $\rho = x/t$ 是不变量. 将不变解 (2.2.4) 代入热方程 (2.2.1) 中, 该热方程约化为二阶常微分方程 $\Phi''(\rho) = 0$. 求解此方程, 可得 $\Phi = C_1 + C_2\rho$, 其中 $C_1, C_2$ 是常数. 因此, 热方程 (2.2.1) 在 $V_4$ 下的一个精确解为

$$u = \frac{1}{\sqrt{t}}\left(C_1 + C_2\frac{x}{t}\right)\exp\left(-\frac{x^2}{4t}\right).$$

## 2.2.2  组合 KdV-mKdV 方程情形

组合 KdV-mKdV 方程是一种十分重要的非线性偏微分方程, 可以解释许多物理现象, 并在许多领域都有其应用. 组合 KdV-mKdV 方程的形式如下

$$u_t + auu_x + pu^2 u_x + bu_{xxx} = 0. \tag{2.2.5}$$

KdV 方程和 mKdV 方程都是上述方程的特殊情况.

(1) 当 $a \neq 0, b \neq 0, p = 0$ 时, 方程 (2.2.5) 是 KdV 方程: $u_t + auu_x + bu_{xxx} = 0$.

(2) 当 $a = 0, b \neq 0, p \neq 0$ 时, 方程 (2.2.5) 是 mKdV 方程: $u_t + pu^2 u_x + bu_{xxx} = 0$.

**1. 方程 (2.2.5) 的李群分析和不变解**

对热方程 (2.2.1) 进行李群分析可以看出, 求解超定方程组是比较繁琐的, 通常我们借助符号计算方法求解超定方程组. 在本小节, 利用 Maple 中的软件包[68,78] (参照附录 A.1) 可以得到方程 (2.2.5) $(a \neq 0, p \neq 0)$ 的无穷小生成元为

$$V_1 = \frac{\partial}{\partial t}, \quad V_2 = \frac{\partial}{\partial x}, \quad V_3 = -3t\frac{\partial}{\partial t} + \left(\frac{a^2t}{2p} - x\right)\frac{\partial}{\partial x} + \left(\frac{a}{2p} + u\right)\frac{\partial}{\partial u}.$$

接下来, 再利用 $V_1, V_2, V_3$ 计算方程 (2.2.5) 的不变解, 并对方程 (2.2.5) 进行约化.

(1) 在 $V_1$ 下的特征方程为

$$\frac{\mathrm{d}t}{1} = \frac{\mathrm{d}x}{0} = \frac{\mathrm{d}u}{0},$$

求解此特征方程, 得到不变解 $u = \phi(x)$, 其中 $x$ 是不变量. 将该不变解代入方程 (2.2.5) 中, 则方程 (2.2.5) 可以约化为如下常微分方程

$$a\phi\phi' + p\phi^2\phi' + b\phi''' = 0. \tag{2.2.6}$$

(2) 在 $\beta_1 V_1 + V_2$ 下的特征方程为

$$\frac{\mathrm{d}t}{\beta_1} = \frac{\mathrm{d}x}{1} = \frac{\mathrm{d}u}{0},$$

求解此特征方程, 得到不变解 $u = \phi(w)$, 其中 $w = \beta_1 x - t$ 是不变量. 将该不变解代入方程 (2.2.5) 中, 则方程 (2.2.5) 可以约化为如下常微分方程

$$(a\beta_1\phi + p\beta_1\phi^2 - 1)\phi' + b\beta_1^3\phi''' = 0. \tag{2.2.7}$$

(3) 在 $V_3$ 下的特征方程为

$$\frac{\mathrm{d}t}{-3t} = \frac{\mathrm{d}x}{-x + a^2t/2p} = \frac{\mathrm{d}u}{a/2p + u},$$

求解此特征方程, 得到不变解 $u = \phi(w)t^{-1/3} - a/2p$, 其中 $w = xt^{-1/3} + t^{2/3}(a^2/4p)$ 是不变量. 将该不变解代入方程 (2.2.5) 中, 则方程 (2.2.5) 可以约化为如下常微分方程

$$3b\phi''' + 3p\phi^2 - w\phi' - \phi = 0. \tag{2.2.8}$$

### 2. 辅助方程下的精确解

方程 (2.2.6)—(2.2.8) 都是非线性常微分方程, 不易求解精确解, 辅助方程法为求解这些非线性常微分方程提供了一个很好的思路, 关于辅助方程法可参见文献 [3,37,73,82,83]. 本节将以 Bernoulli 方程作为辅助方程, 求方程 (2.2.6)—(2.2.8) 的精确解. 详细过程可参照附录 B.

假设方程 (2.2.6)—(2.2.8) 具有如下形式的精确解

$$\phi(z) = \sum_{i=0}^{M} A_i G^i(z). \qquad (2.2.9)$$

根据齐次平衡原则[3], 即通过对方程 (2.2.6)—(2.2.8) 中 $\phi(z)$ 的最高阶导数项和最高阶非线性项的次数进行平衡, 得到式 (2.2.9) 中的正整数 $M$, 其中 $A_0, A_1, \cdots, A_M$ 是待定常系数. 假设函数 $G(z)$ 满足如下 Bernoulli 方程

$$G'(z) = mG(z) + nG^2(z), \qquad (2.2.10)$$

其中 $m, n$ 是常系数. 根据 $m, n$ 的不同取值, 可以得到方程 (2.2.10) 的不同解:

若 $m > 0$, $n < 0$, 则方程 (2.2.10) 的解为 $G(z) = \dfrac{m \exp(m(z + C_0))}{1 - n \exp(m(z + C_0))}$, 其中 $C_0$ 是积分常数.

若 $m < 0$, $n > 0$, 则方程 (2.2.10) 的解为 $G(z) = -\dfrac{m \exp(m(z + C_0))}{1 + n \exp(m(z + C_0))}$, 其中 $C_0$ 是积分常数.

接下来分析方程 (2.2.6)—(2.2.8) 的精确解.

(1) 方程 (2.2.6) 的精确解.

首先分析方程 (2.2.6) 中最高阶导数项 $\phi'''$ 和最高阶非线性项 $\phi^2\phi'$ 中 $G(z)$ 的次数, 具体过程如下.

对 $\phi(z) = \sum\limits_{i=0}^{M} A_i G^i(z)$ 关于 $z$ 求导, 可得 $\phi'(z) = \sum\limits_{i=0}^{M} iA_i G^{i-1}(z)G'(z)$, 将此式中的 $G'(z)$ 用方程 (2.2.10) 替换并化简, 可得

$$\phi'(z) = \sum_{i=0}^{M} iA_i G^{i-1}(z)(mG(z) + nG^2(z)) = \sum_{i=0}^{M} iA_i(mG^i(z) + nG^{i+1}(z)).$$

继续对 $\phi'(z)$ 求导, 得到

$$\phi''(z) = \sum_{i=0}^{M} iA_i(miG^{i-1}(z)G'(z) + n(i+1)G^i(z)G'(z))$$

$$= \sum_{i=0}^{M} iA_i(miG^{i-1}(z)(mG(z) + nG^2(z)) + n(i+1)G^i(z)(mG(z) + nG^2(z)))$$

$$= \sum_{i=0}^{M} iA_i(m^2iG^i(z) + nm(2i+1)G^{i+1}(z) + n^2(i+1)G^{i+2}(z)),$$

$$\phi'''(z) = \sum_{i=0}^{M} iA_i(m^3i^2G^i(z) + m^2n(3i^2+3i+1)G^{i+1}(z) + 3mn^2(i+1)^2G^{i+2}(z)$$
$$+ (i+1)(i+2)n^3G^{i+3}(z)),$$

并且有

$$\phi^2\phi' = \left(\sum_{i=0}^{M} A_iG^i(z)\right)^2 \left(\sum_{i=0}^{M} iA_i(mG^i(z) + nG^{i+1}(z))\right).$$

由于 $\phi'''$ 和 $\phi^2\phi'$ 中 $G(z)$ 的最高次数分别是 $M+3$ 和 $2M+M+1$, 所以根据齐次平衡原则有 $M+3 = 2M+M+1$, 即 $M=1$. 因此, 方程 (2.2.6) 解的形式为

$$\phi(z) = A_0 + A_1G(z). \tag{2.2.11}$$

再把式 (2.2.11) 代入方程 (2.2.6) 中, 得到如下关于 $A_0$ 和 $A_1$ 的方程组

$$pnA_1^3 + 6bn^3A_1 = 0,$$
$$anA_1^2 + 2pnA_0A_1^2 + pmA_1^3 + 12bmn^2A_1 = 0,$$
$$anA_0A_1 + amA_1^2 + pnA_0^2A_1 + 2pmA_0A_1^2 + 7bm^2nA_1 = 0,$$
$$amA_0A_1 + pmA_0^2A_1 + bm^3A_1 = 0.$$

求解上述方程组, 可得

$$A_0 = \frac{m}{2n}\sqrt{\frac{-6bn^2}{p}} - \frac{a}{2p}, \quad A_1 = \sqrt{\frac{-6bn^2}{p}},$$

或

$$A_0 = -\frac{m}{2n}\sqrt{\frac{-6bn^2}{p}} - \frac{a}{2p}, \quad A_1 = -\sqrt{\frac{-6bn^2}{p}},$$

其中 $bp < 0$, $a^2 + 2pbm^2 = 0$.

因此, 当 $m > 0$, $n < 0$ 时, 方程 (2.2.5) 的精确解为

$$u(x,t) = \frac{m}{2n}\sqrt{\frac{-6bn^2}{p}} - \frac{a}{2p} + \sqrt{\frac{-6bn^2}{p}}\frac{m\exp(m(\beta_1 x - t + z_0))}{1 - n\exp(m(\beta_1 x - t + z_0))},$$

或

$$u(x,t) = -\frac{m}{2n}\sqrt{\frac{-6bn^2}{p}} - \frac{a}{2p} - \sqrt{\frac{-6bn^2}{p}}\frac{m\exp(m(\beta_1 x - t + z_0))}{1 - n\exp(m(\beta_1 x - t + z_0))},$$

其中 $z_0$ 是常数.

当 $m < 0$, $n > 0$ 时, 方程 (2.2.5) 的精确解为

$$u(x,t) = \frac{m}{2n}\sqrt{\frac{-6bn^2}{p}} - \frac{a}{2p} + \sqrt{\frac{-6bn^2}{p}}\frac{m\exp(m(\beta_1 x - t + z_0))}{1 + n\exp(m(\beta_1 x - t + z_0))},$$

或

$$u(x,t) = -\frac{m}{2n}\sqrt{\frac{-6bn^2}{p}} - \frac{a}{2p} - \sqrt{\frac{-6bn^2}{p}}\frac{m\exp(m(\beta_1 x - t + z_0))}{1 + n\exp(m(\beta_1 x - t + z_0))},$$

其中 $z_0$ 是常数.

(2) 方程 (2.2.7) 的精确解.

根据齐次平衡原则, 由方程 (2.2.7) 中的最高阶导数项 $\phi'''$ 和最高阶非线性项 $\phi^2\phi'$ 中 $G(z)$ 的最高次数, 可得 $M = 1$. 因此, 方程 (2.2.7) 解的形式为

$$\phi(z) = A_0 + A_1 G(z). \tag{2.2.12}$$

把式 (2.2.12) 代入方程 (2.2.7) 中, 得到如下关于 $A_0$ 和 $A_1$ 的方程组

$$p\beta_1 A_1^3 n + 6b\beta_1^3 A_1 n^3 = 0,$$
$$a\beta_1 n A_1^2 + 2\beta_1 pn A_0 A_1^2 + \beta_1 pm A_1^3 + 12b\beta_1^3 mn^2 A_1 = 0,$$
$$a\beta_1 n A_0 A_1 + \beta_1 pn A_0^2 A_1 - nA_1 + a\beta_1 m A_1^2 + 2\beta_1 pm A_0 A_1^2 + 7b\beta_1^3 m^2 n A_1 = 0,$$
$$a\beta_1 m A_0 A_1 + \beta_1 pm A_0^2 A_1 - mA_1 + b\beta_1^3 A_1 m^3 = 0.$$

求解上述方程组, 可得

$$A_0 = -\frac{3b\beta_1^2 mn}{p}\sqrt{\frac{-p}{6b\beta_1^2 n^2}} - \frac{a}{2p}, \quad A_1 = \sqrt{\frac{-6b\beta_1^2 n^2}{p}},$$

或

$$A_0 = \frac{3b\beta_1^2 mn}{p}\sqrt{\frac{-p}{6b\beta_1^2 n^2}} - \frac{a}{2p}, \quad A_1 = -\sqrt{\frac{-6b\beta_1^2 n^2}{p}},$$

其中 $bp < 0$, $2b\beta_1^3 m^2 p + a^2\beta_1 + 4p = 0$.

因此, 当 $m > 0$, $n < 0$ 时, 方程 (2.2.5) 的精确解为

$$u(x,t) = -\frac{3b\beta_1^2 mn}{p}\sqrt{\frac{-p}{6b\beta_1^2 n^2}} - \frac{a}{2p} + \sqrt{\frac{-6b\beta_1^2 n^2}{p}}\frac{m\exp(m(\beta_1 x - t + z_0))}{1 - n\exp(m(\beta_1 x - t + z_0))},$$

或

$$u(x,t) = \frac{3b\beta_1^2 mn}{p}\sqrt{\frac{-p}{6b\beta_1^2 n^2}} - \frac{a}{2p} - \sqrt{\frac{-6b\beta_1^2 n^2}{p}}\frac{m\exp(m(\beta_1 x - t + z_0))}{1 - n\exp(m(\beta_1 x - t + z_0))},$$

其中 $z_0$ 是常数.

当 $m < 0, n > 0$ 时, 方程 (2.2.5) 的精确解为

$$u(x,t) = -\frac{3b\beta_1^2 mn}{p}\sqrt{\frac{-p}{6b\beta_1^2 n^2}} - \frac{a}{2p} + \sqrt{\frac{-6b\beta_1^2 n^2}{p}}\frac{m\exp(m(\beta_1 x - t + z_0))}{1 + n\exp(m(\beta_1 x - t + z_0))},$$

或

$$u(x,t) = \frac{3b\beta_1^2 mn}{p}\sqrt{\frac{-p}{6b\beta_1^2 n^2}} - \frac{a}{2p} - \sqrt{\frac{-6b\beta_1^2 n^2}{p}}\frac{m\exp(m(\beta_1 x - t + z_0))}{1 + n\exp(m(\beta_1 x - t + z_0))},$$

其中 $z_0$ 是常数.

(3) 方程 (2.2.8) 的精确解.

根据齐次平衡原则, 由方程 (2.2.8) 中的最高阶导数项 $\phi'''$ 和最高阶非线性项 $\phi^2\phi'$ 中 $G(z)$ 的最高次数, 可得 $M = 1$. 因此, 方程 (2.2.8) 解的形式为

$$\phi(z) = A_0 + A_1 G(z). \tag{2.2.13}$$

把式 (2.2.13) 代入方程 (2.2.8) 中, 得到如下关于 $A_0$ 和 $A_1$ 的方程组

$$18bA_1 n^3 = 0, \quad 36bmn^2 A_1 = 0,$$
$$3pA_1^2 - wnA_1 + 21bm^2 nA_1 = 0,$$
$$3bA_1 m^3 + 6pA_0 A_1 - A_1 - wmA_1 = 0,$$
$$3pA_0^2 - A_0 = 0.$$

求解上述方程组, 得到 $A_1 = 0$, 这与 $A_1 \neq 0$ 相矛盾. 因此, 此方法不适用于方程 (2.2.8) 的求解.

### 2.2.3 (3+1) 维 Yu-Toda-Sasa-Fukuyama 方程情形

考虑如下 (3+1) 维 Yu-Toda-Sasa-Fukuyama 方程

$$-4u_{xt} + u_{xxxz} + 4u_x u_{xz} + 2u_{xx}u_z + 3u_{yy} = 0. \tag{2.2.14}$$

该方程常用来描述区域内孤子运动和非线性波动现象, 可涉及流体力学、等离子体物理和弱色散介质等领域.

1. 方程 (2.2.14) 的李群分析

假设方程 (2.2.14) 接受如下单参数李变换群

$$x^* = x + \varepsilon\xi^1(x,y,z,t,u) + O(\varepsilon^2),$$
$$y^* = y + \varepsilon\xi^2(x,y,z,t,u) + O(\varepsilon^2),$$

$$z^* = z + \varepsilon\xi^3(x,y,z,t,u) + O(\varepsilon^2),$$
$$t^* = t + \varepsilon\tau(x,y,z,t,u) + O(\varepsilon^2),$$
$$u^* = u + \varepsilon\eta(x,y,z,t,u) + O(\varepsilon^2).$$

相应的无穷小生成元为

$$V = \xi^1(x,y,z,t,u)\frac{\partial}{\partial x} + \xi^2(x,y,z,t,u)\frac{\partial}{\partial y} + \xi^3(x,y,z,t,u)\frac{\partial}{\partial z}$$
$$+ \tau(x,y,z,t,u)\frac{\partial}{\partial t} + \eta(x,y,z,t,u)\frac{\partial}{\partial u}.$$

由于方程 (2.2.14) 涉及四阶偏导数, 所以需要考虑四阶延拓的无穷小生成元

$$\mathrm{Pr}^{(4)}V = V + \eta_x^{(1)}\frac{\partial}{\partial u_x} + \eta_z^{(1)}\frac{\partial}{\partial u_z} + \eta_{xx}^{(2)}\frac{\partial}{\partial u_{xx}} + \eta_{xt}^{(2)}\frac{\partial}{\partial u_{xt}}$$
$$+ \eta_{xz}^{(2)}\frac{\partial}{\partial u_{xz}} + \eta_{yy}^{(2)}\frac{\partial}{\partial u_{yy}} + \eta_{xxxz}^{(4)}\frac{\partial}{\partial u_{xxxz}}.$$

根据定理 1.3.2, 将 $\mathrm{Pr}^{(4)}V$ 作用于方程 (2.2.14), 得到不变性条件

$$\mathrm{Pr}^{(4)}V(-4u_{xt} + u_{xxxz} + 4u_x u_{xz}$$
$$+ 2u_{xx}u_z + 3u_{yy})\Big|_{-4u_{xt}+u_{xxxz}+4u_x u_{xz}+2u_{xx}u_z+3u_{yy}=0} = 0,$$

即

$$4\eta_x^{(1)}u_{xz} + 2\eta_z^{(1)}u_{xx} + 2\eta_{xx}^{(2)}u_z - 4\eta_{xt}^{(2)} + 4\eta_{xz}^{(2)}u_x + 3\eta_{yy}^{(2)} + \eta_{xxxz}^{(4)} = 0.$$

根据 1.2.2 小节, 将 $\eta_x^{(1)}$, $\eta_{xx}^{(2)}$, $\eta_{xt}^{(2)}$, $\eta_{yy}^{(2)}$ 以及

$$\eta_z^{(1)} = D_z(\eta) - u_t D_z(\tau) - u_x D_z(\xi^1) - u_y D_z(\xi^2) - u_z D_z(\xi^3),$$
$$\eta_{xx}^{(2)} = D_z(\eta_x^{(1)}) - u_{xt}D_z(\tau) - u_{xx}D_z(\xi^1) - u_{xy}D_z(\xi^2) - u_{xz}D_z(\xi^3),$$
$$\eta_{xxxz}^{(4)} = D_z(\eta_{xxx}^{(3)}) - u_{xxxt}D_z(\tau) - u_{xxxx}D_z(\xi^1) - u_{xxxy}D_z(\xi^2) - u_{xxxz}D_z(\xi^3)$$

的表达式代入上式, 并结合方程 (2.2.14) 对不变性条件进行整理, 可得如下超定方程组

$$\tau_x = \tau_y = \tau_z = \tau_u = 0, \quad \xi_{xx}^1 = \xi_{xz}^1 = \xi_{xu}^1 = \xi_z^1 = \xi_u^1 = 0,$$
$$\xi_x^2 = \xi_z^2 = \xi_u^2 = 0, \quad \xi_x^3 = \xi_y^3 = \xi_u^3 = 0, \quad \eta_{xx} = 0, \quad \eta_u + \xi_x^1 = 0,$$
$$\xi_t^3 + \eta_x = 0, \quad \xi_{yy}^2 + 2\xi_{xy}^1 = 0, \quad 2\xi_t^1 + \eta_z = 0, \quad 3\eta_{yy} - 4\eta_{xt} = 0,$$
$$2\xi_x^2 - 3\xi_y^1 = 0, \quad \tau_t - 2\xi_y^2 + \xi_x^1 = 0, \quad \tau_t - \xi_z^3 - 2\xi_x^1 = 0.$$

求解上述超定方程组, 得到无穷小为

$$\xi^1 = 2C_1 x - C_2 x + F_1(t) + \frac{2yF_2'(t)}{3}, \quad \xi^2 = C_1 y + F_2(t),$$

$$\xi^3 = -4C_1z + 3C_2z + F_3(t), \quad \tau = C_3 + C_2t,$$

$$\eta = -2uC_1 + uC_2 + F_4(t) + yF_5(t) - 2zF_1'(t) - xF_3'(t) - \frac{4yzF_2''(t)}{3} - \frac{2y^2F_3''(t)}{3},$$

其中 $C_1, C_2, C_3$ 是任意常数, $F_1(t), F_2(t), F_3(t), F_4(t), F_5(t)$ 是关于 $t$ 的函数. 为简化计算, 不妨令 $F_1(t) = C_4, F_2(t) = C_5, F_3(t) = C_6, F_4(t) = C_7, F_5(t) = C_8$, 其中 $C_4, C_5, C_6, C_7, C_8$ 是任意常数. 此时, 有

$$\xi^1 = 2C_1x - C_2x + C_4,$$
$$\xi^2 = C_1y + C_5,$$
$$\xi^3 = -4C_1z + 3C_2z + C_6,$$
$$\tau = C_3 + C_2t,$$
$$\eta = -2C_1u + C_2u + C_7 + C_8y.$$

因此得到方程 (2.2.14) 的无穷小生成元为

$$V_1 = 2x\frac{\partial}{\partial x} + y\frac{\partial}{\partial y} - 4z\frac{\partial}{\partial z} - 2u\frac{\partial}{\partial u}, \quad V_2 = \frac{\partial}{\partial t}, \quad V_3 = -x\frac{\partial}{\partial x} + 3z\frac{\partial}{\partial z} + t\frac{\partial}{\partial t} + u\frac{\partial}{\partial u},$$

$$V_4 = \frac{\partial}{\partial x}, \quad V_5 = \frac{\partial}{\partial y}, \quad V_6 = \frac{\partial}{\partial z}, \quad V_7 = y\frac{\partial}{\partial u}, \quad V_8 = \frac{\partial}{\partial u}.$$

**2. 方程 (2.2.14) 的不变解**

前面已经得到了方程 (2.2.14) 的无穷小生成元. 接下来, 我们将讨论方程 (2.2.14) 在不同无穷小生成元下的不变解.

情况 1: 在 $V_1$ 下的特征方程为

$$\frac{\mathrm{d}x}{2x} = \frac{\mathrm{d}y}{y} = \frac{\mathrm{d}z}{-4z} = \frac{\mathrm{d}t}{0} = \frac{\mathrm{d}u}{-2u},$$

求解此特征方程, 得到不变解 $u = f(X, Z)/y^2$, 其中 $X = x/y^2, Z = y^4z$ 是不变量, 且 $t = k_1, k_1$ 是常数. 将该不变解代入方程 (2.2.14) 中并约化, 可得

$$f_{XXXZ} + 4f_Zf_{XZ} + 2f_{XX}f_Z + 6f - 4Zf_Z - 14Xf_X$$
$$- 16XZf_{XZ} + 16Z^2f_{ZZ} + 4X^2f_{ZZ} = 0.$$

情况 2: 在 $V_2$ 下的特征方程为

$$\frac{\mathrm{d}x}{0} = \frac{\mathrm{d}y}{0} = \frac{\mathrm{d}z}{0} = \frac{\mathrm{d}t}{1} = \frac{\mathrm{d}u}{0},$$

求解此特征方程, 得到不变解 $u = f(\tilde{X}, \tilde{Y}, \tilde{Z})$, 其中 $\tilde{X} = x, \tilde{Y} = y, \tilde{Z} = z$ 是不变量. 将该不变解代入方程 (2.2.14) 中并约化, 可得

$$f_{\tilde{X}\tilde{X}\tilde{X}\tilde{Z}} + 4f_{\tilde{X}}f_{\tilde{X}\tilde{Z}} + 2f_{\tilde{X}\tilde{X}}f_{\tilde{Z}} + 3f_{\tilde{Y}\tilde{Y}} = 0. \tag{2.2.15}$$

情况 3: 在 $V_3$ 下的特征方程为

$$\frac{\mathrm{d}x}{-x} = \frac{\mathrm{d}y}{0} = \frac{\mathrm{d}z}{3z} = \frac{\mathrm{d}t}{t} = \frac{\mathrm{d}u}{u},$$

求解此特征方程, 得到不变解 $u = tf(\tilde{x}, \tilde{z})$, 其中 $\tilde{x} = xt$, $\tilde{z} = \sqrt[3]{z}/t$ 是不变量, 且 $y = k_2$, $k_2$ 是常数. 将该不变解代入方程 (2.2.14) 中并约化, 可得

$$-8f_{\tilde{x}} - 4\tilde{x}f_{\tilde{x}\tilde{x}} - 4\tilde{z}f_{\tilde{x}\tilde{z}} + \frac{1}{3\tilde{z}^2}f_{\tilde{x}\tilde{x}\tilde{x}\tilde{z}} + \frac{4}{3\tilde{z}^2}f_{\tilde{x}\tilde{z}}f_{\tilde{x}} + \frac{2}{3\tilde{z}^2}f_{\tilde{x}\tilde{x}}f_{\tilde{z}} = 0.$$

情况 4: 在 $V_4$ 下的特征方程为

$$\frac{\mathrm{d}x}{1} = \frac{\mathrm{d}y}{0} = \frac{\mathrm{d}z}{0} = \frac{\mathrm{d}t}{0} = \frac{\mathrm{d}u}{0},$$

求解此特征方程, 得到不变解 $u = f(\bar{y}, \bar{z}, \bar{t})$, 其中 $\bar{y} = y$, $\bar{z} = z$, $\bar{t} = t$ 是不变量. 将该不变解代入方程 (2.2.14) 中并约化, 可得 $f_{\bar{y}\bar{y}} = 0$.

情况 5: 在 $V_5$ 下的特征方程为

$$\frac{\mathrm{d}x}{0} = \frac{\mathrm{d}y}{1} = \frac{\mathrm{d}z}{0} = \frac{\mathrm{d}t}{0} = \frac{\mathrm{d}u}{0},$$

求解此特征方程, 得到不变解 $u = f(\tilde{x}, \tilde{z}, \tilde{t})$, 其中 $\tilde{x} = x$, $\tilde{z} = z$, $\tilde{t} = t$ 是不变量. 将该不变解代入方程 (2.2.14) 中并约化, 可得

$$-4f_{\tilde{x}\tilde{t}} + f_{\tilde{x}\tilde{x}\tilde{x}\tilde{z}} + 4f_{\tilde{x}}f_{\tilde{x}\tilde{z}} + 2f_{\tilde{x}\tilde{x}}f_{\tilde{z}} = 0. \tag{2.2.16}$$

情况 6: 在 $V_6$ 下的特征方程为

$$\frac{\mathrm{d}x}{0} = \frac{\mathrm{d}y}{0} = \frac{\mathrm{d}z}{1} = \frac{\mathrm{d}t}{0} = \frac{\mathrm{d}u}{0},$$

求解此特征方程, 得到不变解 $u = h(\hat{x}, \hat{y}, \hat{t})$, 其中 $\hat{x} = x$, $\hat{y} = y$, $\hat{t} = t$ 是不变量. 将该不变解代入方程 (2.2.14) 中并约化, 可得 $-4h_{\hat{x}\hat{t}} + 3h_{\hat{y}\hat{y}} = 0$, 求解此方程仅能得到平凡解.

情况 7: 在 $V_7$ 下的特征方程为

$$\frac{\mathrm{d}x}{0} = \frac{\mathrm{d}y}{0} = \frac{\mathrm{d}z}{0} = \frac{\mathrm{d}t}{0} = \frac{\mathrm{d}u}{y},$$

求解此特征方程, 不能得到不变解.

情况 8: 在 $V_8$ 下的特征方程为

$$\frac{\mathrm{d}x}{0} = \frac{\mathrm{d}y}{0} = \frac{\mathrm{d}z}{0} = \frac{\mathrm{d}t}{0} = \frac{\mathrm{d}u}{1},$$

求解此特征方程, 也不能得到不变解.

**3. tanh 型的精确解**

在本小节, 将利用 tanh 方法[61]求解约化后的方程 (2.2.15) 和方程 (2.2.16) 的 tanh 型精确解, 进而得到 (3+1) 维 Yu-Toda-Sasa-Fukuyama 方程的精确解. 关于 tanh 方法求精确解的详细过程可以参照附录 C.

(1) 方程 (2.2.15) 的 tanh 型精确解.

在行波变换 $u(x, y, z, t) = \phi(\psi)$ 和 $\psi = lx + my + nz + ct$ 下, 方程 (2.2.15) 可变换为

$$nl^3 \phi^{(4)}(\psi) + 3m^2 \phi''(\psi) + 6l^2 n \phi'(\psi)\phi''(\psi) = 0,$$

对上述方程关于 $\psi$ 进行积分, 并令积分常数为零, 得到

$$nl^3 \phi'''(\psi) + 3m^2 \phi'(\psi) + 6l^2 n(\phi'(\psi))^2 = 0, \tag{2.2.17}$$

其中 $\phi(\psi) = \sum_{i=0}^{N} a_i(\tanh(\psi))^i$, 且 $l, m, n, c, a_i (i = 0, 1, \cdots, N)$ 是待定常数.

由于方程 (2.2.17) 中的 $\tanh(\psi)$ 满足 $(\tanh(\psi))' = 1 - \tanh^2(\psi)$, 所以最高阶导数项 $\phi'''$ 和最高阶非线性项 $(\phi'(\psi))^2$ 中 $\tanh(\psi)$ 的最高次数分别是 $N + 3$ 和 $2(N + 1)$, 进一步根据齐次平衡原则有 $N + 3 = 2(N + 1)$, 即 $N = 1$. 因此方程 (2.2.17) 解的形式为 $\phi(\psi) = a_0 + a_1 \tanh(\psi)$, 将此解代入方程 (2.2.17) 中并合并同类项, 得到如下关于 $l, m, c, n, a_0, a_1$ 的超定方程组

$$-6a_1 nl^3 + 3l^2 na_1^2 = 0,$$
$$8a_1 nl^3 - 3m^2 a_1 - 6l^2 na_1^2 = 0,$$
$$-2a_1 nl^3 + 3m^2 a_1 + 3l^2 na_1^2 = 0.$$

求解上述超定方程组, 得到下面两组解

$$m = \pm \frac{2\mathrm{i}l^{3/2}\sqrt{n}}{\sqrt{3}}, \quad a_0 = C_0, \quad a_1 = 2l,$$

其中 $C_0$ 是常数, $\mathrm{i}^2 = -1$.

当 $m = -2\mathrm{i}l^{3/2}\sqrt{n}/\sqrt{3}, a_0 = C_0, a_1 = 2l$ 时, 方程 (2.2.17) 的解为

$$\phi(\psi) = C_0 + 2l \tanh\left(lx - \frac{2\mathrm{i}l^{3/2}\sqrt{n}}{\sqrt{3}}y + nz\right).$$

此时方程 (2.2.14) 的精确解为

$$u(x, y, z, t) = C_0 + 2l \tanh\left(lx - \frac{2\mathrm{i}l^{3/2}\sqrt{n}}{\sqrt{3}}y + nz\right).$$

当 $m = 2\mathrm{i}l^{3/2}\sqrt{n}/\sqrt{3}$, $a_0 = C_0$, $a_1 = 2l$ 时, 方程 (2.2.17) 的解为

$$\phi(\psi) = C_0 + 2l\tanh\left(lx + \frac{2\mathrm{i}l^{3/2}\sqrt{n}}{\sqrt{3}}y + nz\right),$$

此时方程 (2.2.14) 的精确解为

$$u(x,y,z,t) = C_0 + 2l\tanh\left(lx + \frac{2\mathrm{i}l^{3/2}\sqrt{n}}{\sqrt{3}}y + nz\right).$$

(2) 方程 (2.2.16) 的 tanh 型精确解.

采用与 (1) 相同的行波变换, 方程 (2.2.16) 可变换为

$$-4lc\phi''(\psi) + l^3n\phi^{(4)}(\psi) + 6l^2n\phi'(\psi)\phi''(\psi) = 0.$$

对上述方程关于 $\psi$ 进行积分, 并令积分常数为零, 得到

$$nl^2\phi'''(\psi) + 3nl(\phi'(\psi))^2 - 4c\phi'(\psi) = 0. \tag{2.2.18}$$

根据齐次平衡原则, 由方程 (2.2.18) 中的最高阶导数项 $\phi'''(\psi)$ 和最高阶非线性项 $(\phi'(\psi))^2$ 中 $\tanh(\psi)$ 的最高次数, 得到 $N = 1$. 因此方程 (2.2.18) 解的形式为 $\phi(\psi) = a_0 + a_1\tanh(\psi)$, 将此解代入方程 (2.2.18) 中并合并同类项, 得到如下关于 $l, n, c, a_1$ 的超定方程组

$$-6a_1nl^2 + 3lna_1^2 = 0,$$
$$8a_1nl^2 + 4ca_1 - 6lna_1^2 = 0,$$
$$-2a_1nl^2 + 3lna_1^2 - 4ca_1 = 0.$$

求解上述超定方程组, 可得 $c = l^2n, a_0 = C_1, a_1 = 2l$, 其中 $C_1$ 是常数. 于是方程 (2.2.18) 的解为 $\phi(\psi) = C_1 + 2l\tanh(lx + my + nz + l^2nt)$. 此时方程 (2.2.14) 的精确解为 $u(x,y,z,t) = C_1 + 2l\tanh(lx + my + nz + l^2nt)$.

### 2.2.4 广义 Kaup-Boussinesq 方程组情形

引入如下 Lax 对[50,80]

$$\psi_{xx} = \left(-\lambda^2 + \lambda u(x,t) + \frac{k}{2}(u(x,t))^2 + v(x,t)\right)\psi(x,t;\lambda),$$

$$\psi_{tx} = -\left(\lambda + \frac{1}{2}u(x,t) + v(x,t)\right)\psi_x(x,t;\lambda) - \frac{1}{4}u_x\psi(x,t;\lambda),$$

其中 $k$ 是任意常数, $\lambda$ 是光谱参数. 利用相容性条件 $\psi_{xxt}(x,t;\lambda) = \psi_{txx}(x,t;\lambda)$, 可以导出方程组

$$\begin{cases} u_t + v_x + \left(\dfrac{3}{2} + k\right) u u_x = 0, \\ v_t + \dfrac{1}{4} u_{xxx} + u_x v + \left(\dfrac{1}{2} - k\right) u v_x - k \left(\dfrac{1}{2} + k\right) u^2 u_x = 0. \end{cases} \tag{2.2.19}$$

称上述方程组为广义 Kaup-Boussinesq 方程组.

特别地, 当 $k = -1/2$ 时, 方程组 (2.2.19) 称为 Kaup-Boussinesq 方程组, 其具体形式为

$$\begin{cases} u_t + v_x + u u_x = 0, \\ v_t + \dfrac{1}{4} u_{xxx} + u_x v + u v_x = 0. \end{cases}$$

**1. 方程组 (2.2.19) 的李群分析**

假设方程组 (2.2.19) 接受如下单参数李变换群

$$x^* = x + \varepsilon \xi(t, x, u, v) + O(\varepsilon^2),$$
$$t^* = t + \varepsilon \tau(t, x, u, v) + O(\varepsilon^2),$$
$$u^* = u + \varepsilon \eta(t, x, u, v) + O(\varepsilon^2),$$
$$v^* = v + \varepsilon \varphi(t, x, u, v) + O(\varepsilon^2).$$

由于方程组 (2.2.19) 具有三阶偏导数, 所以需要考虑相应的三阶延拓的无穷小生成元

$$\mathrm{Pr}^{(3)} V = V + \eta_t^{(1)} \frac{\partial}{\partial u_t} + \varphi_t^{(1)} \frac{\partial}{\partial v_t} + \varphi_x^{(1)} \frac{\partial}{\partial v_x} + \eta_x^{(1)} \frac{\partial}{\partial u_x} + \eta_{xxx}^{(3)} \frac{\partial}{\partial u_{xxx}},$$

其中 $V$ 可表示为

$$V = \tau(t, x, u, v) \frac{\partial}{\partial t} + \xi(t, x, u, v) \frac{\partial}{\partial x} + \eta(t, x, u, v) \frac{\partial}{\partial u} + \varphi(t, x, u, v) \frac{\partial}{\partial v}.$$

将 $\mathrm{Pr}^{(3)} V$ 作用于方程组 (2.2.19), 得到如下不变性条件

$$\left(\frac{3}{2} + k\right) \eta u_x + \left(\frac{3}{2} + k\right) \eta_x^{(1)} u + \eta_t^{(1)} + \varphi_x^{(1)} = 0,$$

$$\eta \left(\left(\frac{1}{2} - k\right) v_x - 2k \left(\frac{1}{2} + k\right) u u_x\right) + \varphi u_x + \eta_x^{(1)} \left(v - k \left(\frac{1}{2} + k\right) u^2\right) \tag{2.2.20}$$

$$+ \frac{1}{4} \eta_{xxx}^{(3)} + \varphi_t^{(1)} + \left(\frac{1}{2} - k\right) \varphi_x^{(1)} u = 0.$$

将 $\eta_t^{(1)}, \eta_x^{(1)}, \varphi_t^{(1)}, \varphi_x^{(1)}$ 的表达式 (1.2.35)-(1.2.38)，以及

$$\eta_{xxx}^{(3)} = D_x(\eta_{xx}^{(2)}) - u_{xxt}D_x(\tau) - u_{xxx}D_x(\xi^1) - u_{xxy}D_x(\xi^2)$$

代入不变性条件 (2.2.20) 中得到一个超定方程组. 一般来说, 超定方程组的求解非常复杂. 求不变性条件 (2.2.20) 的幂级数形式解[65,70]是易于实现的方法之一.

假设不变性条件 (2.2.20) 存在如下一阶幂级数形式解

$$\xi = a_{10} + a_{11}x + a_{12}t + a_{13}u + a_{14}v,$$
$$\tau = a_{20} + a_{21}x + a_{22}t + a_{23}u + a_{24}v,$$
$$\eta = a_{30} + a_{31}x + a_{32}t + a_{33}u + a_{34}v,$$
$$\varphi = a_{40} + a_{41}x + a_{42}t + a_{43}u + a_{44}v,$$

其中 $a_{ij}(i = 1,2,3,4, j = 0,1,2,3,4)$ 是待定的常系数. 将上式代入不变性条件 (2.2.20) 中化简并整理, 可以得到一个关于 $a_{ij}$ 的超定方程组, 求解此超定方程组, 得到方程组 (2.2.19) 的无穷小为

$$\tau = a_{20}, \quad \xi = a_{10} + a_{12}t, \quad \eta = a_{12}, \quad \varphi = a_{40} - \left(\frac{1}{2} + k\right)a_{12}u.$$

于是相应的四个无穷小生成元为

$$V_1 = \frac{\partial}{\partial x}, \quad V_2 = \frac{\partial}{\partial t}, \quad V_3 = \frac{\partial}{\partial v}, \quad V_4 = t\frac{\partial}{\partial x} + \frac{\partial}{\partial u} - \left(\frac{1}{2} + k\right)u\frac{\partial}{\partial v},$$

它们形成了一个满足如下关系的四维李代数

$$[V_1, V_2] = [V_1, V_3] = [V_1, V_4] = [V_2, V_3] = [V_2, V_4] = [V_3, V_4] = 0.$$

**注 2.2.1**  幂级数形式解也可以选择为二阶或三阶等, 但是这样可能会增加相应的无穷小生成元的个数.

2. **方程组 (2.2.19) 的不变解**

本部分将利用无穷小生成元的组合分别求方程组 (2.2.19) 的不变解, 将所得不变解代入方程组进行约化, 进而得到一些精确解.

情况 1: 在 $V_1$ 下的特征方程为

$$\frac{dt}{0} = \frac{dx}{1} = \frac{du}{0} = \frac{dv}{0},$$

求解此特征方程, 得到不变解 $u = F(z), v = G(z)$, 其中 $z = t$ 是不变量. 将该不变解代入方程组 (2.2.19) 中并约化, 可得 $F'(z) = 0, G'(z) = 0$. 因此, $F(z), G(z)$ 是常函数.

情况 2: 在 $V_2$ 下的特征方程为

$$\frac{\mathrm{d}t}{1} = \frac{\mathrm{d}x}{0} = \frac{\mathrm{d}u}{0} = \frac{\mathrm{d}v}{0},$$

求解此特征方程, 得到不变解 $u = F(z)$, $v = G(z)$, 其中 $z = x$ 是不变量. 将该不变解代入方程组 (2.2.19) 中并约化, 可得

$$G'(z) + \left(\frac{3}{2} + k\right) F(z)F'(z) = 0, \qquad (2.2.21)$$

$$\frac{1}{4}F'''(z) + F'(z)G(z) + \left(\frac{1}{2} - k\right) F(z)G'(z) - k\left(\frac{1}{2} + k\right) F^2(z)F'(z) = 0. \quad (2.2.22)$$

对方程 (2.2.21) 进行积分并令积分常数为零, 得到

$$G(z) = -\frac{1}{2}\left(\frac{3}{2} + k\right) F^2(z).$$

进一步将上式代入方程 (2.2.22) 中并化简, 可得

$$F'''(z) - 6F^2(z)F'(z) = 0.$$

对上述方程进行积分, 则有

$$F''(z) - 2F^3(z) - C_1 = 0, \qquad (2.2.23)$$

其中 $C_1$ 是积分常数. 然后, 在方程 (2.2.23) 的两边同乘以 $F'$ 并对其进行积分可得

$$(F'(z))^2 = C_2 + 2C_1 F(z) + F^4(z), \qquad (2.2.24)$$

其中 $C_2$ 是积分常数.

由于方程 (2.2.24) 可以写成如下形式

$$\frac{\mathrm{d}F}{\sqrt{C_2 + 2C_1 F(z) + F^4(z)}} = \pm\mathrm{d}z,$$

所以可以得到广义 Kaup-Boussinesq 方程组 (2.2.19) 的隐式解为

$$\int \frac{\mathrm{d}u}{\sqrt{C_2 + 2C_1 u + u^4}} = \pm x + C_3, \quad v(x,t) = -\frac{1}{2}\left(\frac{3}{2} + k\right) u^2(x),$$

其中 $C_3$ 是积分常数.

当 $C_1 = C_2 = 0$ 时, 还可以得到广义 Kaup-Boussinesq 方程组 (2.2.19) 的一组精确解为

$$v(x,t) = -\frac{1}{2}\left(\frac{3}{2} + k\right) u^2(x), \quad u(x,t) = \pm\frac{1}{x + C_3}.$$

情况 3: 在 $V_1 + \lambda V_2 = \dfrac{\partial}{\partial x} + \lambda \dfrac{\partial}{\partial t}$ ($\lambda$ 是非零常数) 下的特征方程为

$$\frac{\mathrm{d}t}{\lambda} = \frac{\mathrm{d}x}{1} = \frac{\mathrm{d}u}{0} = \frac{\mathrm{d}v}{0},$$

求解此特征方程, 得到不变解 $u = F(z)$, $v = G(z)$, 其中 $z = x - \lambda t$ 是不变量. 函数 $F(z)$ 和 $G(z)$ 满足如下常微分方程组

$$-\lambda F'(z) + G'(z) + \left(\frac{3}{2} + k\right) F(z)F'(z) = 0, \tag{2.2.25}$$

$$-\lambda G'(z) + \frac{1}{4}F'''(z) + F'(z)G(z) + \left(\frac{1}{2} - k\right) F(z)G'(z)$$

$$- k\left(\frac{1}{2} + k\right) F^2(z)F'(z) = 0. \tag{2.2.26}$$

对方程 (2.2.25) 进行积分并令积分常数为零, 可得

$$G(z) = \lambda F(z) - \frac{1}{2}\left(\frac{3}{2} + k\right) F^2(z).$$

将上式代入方程 (2.2.26) 中并化简, 则有

$$\frac{1}{4}F'''(z) - \lambda^2 F'(z) + 3\lambda F(z)F'(z) - \frac{3}{2}F^2(z)F'(z) = 0,$$

对上式进行积分, 得到

$$\frac{1}{4}F''(z) - \lambda^2 F(z) + \frac{3\lambda}{2}F^2(z) - \frac{1}{2}F^3(z) + C_1 = 0, \tag{2.2.27}$$

其中 $C_1$ 是积分常数.

将方程 (2.2.27) 两边同乘以 $F'$ 并对其进行积分, 可得

$$(F'(z))^2 = C_2 + 8C_1 F(z) + 4\lambda^2 F^2(z) - 4\lambda F^3(z) + F^4(z), \tag{2.2.28}$$

其中 $C_2$ 是积分常数. 方程 (2.2.28) 也可以写成

$$\frac{\mathrm{d}F}{\sqrt{2C_2 + 4C_1 F(z) + 4\lambda^2 F^2(z) - 4\lambda F^3(z) + F^4(z)}} = \pm\mathrm{d}z,$$

即

$$\int \frac{\mathrm{d}F}{\sqrt{2C_2 + 4C_1 F(z) + 4\lambda^2 F^2(z) - 4\lambda F^3(z) + F^4(z)}} = \pm(x - \lambda t) + C_3,$$

其中 $C_3$ 是积分常数.

当 $C_1 = C_2 = 0$ 时, 方程 (2.2.28) 的精确解为[53]

$$F(z) = \frac{4\lambda \operatorname{sech}^2(\pm\lambda z)}{4 - (1 - \tanh(\pm\lambda z))^2}.$$

因此, 广义 Kaup-Boussinesq 方程组 (2.2.19) 的一组精确解为

$$u(x,t) = \frac{4\lambda \operatorname{sech}^2(\pm\lambda(x - \lambda t))}{4 - (1 - \tanh(\pm\lambda(x - \lambda t)))^2},$$

$$v(x,t) = \frac{4\lambda^2 \operatorname{sech}^2(\pm\lambda(x - \lambda t))}{4 - (1 - \tanh(\pm\lambda(x - \lambda t)))^2}$$

$$- \frac{3 + 2k}{4} \left( \frac{4\lambda \operatorname{sech}^2(\pm\lambda(x - \lambda t))}{4 - (1 - \tanh(\pm\lambda(x - \lambda t)))^2} \right)^2.$$

情况 4: 在 $V_1 + \lambda V_2 + V_3 = \dfrac{\partial}{\partial t} + \lambda \dfrac{\partial}{\partial x} + \dfrac{\partial}{\partial v}$ ($\lambda$ 是非零常数) 下的特征方程为

$$\frac{\mathrm{d}t}{1} = \frac{\mathrm{d}x}{\lambda} = \frac{\mathrm{d}u}{0} = \frac{\mathrm{d}v}{1},$$

求解此特征方程, 得到不变解 $u = F(z)$, $v = t + G(z)$, 其中 $z = x - \lambda t$ 是不变量. 将该不变解代入方程组 (2.2.19) 中并约化, 得到

$$-\lambda F'(z) + G'(z) + \left( \frac{3}{2} + k \right) F(z)F'(z) = 0, \qquad (2.2.29)$$

$$1 - \lambda G'(z) + \frac{1}{4}F'''(z) + F'(z)(t + G(z)) + \left( \frac{1}{2} - k \right) F(z)G'(z)$$

$$- k \left( \frac{1}{2} + k \right) F^2(z)F'(z) = 0. \qquad (2.2.30)$$

对方程 (2.2.29) 进行积分并令积分常数为零, 则有

$$G(z) = \lambda F(z) - \frac{1}{2} \left( \frac{3}{2} + k \right) F^2(z).$$

将上式代入方程 (2.2.30) 中并化简, 可得

$$F'''(z) - 6F^2(z)F'(z) + 12\lambda F(z)F'(z) + 4(t - \lambda^2)F'(z) + 4 = 0.$$

情况 5: 在 $V_4 = t\dfrac{\partial}{\partial x} + \dfrac{\partial}{\partial u} - \left( \dfrac{1}{2} + k \right) u\dfrac{\partial}{\partial v}$ 下的特征方程为

$$\frac{\mathrm{d}t}{0} = \frac{\mathrm{d}x}{t} = \frac{\mathrm{d}u}{1} = \frac{\mathrm{d}v}{-(k + 1/2)\,u},$$

求解此特征方程, 得到不变解 $u = x/z + F(z)/z$, $v = -(k+1/2)u^2/2 + C_4$, 其中 $z = t$ 是不变量, $C_4$ 是常数. 将该不变解代入方程组 (2.2.19) 中, 可得 $F(z) = C_5$, $C_4 = 0$, 其中 $C_5$ 是常数. 因此, 广义 Kaup-Boussinesq 方程组 (2.2.19) 的精确解为

$$u(x,t) = \frac{x + C_5}{t}, \quad v(x,t) = -\frac{1}{2}\left(\frac{1}{2} + k\right)\frac{(x + C_5)^2}{t^2}.$$

### 2.2.5  非线性广义 Zakharov 方程组情形

非线性薛定谔方程组是一类重要的数学物理模型, 非线性广义 Zakharov 方程组就是其中的一种形式. 该方程组是一个耦合的非线性方程组, 具体形式如下

$$\begin{cases} W_{tt} - c^2 W_{xx} = \beta(|E|^2)_{xx}, \\ iE_t + \alpha E_{xx} - \delta_1 WE + \delta_2 E|E|^2 + \delta_3 E|E|^4 = 0, \end{cases} \tag{2.2.31}$$

其中 $i^2 = -1$, 参数 $\alpha, \beta, \delta_1, \delta_2, \delta_3, c$ 均为实数, 参数 $c$ 与离子声速成正比, 实值函数 $W(x,t)$ 表示离子密度在其平衡值附近的波动, $E(x,t)$ 是复值函数且表示高振荡电子场的慢变振幅.

**1. 方程组 (2.2.31) 的李群分析**

由于 $E(x,t)$ 是复值函数, 所以不妨设方程组 (2.2.31) 的精确解 $E(x,t)$ 为

$$E(x,t) = u(x,t) + iv(x,t), \tag{2.2.32}$$

其中 $u(x,t)$ 和 $v(x,t)$ 都是实值函数. 将式 (2.2.32) 代入方程组 (2.2.31) 中化简并整理, 并将实部和虚部分离, 可以得到如下方程组

$$\begin{aligned} &W_{tt} - c^2 W_{xx} = 2\beta(u_x^2 + uu_{xx} + vv_{xx} + v_x^2), \\ &u_t + \alpha v_{xx} - \delta_1 Wv + \delta_2 v(u^2 + v^2) + \delta_3 v(u^2 + v^2)_{xx}^2 = 0, \\ &-v_t + \alpha u_{xx} - \delta_1 Wu + \delta_2 u(u^2 + v^2) + \delta_3 u(u^2 + v^2)^2 = 0. \end{aligned} \tag{2.2.33}$$

假设方程组 (2.2.33) 接受如下单参数李变换群

$$\begin{aligned} t^* &= t + \varepsilon\tau(x,t,u,v,W) + O(\varepsilon^2), \\ x^* &= x + \varepsilon\xi(x,t,u,v,W) + O(\varepsilon^2), \\ u^* &= u + \varepsilon\eta_u^{(1)}(x,t,u,v,W) + O(\varepsilon^2), \\ v^* &= v + \varepsilon\eta_v^{(1)}(x,t,u,v,W) + O(\varepsilon^2), \\ W^* &= W + \varepsilon\eta_W^{(1)}(x,t,u,v,W) + O(\varepsilon^2). \end{aligned}$$

相应的无穷小生成元为

$$V = \tau\frac{\partial}{\partial t} + \xi\frac{\partial}{\partial x} + \eta_u^{(1)}\frac{\partial}{\partial u} + \eta_v^{(1)}\frac{\partial}{\partial v} + \eta_W^{(1)}\frac{\partial}{\partial W}.$$

接下来, 借助 Maple(参照附录 A.2) 求得方程组 (2.2.33) 的五个无穷小生成元为

$$V_1 = \frac{\partial}{\partial t}, \quad V_2 = \frac{\partial}{\partial x}, \quad V_3 = v\frac{\partial}{\partial u} - u\frac{\partial}{\partial v},$$

$$V_4 = tv\frac{\partial}{\partial u} - tu\frac{\partial}{\partial v} + \frac{1}{\delta_1}\frac{\partial}{\partial W},$$

$$V_5 = \frac{1}{2}t^2v\frac{\partial}{\partial u} - \frac{1}{2}t^2u\frac{\partial}{\partial v} + \frac{t}{\delta_1}\frac{\partial}{\partial W}.$$

**2. 方程组 (2.2.31) 的不变解和精确解**

本部分将利用所得到的无穷小生成元的组合来求解方程组 (2.2.31) 的不变解, 进而得到一些精确解.

假设无穷小生成元有如下组合

$$\lambda_1 V_1 + \lambda_2 V_2 + \lambda_3 V_3, \quad \lambda_1 V_1 + V_5, \quad \lambda_1 V_2 + V_4,$$

其中 $\lambda_1, \lambda_2, \lambda_3$ 是实常数.

情况 1: 在 $\lambda_1 V_1 + \lambda_2 V_2 + \lambda_3 V_3(\lambda_1 \neq 0, \lambda_2 \neq \pm c\lambda_1)$ 下, 由特征方程

$$\frac{\mathrm{d}x}{\lambda_2} = \frac{\mathrm{d}t}{\lambda_1} = \frac{\mathrm{d}u}{\lambda_3 v} = \frac{\mathrm{d}v}{-\lambda_3 u} = \frac{\mathrm{d}W}{0},$$

得到方程组 (2.2.31) 的不变解为

$$W(x,t) = G(\zeta), \quad E(x,t) = F_1(\zeta)\exp\left(\mathrm{i}\left(-\frac{\lambda_3}{\lambda_1}t + F_2(\zeta)\right)\right),$$

其中 $\zeta = \lambda_1 x - \lambda_2 t$ 是不变量, $F_1(\zeta)$, $F_2(\zeta)$ 和 $G(\zeta)$ 是新因变量. 将该不变解代入方程组 (2.2.31) 中, 方程组 (2.2.31) 被约化为如下常微分方程组

$$(\lambda_2^2 - c^2\lambda_1^2)G'' = 2\beta\lambda_1^2((F_1')^2 + F_1 F_1''), \tag{2.2.34}$$

$$-\lambda_2 F_1' + 2\alpha\lambda_1^2 F_1' F_2' + \alpha\lambda_1^2 F_1 F_2'' = 0, \tag{2.2.35}$$

$$\frac{\lambda_3}{\lambda_1}F_1 + \lambda_2 F_1 F_2' + \alpha\lambda_1^2 F_1'' - \alpha\lambda_1^2 F_1(F_2')^2$$
$$+ \left(\delta_2 - \frac{\delta_1\beta\lambda_1^2}{\lambda_2^2 - c^2\lambda_1^2}\right)F_1^3 + \delta_3 F_1^5 = 0. \tag{2.2.36}$$

求解方程 (2.2.34) 和方程 (2.2.35), 可得

$$G = \frac{\beta\lambda_1^2}{\lambda_2^2 - c^2\lambda_1^2}F_1^2, \tag{2.2.37}$$

$$F_2 = \int \frac{C_0 + \lambda_2 F_1^2}{2\alpha\lambda_1^2 F_1^2}\,\mathrm{d}\zeta, \tag{2.2.38}$$

其中 $C_0$ 是积分常数. 利用式 (2.2.37) 和式 (2.3.38), 可将方程 (2.2.36) 约化为

$$\alpha\lambda_1^2 F_1^3 F_1'' - \frac{C_0^2}{4\alpha\lambda_1^2} + \frac{4\alpha\lambda_1\lambda_3 + \lambda_2^2}{4\alpha\lambda_1^2}F_1^4$$
$$+ \left(\delta_2 - \frac{\delta_1\beta\lambda_1^2}{\lambda_2^2 - c^2\lambda_1^2}\right)F_1^6 + \delta_3 F_1^8 = 0. \tag{2.2.39}$$

当 $C_0 = 0$ 时, 式 (2.2.38) 可以写成 $F_2 = \lambda_2\zeta/(2\alpha\lambda_1^2)$. 于是, 方程 (2.2.39) 可简化为

$$\alpha\lambda_1^2 F_1'' + \frac{4\alpha\lambda_1\lambda_3 + \lambda_2^2}{4\alpha\lambda_1^2}F_1 + \left(\delta_2 - \frac{\delta_1\beta\lambda_1^2}{\lambda_2^2 - c^2\lambda_1^2}\right)F_1^3 + \delta_3 F_1^5 = 0.$$

将上述方程两边同乘 $F'$, 并对其积分得到

$$(F_1')^2 = C_1 + P F_1^2 + \frac{Q}{2}F_1^4 + \frac{S}{3}F_1^6, \tag{2.2.40}$$

其中 $C_1$ 是积分常数, 并且

$$P = -\frac{4\alpha\lambda_1\lambda_3 + \lambda_2^2}{4\alpha^2\lambda_1^4}, \quad Q = \frac{1}{\alpha\lambda_1^2}\left(\frac{\delta_1\beta\lambda_1^2}{\lambda_2^2 - c^2\lambda_1^2} - \delta_2\right), \quad S = -\frac{\delta_3}{\alpha\lambda_1^2}.$$

当 (2.2.40) 中的积分常数 $C_1 = 0$ 时, 可以得到非线性广义 Zakharov 方程组 (2.2.31) 的一些新的精确解. 具体如下.

(1) 当 $P > 0$, $M = 9Q^2 - 48PS > 0$ 时, 则有

$$W_1(x,t) = \frac{12\beta\lambda_1^2 P}{(\lambda_2^2 - c^2\lambda_1^2)(\varepsilon\sqrt{M}\cosh(2\sqrt{P}\zeta) - 3Q)},$$
$$E_1(x,t) = 2\sqrt{\frac{3P}{\varepsilon\sqrt{M}\cosh(2\sqrt{P}\zeta) - 3Q}}\exp\left(\mathrm{i}\left(-\frac{\lambda_3}{\lambda_1}t + \frac{\lambda_2}{2\alpha\lambda_1^2}\zeta\right)\right),$$
$$W_2(x,t) = \frac{12\beta\lambda_1^2(P\varepsilon\operatorname{sech}(2\sqrt{P}\zeta))}{(\lambda_2^2 - c^2\lambda_1^2)(\sqrt{M} - 3Q\varepsilon\operatorname{sech}(2\sqrt{P}\zeta))},$$
$$E_2(x,t) = 2\sqrt{\frac{3P\varepsilon\operatorname{sech}(2\sqrt{P}\zeta)}{\sqrt{M} - 3Q\varepsilon\operatorname{sech}(2\sqrt{P}\zeta)}}\exp\left(\mathrm{i}\left(-\frac{\lambda_3}{\lambda_1}t + \frac{\lambda_2}{2\alpha\lambda_1^2}\zeta\right)\right),$$

其中 $\zeta = \lambda_1 x - \lambda_2 t$, $\varepsilon = \pm 1$. 若同时还有 $Q < 0$, $S < 0$, 则有

$$W_3(x,t) = \frac{12\beta\lambda_1^2(P\,\mathrm{sech}^2(\varepsilon\sqrt{P}\zeta))}{(\lambda_2^2 - c^2\lambda_1^2)(2\sqrt{M} - (\sqrt{M} + 3Q)\mathrm{sech}^2(\varepsilon\sqrt{P}\zeta))},$$

$$E_3(x,t) = 2\sqrt{\frac{3P\,\mathrm{sech}^2(\varepsilon\sqrt{P}\zeta)}{2\sqrt{M} - (\sqrt{M} + 3Q)\mathrm{sech}^2(\varepsilon\sqrt{P}\zeta)}}\,\exp\left(\mathrm{i}\left(-\frac{\lambda_3}{\lambda_1}t + \frac{\lambda_2}{2\alpha\lambda_1^2}\zeta\right)\right),$$

$$W_4(x,t) = \frac{12\beta\lambda_1^2(P\,\mathrm{csch}^2(\varepsilon\sqrt{P}\zeta))}{(\lambda_2^2 - c^2\lambda_1^2)(2\sqrt{M} + (\sqrt{M} - 3Q)\mathrm{csch}^2(\varepsilon\sqrt{P}\zeta))},$$

$$E_4(x,t) = 2\sqrt{\frac{3P\,\mathrm{csch}^2(\varepsilon\sqrt{P}\zeta)}{2\sqrt{M} + (\sqrt{M} - 3Q)\mathrm{csch}^2(\varepsilon\sqrt{P}\zeta)}}\,\exp\left(\mathrm{i}\left(-\frac{\lambda_3}{\lambda_1}t + \frac{\lambda_2}{2\alpha\lambda_1^2}\zeta\right)\right),$$

其中 $\zeta = \lambda_1 x - \lambda_2 t$, $\varepsilon = \pm 1$.

(2) 当 $P > 0$, $M = 9Q^2 - 48PS < 0$ 时, 则有

$$W_5(x,t) = \frac{12P\beta\lambda_1^2}{(\lambda_2^2 - c^2\lambda_1^2)(\varepsilon\sqrt{-M}\,\sinh(\varepsilon\sqrt{P}\zeta) - 3Q)},$$

$$E_5(x,t) = 2\sqrt{\frac{3P}{\varepsilon\sqrt{-M}\,\sinh(\varepsilon\sqrt{P}\zeta) - 3Q}}\,\exp\left(\mathrm{i}\left(-\frac{\lambda_3}{\lambda_1}t + \frac{\lambda_2}{2\alpha\lambda_1^2}\zeta\right)\right),$$

其中 $\zeta = \lambda_1 x - \lambda_2 t$, $\varepsilon = \pm 1$.

(3) 当 $P < 0$, $S > 0$ 时, 则有

$$W_6(x,t) = \frac{-6\beta\lambda_1^2(P\sec^2(\sqrt{-P}\zeta))}{(\lambda_2^2 - c^2\lambda_1^2)(3Q + 4\varepsilon\sqrt{-3PS}\,\tan(\sqrt{-P}\zeta))},$$

$$E_6(x,t) = \sqrt{\frac{-6P\sec^2(\sqrt{-P}\zeta)}{3Q + 4\varepsilon\sqrt{-3PS}\,\tan(\sqrt{-P}\zeta)}}\,\exp\left(\mathrm{i}\left(-\frac{\lambda_3}{\lambda_1}t + \frac{\lambda_2}{2\alpha\lambda_1^2}\zeta\right)\right),$$

$$W_7(x,t) = \frac{-6\beta\lambda_1^2(P\csc^2(\sqrt{-P}\zeta))}{(\lambda_2^2 - c^2\lambda_1^2)(3Q + 4\varepsilon\sqrt{-3PS}\,\cot(\sqrt{-P}\zeta))},$$

$$E_7(x,t) = \sqrt{\frac{-6P\csc^2(\sqrt{-P}\zeta)}{3Q + 4\varepsilon\sqrt{-3PS}\,\cot(\sqrt{-P}\zeta)}}\,\exp\left(\mathrm{i}\left(-\frac{\lambda_3}{\lambda_1}t + \frac{\lambda_2}{2\alpha\lambda_1^2}\zeta\right)\right),$$

其中 $\zeta = \lambda_1 x - \lambda_2 t$, $\mathrm{i}^2 = -1$, $\varepsilon = \pm 1$.

(4) 当 $P < 0$, $M = 9Q^2 - 48PS > 0$ 时, 则有

$$W_8(x,t) = \frac{12P\beta\lambda_1^2}{(\lambda_2^2 - c^2\lambda_1^2)(\varepsilon\sqrt{M}\,\cos(2\sqrt{-P}\zeta) - 3Q)},$$

$$E_8(x,t) = 2\sqrt{\frac{3P}{\varepsilon\sqrt{M}\,\cos(2\sqrt{-P}\zeta) - 3Q}}\,\exp\left(\mathrm{i}\left(-\frac{\lambda_3}{\lambda_1}t + \frac{\lambda_2}{2\alpha\lambda_1^2}\zeta\right)\right),$$

$$W_9(x,t) = \frac{12P\beta\lambda_1^2}{(\lambda_2^2 - c^2\lambda_1^2)(\varepsilon\sqrt{M}\sin(\varepsilon\sqrt{-P}\zeta) - 3Q)},$$

$$E_9(x,t) = 2\sqrt{\frac{3P}{\varepsilon\sqrt{M}\sin(\varepsilon\sqrt{-P}\zeta) - 3Q}}\exp\left(\mathrm{i}\left(-\frac{\lambda_3}{\lambda_1}t + \frac{\lambda_2}{2\alpha\lambda_1^2}\zeta\right)\right),$$

$$W_{10}(x,t) = \frac{12\beta\lambda_1^2(P\sec(2\sqrt{-P}\zeta))}{(\lambda_2^2 - c^2\lambda_1^2)(\sqrt{M} - 3\varepsilon Q\sec(2\sqrt{-P}\zeta))},$$

$$E_{10}(x,t) = 2\sqrt{\frac{3\varepsilon P\sec(2\sqrt{-P}\zeta)}{\sqrt{M} - 3\varepsilon Q\sec(2\sqrt{-P}\zeta)}}\exp\left(\mathrm{i}\left(-\frac{\lambda_3}{\lambda_1}t + \frac{\lambda_2}{2\alpha\lambda_1^2}\zeta\right)\right),$$

$$W_{11}(x,t) = \frac{12\beta\lambda_1^2(\varepsilon P\csc(2\sqrt{-P}\zeta))}{(\lambda_2^2 - c^2\lambda_1^2)(\sqrt{M} - 3\varepsilon Q\csc(2\sqrt{-P}\zeta))},$$

$$E_{11}(x,t) = 2\sqrt{\frac{3\varepsilon P\csc(2\sqrt{-P}\zeta)}{\sqrt{M} - 3\varepsilon Q\csc(2\sqrt{-P}\zeta)}}\exp\left(\mathrm{i}\left(-\frac{\lambda_3}{\lambda_1}t + \frac{\lambda_2}{2\alpha\lambda_1^2}\zeta\right)\right),$$

其中 $\zeta = \lambda_1 x - \lambda_2 t$, $\varepsilon = \pm 1$. 若同时还有 $Q > 0$, $S < 0$, 则有

$$W_{12}(x,t) = \frac{-12\beta\lambda_1^2(P\sec^2(\varepsilon\sqrt{-P}\zeta))}{(\lambda_2^2 - c^2\lambda_1^2)(2\sqrt{M} - (\sqrt{M} - 3Q)\sec^2(\varepsilon\sqrt{-P}\zeta))},$$

$$E_{12}(x,t) = 2\sqrt{\frac{-3P\sec^2(\varepsilon\sqrt{-P}\zeta)}{2\sqrt{M} - (\sqrt{M} - 3Q)\sec^2(\varepsilon\sqrt{-P}\zeta)}}\exp\left(\mathrm{i}\left(-\frac{\lambda_3}{\lambda_1}t + \frac{\lambda_2}{2\alpha\lambda_1^2}\zeta\right)\right),$$

$$W_{13}(x,t) = \frac{-12\beta\lambda_1^2(P\csc^2(\varepsilon\sqrt{-P}\zeta))}{(\lambda_2^2 - c^2\lambda_1^2)(2\sqrt{M} - (\sqrt{M} + 3Q)\csc^2(\sqrt{-P}\zeta))},$$

$$E_{13}(x,t) = 2\sqrt{\frac{3P\csc^2(\sqrt{-P}\zeta)}{2\sqrt{M} - (\sqrt{M} + 3Q)\csc^2(\varepsilon\sqrt{-P}\zeta)}}\exp\left(\mathrm{i}\left(-\frac{\lambda_3}{\lambda_1}t + \frac{\lambda_2}{2\alpha\lambda_1^2}\zeta\right)\right),$$

其中 $\zeta = \lambda_1 x - \lambda_2 t$, $\varepsilon = \pm 1$.

情况 2: 在 $\lambda_1 V_1 + V_5(\lambda_1 \neq 0)$ 下, 由特征方程

$$\frac{\mathrm{d}x}{0} = \frac{\mathrm{d}t}{\lambda_1} = \frac{\mathrm{d}u}{t^2 v/2} = \frac{\mathrm{d}v}{-t^2 u/2} = \frac{\mathrm{d}W}{t/\delta_1},$$

得到方程组 (2.2.31) 的不变解为

$$W(x,t) = \frac{t^2}{2\lambda_1\delta_1} + G(\zeta), \ E(x,t) = F_1(\zeta)\exp\left(\mathrm{i}\left(-\frac{t^3}{6\lambda_1} + F_2(\zeta)\right)\right),$$

其中 $\zeta = x$ 是不变量, $F_1(\zeta)$, $F_2(\zeta)$ 和 $G(\zeta)$ 是新因变量. 将该不变解代入方程组 (2.2.31) 中, 得到

$$\frac{\zeta^2}{\lambda_1\delta_1} + 2c^2 G(\zeta) - \beta F_1^2 = 0, \ F_2 = \int \frac{C_2}{F_1^2}\mathrm{d}\zeta,$$

$$\alpha F_1'' - \alpha(C_2)^2 F_1^{-3} + \left(\delta_2 - \frac{\delta_1 \beta}{2c^2}\right) F_1^3 + \frac{x^2}{2\lambda_1 c^2} F_1 + \delta_3 F_1^5 = 0,$$

其中 $C_2$ 是积分常数.

情况 3: 在 $\lambda_1 V_2 + V_4 (\lambda_1 \neq 0)$ 下, 由特征方程

$$\frac{\mathrm{d}x}{\lambda_2} = \frac{\mathrm{d}t}{0} = \frac{\mathrm{d}u}{tv} = \frac{\mathrm{d}v}{-tu} = \frac{\mathrm{d}W}{1/\delta_1},$$

得到方程组 (2.2.31) 的不变解为

$$W(x,t) = \frac{x}{\lambda_1 \delta_1} + G(\varsigma), \ E(x,t) = F_1(\varsigma) \exp\left(\mathrm{i}\left(-\frac{tx}{\lambda_1} + F_2(\varsigma)\right)\right),$$

其中 $\varsigma = t$ 是不变量, $F_1(\varsigma)$, $F_2(\varsigma)$ 和 $G(\varsigma)$ 是新因变量. 将该不变解代入方程组 (2.2.31) 中, 得到

$$G(t) = C_4 t + C_5, \ F_1(t) = C_3 \exp\left(\frac{\alpha t^2}{2\lambda_1}\right),$$

$$F_2(t) = \int (\delta_2 F_1^2 + \delta_3 F_1^4)\mathrm{d}t - \frac{C_4 \delta_1}{2} t^2 - \delta_1 C_5 t, \tag{2.2.41}$$

其中 $C_3, C_4, C_5$ 是积分常数. 于是, 方程组 (2.2.31) 的精确解为

$$W(x,t) = \frac{x}{\lambda_1 \delta_1} + C_4 t + C_5, \quad E(x,t) = C_3 \exp\left(\frac{\alpha t^2}{2\lambda_1} + \mathrm{i}\left(-\frac{tx}{6\lambda_1} + F_2(\varsigma)\right)\right),$$

其中 $F_2$ 满足方程 (2.2.41).

# 第 3 章　分数阶微分方程的李群理论

分数阶微分方程是整数阶微分方程的推广, 在物理、化学和生物等领域有着广泛的应用, 如非牛顿流体、环境力学中的反常扩散以及分数阶系统辨识等. 由前一章的内容可知, 李群方法在求解整数阶微分方程精确解方面非常有效. 这一章将介绍分数阶微分方程的李群理论[23,36,45,74,75], 并给出几类特殊分数阶微分方程的李群分析过程[38,44,57,74,75].

## 3.1　Riemann-Liouville 分数阶导数的基本概念

为方便阅读本章内容, 下面首先回顾一下与分数阶导数有关的基本知识, 见文献 [2, 6, 21, 23, 27, 45].

### 3.1.1　特殊函数

本部分介绍几类特殊函数.

**定义 3.1.1**　Gamma 函数 $\Gamma(z)$ 定义为

$$\Gamma(z) = \int_0^\infty e^{-t} t^{z-1} dt, \quad \mathrm{Re}(z) > 0.$$

$\Gamma(z)$ 是分数阶微积分的基本函数, 上式右边称为第二类 Euler 积分. Gamma 函数 $\Gamma(z)$ 具有下列性质:

(1) $\Gamma(z+1) = z\Gamma(z)$;

(2) $\Gamma(z+n) = (z+n-1)(z+n-2)\cdots(z+1)z\Gamma(z)$, 其中 $n$ 为正整数;

(3) $\Gamma(z) = \lim\limits_{n \to +\infty} \dfrac{n! n^z}{z(z+1)\cdots(z+n)}$;

(4) 当 $0 < \mathrm{Re}(z) < 1$ 时, 有 $\Gamma(z)\Gamma(1-z) = \pi/\sin(\pi z)$, 故有 $\Gamma(1/2) = \sqrt{\pi}$;

(5) 当 $n$ 为自然数时, 有 $\Gamma(n+1) = n!$.

**定义 3.1.2**　单参数 Mittag-Leffler 函数 $E_\mu(z)$ 定义为

$$E_\mu(z) = \sum_{j=0}^{+\infty} \frac{z^j}{\Gamma(j\mu+1)}, \quad \mu > 0, \ z \in \mathbf{C}.$$

当 $\mu = 1$ 时, 有 $E_1(z) = \sum\limits_{j=0}^{+\infty} z^j/\Gamma(j+1) = \sum\limits_{j=0}^{+\infty} z^j/j! = e^z$.

**定义 3.1.3**　双参数 Mittag-Leffler 函数 $E_{\mu,\sigma}(z)$ 定义为

$$E_{\mu,\sigma}(z) = \sum_{j=0}^{+\infty} \frac{z^j}{\Gamma(j\mu+\sigma)}, \quad \mu,\sigma>0, \ z\in\mathbf{C}.$$

当 $\sigma=1$ 时, 有 $E_{\mu,1}(z)=E_\mu(z)$; 当 $\mu=\sigma=1$ 时, 有 $E_{1,1}(z)=\mathrm{e}^z$.

### 3.1.2　Riemann-Liouville 分数阶导数的定义和性质

分数阶导数有多种定义形式, Riemann-Liouville 分数阶导数是其中之一, 并有 Riemann-Liouville 左、右分数阶导数之分, 除特别声明外, 在本书中使用 Riemann-Liouville 左分数阶导数.

**定义 3.1.4**　设函数 $f(x)$ 在 $[0,+\infty)$ 的任意有限子区间上可积. 对任意 $x>0$, 函数 $f(x)$ 的 $\alpha(\alpha>0)$ 阶 Riemann-Liouville 左分数阶积分定义为

$$_0D_x^{-\alpha}f(x) = \frac{1}{\Gamma(\alpha)}\int_0^x (x-s)^{\alpha-1}f(s)\mathrm{d}s. \tag{3.1.1}$$

**注 3.1.1**　式 (3.1.1) 中的 Riemann-Liouville 左分数阶积分 $_0D_x^{-\alpha}f(x)$ 可以记作 $D_x^{-\alpha}f(x)$, 也可以记作 $I_x^\alpha f(x)$.

**定义 3.1.5**　设函数 $f(x)$ 在 $[0,+\infty)$ 的任意有限子区间上可积. 对任意 $x>0$, 函数 $f(x)$ 的 $\alpha$ 阶 Riemann-Liouville 左分数阶导数定义为

$$_0D_x^\alpha f(x) = \frac{1}{\Gamma(n-\alpha)}\frac{\mathrm{d}^n}{\mathrm{d}x^n}\int_0^x (x-s)^{n-\alpha-1}f(s)\mathrm{d}s, \quad 0\leqslant n-1<\alpha<n,\ n\in\mathbf{N}. \tag{3.1.2}$$

**注 3.1.2**　式 (3.1.2) 中的 Riemann-Liouville 左分数阶导数 $_0D_x^\alpha f(x)$ 可以记作 $D_x^\alpha f(x)$, 且 $_0D_x^0 f(x)=f(x)$.

下面给出 Riemann-Liouville 左分数阶导数的一些性质:

(1) 线性性质: 设函数 $f(x)$ 和 $g(x)$ 具有 $\alpha$ 阶 Riemann-Liouville 左分数阶导数, 则有 $D_x^\alpha(af(x)+bg(x))=aD_x^\alpha f(x)+bD_x^\alpha g(x)$, $a,b\in\mathbf{R}$.

(2) 广义 Leibniz 公式: 设 $f(x)$ 和 $g(x)$ 是区间 $(0,+\infty)$ 上的解析函数, 则有

$$D_x^\alpha(f(x)g(x)) = \sum_{n=0}^{+\infty}\binom{\alpha}{n}D_x^{\alpha-n}f(x)D_x^n g(x), \quad \alpha>0, \tag{3.1.3}$$

其中

$$\binom{\alpha}{n} = \frac{(-1)^{n-1}\alpha\Gamma(n-\alpha)}{\Gamma(1-\alpha)\Gamma(n+1)}.$$

若 $f(x)=1, g(x)=y$, 则有

$$D_x^\alpha y(x) = \sum_{n=0}^{+\infty}\binom{\alpha}{n}\frac{x^{n-\alpha}y^{(n)}(x)}{\Gamma(n-\alpha+1)}. \tag{3.1.4}$$

(3) 广义链式法则: 设函数 $u(x) = f(g(x))$ 具有 $m$ 阶导数, 则有

$$\frac{\mathrm{d}^m(f(g(x)))}{\mathrm{d}x^m} = \sum_{k=0}^m \sum_{r=0}^k \binom{k}{r} \frac{1}{k!}(-g(x))^r \frac{\mathrm{d}^m}{\mathrm{d}t^m}(g(x))^{k-r} \frac{\mathrm{d}^k f(g)}{\mathrm{d}g^k}. \tag{3.1.5}$$

特别地, 由 Riemann-Liouville 左分数阶导数的定义, 可得

$$D_x^\alpha x^\lambda = \frac{\Gamma(\lambda+1)}{\Gamma(\lambda-\alpha+1)} x^{\lambda-\alpha}, \quad \lambda-\alpha+1 > 0, \quad D_x^\alpha C = \frac{x^{-\alpha}}{\Gamma(1-\alpha)}.$$

**定义 3.1.6** 函数 $u = u(t,x)$ 的 $\alpha$ 阶 Riemann-Liouville 左分数阶偏导数定义为

$$D_t^\alpha(u(t,x)) = \begin{cases} \dfrac{\partial^n u}{\partial t^n}, & \alpha = n \in \mathbf{N}, \\ \dfrac{1}{\Gamma(n-\alpha)} \dfrac{\partial^n}{\partial t^n} \displaystyle\int_0^t \frac{u(s,x)}{(t-s)^{\alpha+1-n}}\mathrm{d}s, & 0 \leqslant n-1 < \alpha < n, \ n \in \mathbf{N}. \end{cases} \tag{3.1.6}$$

**注 3.1.3** 若 $f(t) = 1$, $g(t) = \psi(x,t)$, 根据广义 Leibniz 公式, 则有

$$D_t^\alpha(\psi(x,t)) = \sum_{n=0}^{+\infty} \binom{\alpha}{n} \frac{t^{n-\alpha}}{\Gamma(n-\alpha+1)} \frac{\partial^n \psi}{\partial t^n}.$$

**注 3.1.4** 在式 (3.1.6) 中, $D_t^\alpha(u(t,x))$ 也可以记作 $\dfrac{\partial^\alpha u}{\partial t^\alpha}$ 或 $\partial_t^\alpha u$.

## 3.2 几类分数阶微分方程的不变性准则

本节将运用李群方法分别讨论分数阶常微分方程、时间分数阶偏微分方程和时间分数阶偏微分方程组的不变性准则.

### 3.2.1 分数阶常微分方程情形

考虑如下分数阶常微分方程

$$D_x^\alpha y = f(x,y), \tag{3.2.1}$$

其中 $y = y(x)$.

假设方程 (3.2.1) 接受如下单参数李变换群

$$\begin{aligned} x^* &= \varphi(x,y;\varepsilon) = x + \varepsilon\xi(x,y) + O(\varepsilon^2), \\ y^* &= \psi(x,y;\varepsilon) = y + \varepsilon\eta(x,y) + O(\varepsilon^2). \end{aligned} \tag{3.2.2}$$

相应的无穷小生成元为

$$V = \xi(x,y)\frac{\partial}{\partial x} + \eta(x,y)\frac{\partial}{\partial y}.$$

根据李群理论可知, 单参数李变换群 (3.2.2) 也要使得分数阶导数 (3.1.2) 保持不变. 由于分数阶导数 (3.1.2) 的积分下限为零, 所以要使得 $x = 0$ 在单参数李变换群 (3.2.2) 下保持不变, 则有 $\xi(x, y)|_{x=0} = 0$.

由于方程 (3.2.1) 含有分数阶导数 $D_x^\alpha y$, 所以需要考虑延拓的单参数李变换群, 即

$$D_{x^*}^\alpha y^* = D_x^\alpha y + \varepsilon \eta_\alpha^0 + O(\varepsilon^2),$$

其中 $\eta_\alpha^0 = \left( \dfrac{\mathrm{d}}{\mathrm{d}\varepsilon} D_{x^*}^\alpha y^* \right) \Big|_{\varepsilon=0}$. 由广义 Leibniz 公式 (3.1.4) 可知

$$D_{x^*}^\alpha y^* = \sum_{n=0}^{+\infty} \binom{\alpha}{n} \frac{(x^*)^{n-\alpha}}{\Gamma(n-\alpha+1)} y^{*(n)}(x^*).$$

假设 $y$ 关于 $x$ 的 $n$ 阶导数的延拓为 $y^{*(n)}(x^*) = y^{(n)} + \varepsilon \eta^{(n)} + O(\varepsilon^2)$, 其中 $\eta^{(n)}$ 为 $n$ 阶延拓的无穷小. 于是有

$$\begin{aligned}
\eta_\alpha^0 &= \left( \frac{\mathrm{d}}{\mathrm{d}\varepsilon} D_{x^*}^\alpha y^* \right) \Big|_{\varepsilon=0} = \left( \frac{\mathrm{d}}{\mathrm{d}\varepsilon} \left( \sum_{n=0}^{+\infty} \binom{\alpha}{n} \frac{(x^*)^{n-\alpha}}{\Gamma(n-\alpha+1)} y^{*(n)}(x^*) \right) \right) \Big|_{\varepsilon=0} \\
&= \sum_{n=0}^{+\infty} \binom{\alpha}{n} \left( \frac{\mathrm{d}}{\mathrm{d}\varepsilon} \left( \frac{(x+\varepsilon\xi+O(\varepsilon^2))^{n-\alpha}}{\Gamma(n-\alpha+1)} (y^{(n)} + \varepsilon\eta^{(n)} + O(\varepsilon^2)) \right) \right) \Big|_{\varepsilon=0} \\
&= \sum_{n=0}^{+\infty} \binom{\alpha}{n} \frac{(n-\alpha)x^{n-\alpha-1}\xi y^{(n)} + x^{n-\alpha}\eta^{(n)}}{\Gamma(n-\alpha+1)}.
\end{aligned}$$

根据文献 [25] 可知, $\eta^{(n)}$ 的表达式为 $\eta^{(n)} = D_x^n(\eta - \xi y') + \xi y^{(n+1)}$, 进一步可将上式写成

$$\begin{aligned}
\eta_\alpha^0 &= \sum_{n=0}^{+\infty} \binom{\alpha}{n} \frac{(n-\alpha)x^{n-\alpha-1}\xi y^{(n)}}{\Gamma(n-\alpha+1)} + \sum_{n=0}^{+\infty} \binom{\alpha}{n} \frac{x^{n-\alpha}(D_x^n(\eta - \xi y') + \xi y^{(n+1)})}{\Gamma(n-\alpha+1)} \\
&= \sum_{n=0}^{+\infty} \binom{\alpha}{n} \frac{x^{n-\alpha} D_x^n(\eta - \xi y')}{\Gamma(n-\alpha+1)} + \sum_{n=0}^{+\infty} \binom{\alpha}{n} \frac{\xi y^{(n+1)} x^{n-\alpha}}{\Gamma(n-\alpha+1)} \\
&\quad + \sum_{n=0}^{+\infty} \binom{\alpha}{n} \frac{(n-\alpha)x^{n-\alpha-1}\xi y^{(n)}}{\Gamma(n-\alpha+1)} \\
&= D_x^\alpha(\eta - \xi y') + \sum_{n=1}^{+\infty} \binom{\alpha}{n-1} \frac{x^{n-\alpha-1}\xi y^{(n)}}{\Gamma(n-\alpha)} \\
&\quad + \sum_{n=1}^{+\infty} \binom{\alpha}{n} \frac{(n-\alpha)x^{n-\alpha-1}\xi y^{(n)}}{\Gamma(n-\alpha+1)} - \frac{\alpha x^{-1-\alpha}\xi y}{\Gamma(1-\alpha)}.
\end{aligned}$$

利用组合数关系 $\begin{pmatrix} \alpha \\ n-1 \end{pmatrix} + \begin{pmatrix} \alpha \\ n \end{pmatrix} = \begin{pmatrix} \alpha+1 \\ n \end{pmatrix}$, 上式可化简为

$$\eta_\alpha^0 = D_x^\alpha(\eta - \xi y') + \sum_{n=0}^{+\infty} \begin{pmatrix} \alpha+1 \\ n \end{pmatrix} \frac{x^{n-\alpha-1}\xi y^{(n)}}{\Gamma(n-\alpha)}$$

$$= D_x^\alpha\eta + D_x^\alpha(yD_x(\xi)) + \xi D_x^{\alpha+1}y - D_x^{\alpha+1}(\xi y).$$

再次利用广义 Leibniz 公式 (3.1.3), 则有

$$\eta_\alpha^0 = D_x^\alpha\eta + \sum_{n=0}^{+\infty} \begin{pmatrix} \alpha \\ n \end{pmatrix} D_x^{\alpha-n}yD_x^{n+1}\xi + \xi D_x^{\alpha+1}y - \sum_{n=0}^{+\infty} \begin{pmatrix} \alpha+1 \\ n \end{pmatrix} D_x^{\alpha+1-n}yD_x^n\xi$$

$$= D_x^\alpha\eta + \sum_{n=0}^{+\infty} \begin{pmatrix} \alpha \\ n \end{pmatrix} D_x^{\alpha-n}yD_x^{n+1}\xi + \xi D_x^{\alpha+1}y - \sum_{n=-1}^{+\infty} \begin{pmatrix} \alpha+1 \\ n+1 \end{pmatrix} D_x^{\alpha-n}yD_x^{n+1}\xi$$

$$= D_x^\alpha\eta + \sum_{n=1}^{+\infty} \begin{pmatrix} \alpha \\ n \end{pmatrix} D_x^{\alpha-n}yD_x^{n+1}\xi + \xi D_x^{\alpha+1}y + \begin{pmatrix} \alpha \\ 0 \end{pmatrix} D_x^\alpha yD_x(\xi)$$

$$- \sum_{n=1}^{+\infty} \begin{pmatrix} \alpha+1 \\ n+1 \end{pmatrix} D_x^{\alpha-n}yD_x^{n+1}\xi - \begin{pmatrix} \alpha+1 \\ 0 \end{pmatrix} \xi D_x^{\alpha+1}y - \begin{pmatrix} \alpha+1 \\ 1 \end{pmatrix} D_x^\alpha yD_x(\xi)$$

$$= D_x^\alpha\eta - \alpha D_x^\alpha yD_x(\xi) + \sum_{n=1}^{+\infty} \left( \begin{pmatrix} \alpha \\ n \end{pmatrix} - \begin{pmatrix} \alpha+1 \\ n+1 \end{pmatrix} \right) D_x^{\alpha-n}yD_x^{n+1}\xi.$$

进一步, 由广义链式法则 (3.1.5) 可得

$$D_x^\alpha\eta = \frac{\partial^\alpha\eta}{\partial x^\alpha} + \frac{\partial^\alpha(y\eta_y)}{\partial x^\alpha} - y\frac{\partial^\alpha(\eta_y)}{\partial x^\alpha} + \mu,$$

其中

$$\mu = \sum_{n=2}^{+\infty}\sum_{m=2}^{n}\sum_{k=2}^{m}\sum_{r=0}^{k-1} \begin{pmatrix} \alpha \\ n \end{pmatrix} \begin{pmatrix} n \\ m \end{pmatrix} \begin{pmatrix} k \\ r \end{pmatrix} \frac{1}{k!} \frac{x^{n-\alpha}}{\Gamma(n+1-\alpha)} (-y)^r \frac{\mathrm{d}^m}{\mathrm{d}x^m} y^{k-r} \frac{\partial^{n-m+k}\eta(x,y)}{\partial x^{n-m}\partial y^k}.$$

上述 $D_x^\alpha\eta$ 的具体推导过程可参见附录 D. 于是有

$$\eta_\alpha^0 = \frac{\partial^\alpha\eta}{\partial x^\alpha} + \frac{\partial^\alpha(y\eta_y)}{\partial x^\alpha} - y\frac{\partial^\alpha(\eta_y)}{\partial x^\alpha} + \mu - \alpha D_x^\alpha yD_x(\xi)$$

$$+ \sum_{n=1}^{+\infty} \left( \begin{pmatrix} \alpha \\ n \end{pmatrix} - \begin{pmatrix} \alpha+1 \\ n+1 \end{pmatrix} \right) D_x^{\alpha-n}yD_x^{n+1}\xi$$

$$= \frac{\partial^\alpha\eta}{\partial x^\alpha} + \frac{\partial^\alpha(y\eta_y)}{\partial x^\alpha} - y\frac{\partial^\alpha(\eta_y)}{\partial x^\alpha} + \mu - \alpha D_x^\alpha y(\xi_x + \xi_y y')$$

$$+ \left( \binom{\alpha}{1} - \binom{\alpha+1}{2} \right) D_x^{\alpha-1} y D_x^2 \xi + \sum_{n=2}^{+\infty} \left( \binom{\alpha}{n} - \binom{\alpha+1}{n+1} \right)$$

$$\times D_x^{\alpha-n} y \left( \frac{\partial^{n+1}\xi}{\partial x^{n+1}} + \binom{n+1}{m} y^{(m)} \frac{\partial^{n-m+1}\xi_y}{\partial x^{n-m+1}} + \nu_n \right)$$

$$= \frac{\partial^\alpha \eta}{\partial x^\alpha} + \sum_{n=0}^{+\infty} \binom{\alpha}{n} D_x^{\alpha-n} y D_x^n (\eta_y) - y \frac{\partial^\alpha(\eta_y)}{\partial x^\alpha}$$

$$+ \mu - \alpha \xi_x D_x^\alpha y - \alpha \xi_y y' D_x^\alpha y - \frac{\alpha(\alpha-1)}{2} D_x^{\alpha-1} y D_x(\xi_x + \xi_y y')$$

$$+ \sum_{n=2}^{+\infty} \left( \binom{\alpha}{n} - \binom{\alpha+1}{n+1} \right)$$

$$\times D_x^{\alpha-n} y \left( \frac{\partial^{n+1}\xi}{\partial x^{n+1}} + \sum_{m=1}^{n+1} \binom{n+1}{m} y^{(m)} \frac{\partial^{n-m+1}\xi_y}{\partial x^{n-m+1}} + \nu_n \right)$$

$$= \frac{\partial^\alpha \eta}{\partial x^\alpha} - y \frac{\partial^\alpha(\eta_y)}{\partial x^\alpha} + \eta_y D_x^\alpha y + \alpha D_x^{\alpha-1} y D_x(\eta_y) + \sum_{n=2}^{+\infty} \binom{\alpha}{n} D_x^{\alpha-n} y D_x^n(\eta_y) + \mu$$

$$- \alpha \xi_x D_x^\alpha y - \alpha y' \xi_y D_x^\alpha y - \frac{\alpha(\alpha-1)}{2} (\xi_{yy}(y')^2 + 2\xi_{xy} y' + y'' \xi_y + \xi_{xx}) D_x^{\alpha-1} y$$

$$+ \sum_{n=2}^{+\infty} \left( \binom{\alpha}{n} - \binom{\alpha+1}{n+1} \right)$$

$$\times D_x^{\alpha-n} y \left( \frac{\partial^{n+1}\xi}{\partial x^{n+1}} + \sum_{m=1}^{n+1} \binom{n+1}{m} y^{(m)} \frac{\partial^{n-m+1}\xi_y}{\partial x^{n-m+1}} + \nu_n \right),$$

即有

$$\eta_\alpha^0 = \frac{\partial^\alpha \eta}{\partial x^\alpha} - y \frac{\partial^\alpha(\eta_y)}{\partial x^\alpha} + (\eta_y - \alpha \xi_x) D_x^\alpha y$$

$$+ \alpha(\eta_{xy} + y' \eta_{yy}) D_x^{\alpha-1} y + \sum_{n=2}^{+\infty} \binom{\alpha}{n} D_x^{\alpha-n} y D_x^n(\eta_y)$$

$$- \alpha y' \xi_y D_x^\alpha y - \frac{\alpha(\alpha-1)}{2} (\xi_{yy}(y')^2 + 2\xi_{xy} y' + y'' \xi_y + \xi_{xx}) D_x^{\alpha-1} y$$

$$+ \sum_{n=2}^{+\infty} \left( \binom{\alpha}{n} - \binom{\alpha+1}{n+1} \right) D_x^{\alpha-n} y \left( \frac{\partial^{n+1}\xi}{\partial x^{n+1}} \right.$$

$$+ \sum_{m=1}^{n+1} \binom{n+1}{m} y^{(m)} \frac{\partial^{n-m+1} \xi_y}{\partial x^{n-m+1}} + \nu_n \bigg) + \mu, \tag{3.2.3}$$

其中

$$D_x(\eta_y) = \eta_{xy} + y' \eta_{yy}, \quad D_x^n(\eta_y) = \frac{\partial^n \eta_y}{\partial x^n} + \sum_{m=1}^{n} \binom{n}{m} y^{(m)} \frac{\partial^{n-m} \xi_y}{\partial x^{n-m}} + \omega_n, \quad n = 2, 3, \cdots,$$

$$\nu_n = \sum_{i=2}^{+\infty} \sum_{j=2}^{i} \sum_{k=2}^{j} \sum_{r=0}^{k-1} \binom{n+1}{i} \binom{i}{j} \binom{k}{r} \frac{1}{k!} \frac{x^{i-n+1}}{\Gamma(i+1-\alpha)} (-y)^r \frac{\mathrm{d}^j(y^{k-r})}{\mathrm{d}x^j} \frac{\partial^{i-j+k} \eta(x,y)}{\partial x^{i-j} \partial y^k},$$

$$\omega_n = \sum_{i=2}^{+\infty} \sum_{j=2}^{i} \sum_{k=2}^{j} \sum_{r=0}^{k-1} \binom{n}{i} \binom{i}{j} \binom{k}{r} \frac{1}{k!} \frac{x^{i-n}}{\Gamma(i+1-\alpha)} (-y)^r \frac{\mathrm{d}^j(y^{k-r})}{\mathrm{d}x^j} \frac{\partial^{i-j+k} \eta_y}{\partial x^{i-j} \partial y^k},$$

$n = 2, 3, \cdots$.

**定理 3.2.1**　分数阶常微分方程 (3.2.1) 在单参数李变换群 (3.2.2) 下不变, 当且仅当

$$\mathrm{Pr}\, V(D_x^\alpha y - f(x, y))|_{D_x^\alpha y - f(x, y) = 0} = 0,$$

其中

$$\mathrm{Pr}\, V = \xi(x, y) \frac{\partial}{\partial x} + \eta(x, y) \frac{\partial}{\partial y} + \eta_\alpha^0 \frac{\partial}{\partial D_x^\alpha y}$$

是延拓的无穷小生成元.

**证**　为了证明该定理, 首先令 $F(x, y, D_x^\alpha y) = D_x^\alpha y - f(x, y)$. 在单参数李变换群 (3.2.2) 下, $(x, y, D_x^\alpha y)$ 可变为 $(x^*, y^*, D_{x^*}^\alpha y^*)$. 将 $F(x^*, y^*, D_{x^*}^\alpha y^*)$ 在 $\varepsilon = 0$ 处利用 Taylor 公式展开, 可得

$$F(x^*, y^*, D_{x^*}^\alpha y^*)$$

$$= F(x, y, D_x^\alpha y) + \varepsilon \left( \left( \frac{\partial F(x^*, y^*, D_{x^*}^\alpha y^*)}{\partial x^*} \frac{\partial x^*}{\partial \varepsilon} \right) \bigg|_{\varepsilon=0} \right.$$

$$+ \left( \frac{\partial F(x^*, y^*, D_{x^*}^\alpha y^*)}{\partial y^*} \frac{\partial y^*}{\partial \varepsilon} \right) \bigg|_{\varepsilon=0} + \left( \frac{\partial F(x^*, y^*, D_{x^*}^\alpha y^*)}{\partial D_{x^*}^\alpha y^*} \frac{\partial D_{x^*}^\alpha y^*}{\partial \varepsilon} \right) \bigg|_{\varepsilon=0} \right) + O(\varepsilon^2)$$

$$= F(x, y, D_x^\alpha y) + \varepsilon \left( \xi \frac{\partial F(x, y, D_x^\alpha y)}{\partial x} + \eta \frac{\partial F(x, y, D_x^\alpha y)}{\partial y} + \eta_\alpha^0 \frac{\partial F(x, y, D_x^\alpha y)}{\partial D_x^\alpha y} \right) + O(\varepsilon^2).$$

接下来利用以上公式证明该定理.

必要性: 由于方程 (3.2.1) 在单参数李变换群 (3.2.2) 下不变, 所以 $F(x^*, y^*, D_{x^*}^\alpha y^*) = F(x, y, D_x^\alpha y)$ 成立. 从而有

$$\xi \frac{\partial F(x, y, D_x^\alpha y)}{\partial x} + \eta \frac{\partial F(x, y, D_x^\alpha y)}{\partial y} + \eta_\alpha^0 \frac{\partial F(x, y, D_x^\alpha y)}{\partial D_x^\alpha y} = 0,$$

因此可得 $\Pr V(F(x,y,D_x^\alpha y)) = 0$, 即 $\Pr V(D_x^\alpha y - f(x,y))|_{D_x^\alpha y - f(x,y) = 0} = 0$.

充分性: 假设 $y = y(x)$ 为 $D_x^\alpha y - f(x,y) = 0$ 的解. 由于方程 (3.2.1) 接受单参数李变换群 (3.2.2), 所以根据推论 1.1.1 可得

$$F(x^*, y^*, D_{x*}^\alpha y^*) = \mathrm{e}^{\varepsilon \Pr V}(F(x,y,D_x^\alpha y))$$

$$= \left(1 + \frac{\varepsilon}{1!}\Pr V + \frac{\varepsilon^2}{2!}(\Pr V)^2 + \cdots + \frac{\varepsilon^s}{s!}(\Pr V)^s + \cdots\right)(F(x,y,D_x^\alpha y))$$

$$= F(x,y,D_x^\alpha y) + \frac{\varepsilon}{1!}\Pr V(F(x,y,D_x^\alpha y)) + \frac{\varepsilon^2}{2!}(\Pr V)^2(F(x,y,D_x^\alpha y))$$

$$+ \cdots + \frac{\varepsilon^s}{s!}(\Pr V)^s(F(x,y,D_x^\alpha y)) + \cdots.$$

又因为有 $\Pr V(F(x,y,D_x^\alpha y)) = 0$, 所以可得

$$(\Pr V)^2(F(x,y,D_x^\alpha y)) = \Pr V(\Pr V(F(x,y,D_x^\alpha y))) = 0.$$

从而当 $s \geqslant 1$ 时, $(\Pr V)^s(F(x,y,D_x^\alpha y)) = 0$ 都成立. 进一步可得 $F(x^*,y^*,D_{x*}^\alpha y^*) = 0$, 即 $F(x^*,y^*,D_{x*}^\alpha y^*) = F(x,y,D_x^\alpha y)$. 因此, 方程 (3.2.1) 在单参数李变换群 (3.2.2) 下是不变的. 证毕.

定理 3.2.1 通常称为分数阶常微分方程的不变性准则. 由定理 3.2.1 可以得到方程 (3.2.1) 的不变性条件为

$$\eta_\alpha^0 - \xi f_x - \eta f_y = 0, \tag{3.2.4}$$

其中 $D_x^\alpha y = f(x,y)$. 结合式 (3.2.3), 不变性条件 (3.2.4) 可以写成

$$\frac{\partial^\alpha \eta}{\partial x^\alpha} - y\frac{\partial^\alpha(\eta_y)}{\partial x^\alpha} + (\eta_y - \alpha\xi_x)D_x^\alpha y + \alpha(\eta_{xy} + y'\eta_{yy})D_x^{\alpha-1}y + \mu - \alpha y'\xi_y D_x^\alpha y$$

$$+ \sum_{n=2}^{+\infty}\binom{\alpha}{n}D_x^{\alpha-n}y D_x^n(\eta_y) - \frac{\alpha(\alpha-1)}{2}(\xi_{yy}(y')^2\xi_x + 2\xi_{xy}y' + y''\xi_y + \xi_{xx})D_x^{\alpha-1}y$$

$$+ \sum_{n=2}^{+\infty}\left(\binom{\alpha}{n} - \binom{\alpha+1}{n+1}\right)D_x^{\alpha-n}y\left(\frac{\partial^{n+1}\xi}{\partial x^{n+1}} + \sum_{m=1}^{n+1}\binom{n+1}{n}y^{(m)}\frac{\partial^{n-m+1}\xi_y}{\partial x^{n-m+1}} + \nu_n\right)$$

$$- \xi f_x - \eta f_y = 0.$$

显然, 方程 (3.2.1) 的无穷小 $\xi(x,y)$ 和 $\eta(x,y)$ 的形式与 $f(x,y)$ 的具体表达式有关.

### 3.2.2    时间分数阶偏微分方程情形

一般地, 将因变量与时间和空间自变量都有关的这类偏微分方程称为演化方程, 也称作发展方程. 这一小节将对一类时间分数阶微分方程进行李群分析.

考虑如下时间分数阶偏微分方程

$$D_t^\alpha u = F(t, x, u, \partial u, \partial^2 u, \cdots, \partial^k u), \tag{3.2.5}$$

其中 $u = u(t, x)$, $x = (x_1, x_2, \cdots, x_N) \in \mathbf{R}^N$, 且 $\partial u, \partial^2 u, \cdots, \partial^k u$ 是仅与 $x$ 有关的偏导数.

假设方程 (3.2.5) 接受如下单参数李变换群

$$
\begin{aligned}
t^* &= T(t, x, u; \varepsilon) = t + \tau(t, x, u)\varepsilon + O(\varepsilon^2), \\
x_i^* &= X_i(t, x, u; \varepsilon) = x_i + \xi^i(t, x, u)\varepsilon + O(\varepsilon^2), \quad i = 1, 2, \cdots, N, \\
u^* &= U(t, x, u; \varepsilon) = u + \eta(t, x, u)\varepsilon + O(\varepsilon^2).
\end{aligned}
\tag{3.2.6}
$$

类似于分数阶常微分方程的情形, 单参数李变换群 (3.2.6) 也要使得分数阶偏导数 (3.1.6) 保持不变. 由于在分数阶偏导数 (3.1.6) 中积分下限为零, 所以要使 $t = 0$ 在单参数李变换群 (3.2.6) 下保持不变, 则有 $\tau(t, x, u)|_{t=0} = 0$.

与整数阶李群理论相类似, 需要寻找空间 $(t, x, u, D_t^\alpha u, \partial u, \partial^2 u, \cdots, \partial^k u, \cdots)$ 上延拓的单参数李变换群和相应延拓的无穷小以及延拓的无穷小生成元. 记延拓的单参数李变换群为

$$
\begin{aligned}
D_{t^*}^\alpha u^* &= D_t^\alpha u + \varepsilon \eta_\alpha^0 + O(\varepsilon^2), \\
u_{i_1}^* &= U_{i_1}(x, u, \partial u; \varepsilon) = u_{i_1} + \eta_{i_1}^{(1)}(x, u, \partial u)\varepsilon + O(\varepsilon^2), \\
&\cdots\cdots \\
u_{i_1 i_2 \cdots i_k}^* &= U_{i_1 i_2 \cdots i_k}(x, u, \partial u, \cdots, \partial^k u; \varepsilon) \\
&= u_{i_1 i_2 \cdots i_k} + \eta_{i_1 i_2 \cdots i_k}^{(k)}(x, u, \partial u, \cdots, \partial^k u)\varepsilon + O(\varepsilon^2),
\end{aligned}
\tag{3.2.7}
$$

其中 $i_l = 1, 2, \cdots, n$, $l = 1, 2, \cdots, k$, $k \geqslant 1$. 由延拓的单参数李变换群 (3.2.7) 可知, 相应的延拓的无穷小、无穷小生成元 $V$ 和延拓的无穷小生成元 $\mathrm{Pr}\, V$ 分别为

$$\tau, \xi^i, \eta, \eta_\alpha^0, \eta_{i_1}^{(1)}, \cdots, \eta_{i_1 i_2 \cdots i_k}^{(k)},$$

$$V = \tau \frac{\partial}{\partial t} + \sum_{i=1}^N \xi^i \frac{\partial}{\partial x_i} + \eta \frac{\partial}{\partial u},$$

$$
\begin{aligned}
\mathrm{Pr}^{(k)} V &= V + \eta_\alpha^0 \frac{\partial}{\partial (D_t^\alpha u)} + \sum_{I=1} \eta_{i_1}^{(1)} \frac{\partial}{\partial u_{i_1}} + \sum_{I=2} \eta_{i_1 i_2}^{(2)} \frac{\partial}{\partial u_{i_1 i_2}} \\
&\quad + \cdots + \sum_{I=k} \eta_{i_1 i_2 \cdots i_k}^{(k)} \frac{\partial}{\partial u_{i_1 i_2 \cdots i_k}}, \quad k \geqslant 1.
\end{aligned}
$$

由于在方程 (3.2.5) 中关于自变量 $x$ 的偏导数是整数阶的, 所以在式 (3.2.7) 中 $\eta_{i_1}^{(1)}, \eta_{i_1 i_2}^{(2)}, \cdots, \eta_{i_1 i_2 \cdots i_k}^{(k)}$ 的表达式与整数阶中的表达式 (1.2.29) 相一致. 下面的定理给出 $\eta_\alpha^0$ 的表达式.

**定理 3.2.2**   如果方程 (3.2.5) 接受单参数李变换群 (3.2.6), 那么相应的 $\alpha$ 阶延拓的无穷小 $\eta_\alpha^0$ 的表达式为

$$\eta_\alpha^0 = D_t^\alpha \eta + \sum_{i=1}^{N} \xi^i D_t^\alpha (u_{x_i}) - D_t^{\alpha+1}(\tau u) + D_t^\alpha (u D_t \tau) - \sum_{i=1}^{N} D_t^\alpha (\xi^i u_{x_i}) + \tau D_t^{\alpha+1} u.$$

**证**   由式 (3.2.7), 并结合广义 Leibniz 公式 (3.1.4), 可得

$$\eta_\alpha^0 = \left( \frac{\mathrm{d}}{\mathrm{d}\varepsilon} D_{t^*}^\alpha u^*(t^*, x_1^*, x_2^*, \cdots, x_N^*) \right) \Big|_{\varepsilon=0}$$

$$= \left( \frac{\mathrm{d}}{\mathrm{d}\varepsilon} \left( \sum_{n=0}^{+\infty} \binom{\alpha}{n} \frac{(t^*)^{n-\alpha}}{\Gamma(n-\alpha+1)} \frac{\partial^n u^*}{\partial (t^*)^n} \right) \right) \Big|_{\varepsilon=0},$$

假设 $\dfrac{\partial^n u^*}{\partial (t^*)^n} = \dfrac{\partial^n u}{\partial t^n} + \varepsilon \eta_t^{(n)} + O(\varepsilon^2)$, 则上式变为

$$\eta_\alpha^0 = \sum_{n=0}^{+\infty} \binom{\alpha}{n} \left( \frac{\mathrm{d}}{\mathrm{d}\varepsilon} \left( \frac{(t + \varepsilon\tau + O(\varepsilon^2))^{n-\alpha}}{\Gamma(n-\alpha+1)} \left( \frac{\partial^n u}{\partial t^n} + \varepsilon \eta_t^{(n)} + O(\varepsilon^2) \right) \right) \right) \Big|_{\varepsilon=0}$$

$$= \sum_{n=0}^{+\infty} \binom{\alpha}{n} \frac{(n-\alpha)t^{n-\alpha-1}\tau \dfrac{\partial^n u}{\partial t^n} + t^{n-\alpha} \eta_t^{(n)}}{\Gamma(n-\alpha+1)}$$

$$= \sum_{n=0}^{+\infty} \binom{\alpha}{n} \frac{t^{n-\alpha-1}\tau \dfrac{\partial^n u}{\partial t^n}}{\Gamma(n-\alpha+1)} + \sum_{n=0}^{+\infty} \binom{\alpha}{n} \frac{t^{n-\alpha} \eta_t^{(n)}}{\Gamma(n-\alpha+1)}. \tag{3.2.8}$$

根据文献 [24] 可知

$$\eta_t^{(n)} = D_t^n \left( \eta - \tau u_t - \sum_{i=1}^{N} \xi^i u_{x_i} \right) + \tau \frac{\partial^{n+1} u}{\partial t^{n+1}} + \sum_{i=1}^{N} \xi^i \frac{\partial}{\partial x_i} \left( \frac{\partial^n u}{\partial t^n} \right). \tag{3.2.9}$$

将式 (3.2.9) 代入式 (3.2.8) 中, 可得

$$\eta_\alpha^0 = \sum_{n=0}^{+\infty} \binom{\alpha}{n} \frac{t^{n-\alpha-1}\tau}{\Gamma(n-\alpha)} \frac{\partial^n u}{\partial t^n}$$

$$+ \sum_{n=0}^{+\infty} \binom{\alpha}{n} \frac{t^{n-\alpha} \left( D_t^n \left( \eta - \tau u_t - \sum_{i=1}^{N} \xi^i u_{x_i} \right) + \tau \dfrac{\partial^{n+1} u}{\partial t^{n+1}} + \sum_{i=1}^{N} \xi^i \dfrac{\partial}{\partial x_i} \left( \dfrac{\partial^n u}{\partial t^n} \right) \right)}{\Gamma(n-\alpha+1)}$$

$$= \sum_{n=0}^{+\infty} \binom{\alpha}{n} \frac{t^{n-\alpha} D_t^n \left( \eta - \tau u_t - \sum_{i=1}^{N} \xi^i u_{x_i} \right)}{\Gamma(n-\alpha+1)}$$

$$+ \sum_{n=0}^{+\infty} \binom{\alpha}{n} \frac{t^{n-\alpha}}{\Gamma(n-\alpha+1)} \sum_{i=1}^{N} \xi^i \frac{\partial}{\partial x_i} \left( \frac{\partial^n u}{\partial t^n} \right)$$

$$+ \sum_{n=0}^{+\infty} \binom{\alpha}{n} \frac{t^{n-\alpha}\tau}{\Gamma(n-\alpha+1)} \frac{\partial^{n+1} u}{\partial t^{n+1}} + \sum_{n=0}^{+\infty} \binom{\alpha}{n} \frac{t^{n-\alpha-1}\tau}{\Gamma(n-\alpha)} \frac{\partial^n u}{\partial t^n}$$

$$= D_t^\alpha \left( \eta - \tau u_t - \sum_{i=1}^{N} \xi^i u_{x_i} \right) + \sum_{i=1}^{N} \xi^i D_t^\alpha (u_{x_i})$$

$$+ \left( \sum_{n=1}^{+\infty} \binom{\alpha}{n-1} \frac{t^{n-\alpha-1} (u_t)^{(n-1)}}{\Gamma(n-\alpha)} \right)$$

$$+ \sum_{n=1}^{N} \binom{\alpha}{n} \frac{t^{n-\alpha-1}\tau}{\Gamma(n-\alpha)} \frac{\partial^n u}{\partial t^n} - \frac{t^{-1-\alpha}\tau u}{\Gamma(1-\alpha)},$$

利用组合数关系 $\binom{\alpha}{n-1} + \binom{\alpha}{n} = \binom{\alpha+1}{n}$, 上式可变为

$$\eta_\alpha^0 = D_t^\alpha \left( \eta - \tau u_t - \sum_{i=1}^{N} \xi^i u_{x_i} \right) + \sum_{i=1}^{N} \xi^i D_t^\alpha (u_{x_i}) + \sum_{n=0}^{+\infty} \binom{\alpha+1}{n} \frac{t^{n-\alpha-1}\tau}{\Gamma(n-\alpha)} \frac{\partial^n u}{\partial t^n}$$

$$= D_t^\alpha \left( \eta - \tau u_t - \sum_{i=1}^{N} \xi^i u_{x_i} \right) + \sum_{i=1}^{N} \xi^i D_t^\alpha (u_{x_i}) + \tau D_t^{\alpha+1} u$$

$$= D_t^\alpha \eta + \sum_{i=1}^{N} \xi^i D_t^\alpha (u_{x_i}) - D_t^\alpha (\tau u_t) - \sum_{i=1}^{N} D_t^\alpha (\xi^i u_{x_i}) + \tau D_t^{\alpha+1} u$$

$$= D_t^\alpha \eta + \sum_{i=1}^{N} \xi^i D_t^\alpha (u_{x_i}) - D_t^\alpha (D_t(\tau u) - \tau_t u) - \sum_{i=1}^{N} D_t^\alpha (\xi^i u_{x_i}) + \tau D_t^{\alpha+1} u$$

$$= D_t^\alpha \eta + \sum_{i=1}^{N} \xi^i D_t^\alpha (u_{x_i}) - D_t^{\alpha+1} (\tau u) + D_t^\alpha (u D_t(\tau)) - \sum_{i=1}^{N} D_t^\alpha (\xi^i u_{x_i}) + \tau D_t^{\alpha+1} u.$$

证毕.

下面的定理将给出时间分数阶偏微分方程 (3.2.5) 的不变性准则.

**定理 3.2.3** 时间分数阶偏微分方程 (3.2.5) 在单参数李变换群 (3.2.6) 下不变

的充要条件是

$$\mathrm{Pr}\,V(D_t^\alpha u - F(t,x,u,\partial u,\partial^2 u,\cdots,\partial^k u))\big|_{D_t^\alpha u=F(t,x,u,\partial u,\partial^2 u,\cdots,\partial^k u)} = 0,$$

其中 $\mathrm{Pr}\,V$ 是延拓的无穷小生成元.

**证**　为了简化证明, 假定时间分数阶偏微分方程 (3.2.5) 只含有两个自变量 $t,x$, 则其具体形式为

$$D_t^\alpha u = F(t,x,u,u_x,u_{xx}).$$

根据单参数李变换群 (3.2.6) 和延拓的单参数李变换群 (3.2.7), 可得

$$t^* = t + \tau(t,x,u)\varepsilon + O(\varepsilon^2),$$
$$x^* = x + \xi(t,x,u)\varepsilon + O(\varepsilon^2),$$
$$u^* = u + \eta(t,x,u)\varepsilon + O(\varepsilon^2),$$

相应的延拓为

$$D_{t^*}^\alpha u^* = D_t^\alpha u + \varepsilon\eta_\alpha^0 + O(\varepsilon^2),$$
$$u_{x^*}^* = u_x + \varepsilon\eta_x^{(1)}(x,t,u,\partial u) + O(\varepsilon^2),$$
$$u_{x^*x^*}^* = u_{xx} + \varepsilon\eta_{xx}^{(2)}(x,t,u,\partial^2 u) + O(\varepsilon^2).$$

在单参数李变换群 (3.2.6) 下, 可将 $(t,x,u,D_t^\alpha u)$ 变为 $(t^*,x^*,u^*,D_{t^*}^\alpha u^*)$.

令

$$R(t,x,u,D_t^\alpha u,u_x,u_{xx}) = D_t^\alpha u - F(t,x,u,u_x,u_{xx}). \tag{3.2.10}$$

将 $R(t^*,x^*,u^*,D_{x^*}^\alpha u^*,u_{x^*}^*,u_{x^*x^*}^*)$ 在 $\varepsilon=0$ 处利用 Taylor 公式展开为

$$R(t^*,x^*,u^*,D_{x^*}^\alpha u^*,u_{x^*}^*,u_{x^*x^*}^*)$$
$$= R(t,x,u,D_t^\alpha u,u_x,u_{xx}) + \varepsilon\left(\left(\frac{\partial R(t^*,x^*,u^*,D_{x^*}^\alpha u^*,u_{x^*}^*,u_{x^*x^*}^*)}{\partial t^*}\frac{\partial t^*}{\partial \varepsilon}\right)\bigg|_{\varepsilon=0}\right.$$

$$+ \left(\frac{\partial R(t^*,x^*,u^*,D_{x^*}^\alpha u^*,u_{x^*}^*,u_{x^*x^*}^*)}{\partial x^*}\frac{\partial x^*}{\partial \varepsilon}\right)\bigg|_{\varepsilon=0}$$

$$+ \left(\frac{\partial R(t^*,x^*,u^*,D_{x^*}^\alpha u^*,u_{x^*}^*,u_{x^*x^*}^*)}{\partial u^*}\frac{\partial u^*}{\partial \varepsilon}\right)\bigg|_{\varepsilon=0}$$

$$+ \left(\frac{\partial R(t^*,x^*,u^*,D_{x^*}^\alpha u^*,u_{x^*}^*,u_{x^*x^*}^*)}{\partial (D_{x^*}^\alpha u^*)}\frac{\partial (D_{x^*}^\alpha u^*)}{\partial \varepsilon}\right)\bigg|_{\varepsilon=0}$$

$$+ \left(\frac{\partial R(t^*,x^*,u^*,D_{x^*}^\alpha u^*,u_{x^*}^*,u_{x^*x^*}^*)}{\partial u_{x^*}^*}\frac{\partial u_{x^*}^*}{\partial \varepsilon}\right)\bigg|_{\varepsilon=0}$$

$$+ \left.\left(\frac{\partial R(t^*,x^*,u^*,D_{x^*}^\alpha u^*,u_{x^*}^*,u_{x^*x^*}^*)}{\partial u_{x^*x^*}^*}\frac{\partial u_{x^*x^*}^*}{\partial \varepsilon}\right)\bigg|_{\varepsilon=0}\right) + O(\varepsilon^2)$$

$$= R(t,x,u,D_t^\alpha u,u_x,u_{xx}) + \varepsilon \left( \frac{\partial R(t,x,u,D_t^\alpha u,u_x,u_{xx})}{\partial t}\tau + \frac{\partial R(t,x,u,D_t^\alpha u,u_x,u_{xx})}{\partial x}\xi \right.$$

$$+ \frac{\partial R(t,x,u,D_t^\alpha u,u_x,u_{xx})}{\partial u}\eta + \frac{\partial R(t,x,u,D_t^\alpha u,u_x,u_{xx})}{\partial D_x^\alpha u}\eta_\alpha^0$$

$$\left. + \frac{\partial R(t,x,u,D_t^\alpha u,u_x,u_{xx})}{\partial u_x}\eta_x^{(1)} + \frac{\partial R(t,x,u,D_t^\alpha u,u_x,u_{xx})}{\partial u_{xx}}\eta_{xx}^{(2)} \right) + O(\varepsilon^2).$$

接下来利用以上公式证明该定理.

必要性: 由于方程 (3.2.10) 在单参数李变换群 (3.2.6) 下不变, 所以有

$$R(t^*,x^*,u^*,D_{x^*}^\alpha u^*,u_{x^*}^*,u_{x^*x^*}^*) = R(t,x,u,D_t^\alpha u,u_x,u_{xx}).$$

从而可知

$$\frac{\partial R(t,x,u,D_t^\alpha u,u_x,u_{xx})}{\partial t}\tau + \frac{\partial R(t,x,u,D_t^\alpha u,u_x,u_{xx})}{\partial x}\xi$$

$$+ \frac{\partial R(t,x,u,D_t^\alpha u,u_x,u_{xx})}{\partial u}\eta + \frac{\partial R(t,x,u,D_t^\alpha u,u_x,u_{xx})}{\partial D_x^\alpha y}\eta_\alpha^0$$

$$+ \frac{\partial R(t,x,u,D_t^\alpha u,u_x,u_{xx})}{\partial u_x}\eta_x^{(1)} + \frac{\partial R(t,x,u,D_t^\alpha u,u_x,u_{xx})}{\partial u_{xx}}\eta_{xx}^{(2)} = 0.$$

因此

$$\Pr V(R(t,x,u,D_t^\alpha u,u_x,u_{xx}))|_{R(t,x,u,D_t^\alpha u,u_x,u_{xx})=0} = 0,$$

进一步可得

$$\Pr V(D_t^\alpha u - F(t,x,u,u_x,u_{xx}))|_{D_t^\alpha u=F(t,x,u,u_x,u_{xx})} = 0.$$

充分性: 设 $u(x,t)$ 为 $D_t^\alpha u = F(t,x,u,u_x,u_{xx})$ 的解. 由于方程 (3.2.10) 接受单参数李变换群 (3.2.6), 所以根据推论 1.1.1, 可得

$$R(t^*,x^*,u^*,D_{x^*}^\alpha u^*,u_{x^*}^*,u_{x^*x^*}^*)$$

$$= \mathrm{e}^{\varepsilon \Pr V}(R(t,x,u,D_t^\alpha u,u_x,u_{xx}))$$

$$= \left( 1 + \frac{\varepsilon}{1!}\Pr V + \frac{\varepsilon^2}{2!}(\Pr V)^2 + \cdots + \frac{\varepsilon^s}{s!}(\Pr V)^s + \cdots \right)(R(t,x,u,D_t^\alpha u,u_x,u_{xx}))$$

$$= R(t,x,u,D_t^\alpha u,u_x,u_{xx}) + \frac{\varepsilon}{1!}\Pr V(R(t,x,u,D_t^\alpha u,u_x,u_{xx}))$$

$$+ \frac{\varepsilon^2}{2!}(\Pr V)^2(R(t,x,u,D_t^\alpha u,u_x,u_{xx}))$$

$$+ \cdots + \frac{\varepsilon^s}{s!}(\Pr V)^s(R(t,x,\ u,\ D_t^\alpha u,\ u_x,\ u_{xx})) + \cdots.$$

又因为
$$\Pr V(D_t^\alpha u - F(t,x,u,u_x,u_{xx}))|_{D_t^\alpha u=F(t,x,u,u_x,u_{xx})} = 0,$$
所以得到
$$\Pr V(R(t,x,u,D_t^\alpha u,u_x,u_{xx})) = 0.$$
从而有
$$(\Pr V)^2(R(t,x,u,D_t^\alpha u,u_x,u_{xx})) = \Pr V(\Pr V(R(t,x,u,D_t^\alpha u,u_x,u_{xx}))) = 0,$$
并且当 $s \geqslant 1$ 时, 有
$$(\Pr V)^s(R(t,x,u,D_t^\alpha u,u_x,u_{xx})) = 0.$$
进一步可得
$$R(t^*,x^*,u^*,D_{x^*}^\alpha u^*,u_{x^*}^*,u_{x^*x^*}^*) = R(t,x,u,D_t^\alpha u,u_x,u_{xx}),$$
即
$$R(t^*,x^*,u^*,D_{x^*}^\alpha u^*,u_{x^*}^*,u_{x^*x^*}^*) = 0.$$
因此, 方程 (3.2.10) 在单参数李变换群 (3.2.6) 下是不变的.

当自变量 $x$ 的个数以及偏导数的阶数增加时, 时间分数阶偏微分方程不变性准则的证明思路类似于以上情形. 证毕.

根据定理 3.2.2 和上面的分析可知, 对于含有两个自变量 $t,x$ 和一个因变量 $u$ 的偏微分方程 $D_t^\alpha u = F(t,x,u,u_x,u_{xx})$, 其延拓的无穷小生成元 $\Pr V$ 为
$$\Pr V = \tau(t,x,u)\frac{\partial}{\partial t} + \xi(t,x,u)\frac{\partial}{\partial x} + \eta(t,x,u)\frac{\partial}{\partial u} + \eta_\alpha^0 \frac{\partial}{\partial(D_t^\alpha u)} + \eta_x^{(1)}\frac{\partial}{\partial u_x} + \eta_{xx}^{(2)}\frac{\partial}{\partial u_{xx}},$$
其中 $\eta_x^{(1)}$ 和 $\eta_{xx}^{(2)}$ 的表达式见式 (1.2.23) 和式 (1.2.26), $\eta_\alpha^0$ 的表达式为
$$\eta_\alpha^0 = \frac{\partial^\alpha \eta}{\partial t^\alpha} + (\eta_u - \alpha D_t(\tau))\frac{\partial^\alpha u}{\partial t^\alpha} - u\frac{\partial^\alpha \eta_u}{\partial t^\alpha} + \mu$$
$$+ \sum_{n=1}^{+\infty}\left(\binom{\alpha}{n}\frac{\partial^n \eta_u}{\partial t^n} - \binom{\alpha}{n+1}D_t^{(n+1)}\tau\right)D_t^{\alpha-n}u$$
$$- \sum_{n=1}^{+\infty}\binom{\alpha}{n}D_t^n\varsigma D_t^{\alpha-n}(u_x),$$
并且
$$\mu = \sum_{n=2}^{+\infty}\sum_{m=2}^{n}\sum_{k=2}^{m}\sum_{r=0}^{k-1}\binom{\alpha}{n}\binom{n}{m}\binom{k}{r}\frac{1}{k!}\frac{t^{n-\alpha}}{\Gamma(n+1-\alpha)}(-u)^r\frac{\partial^m}{\partial t^m}(u^{k-r})\frac{\partial^{n-m+k}\eta}{\partial t^{n-m}\partial u^k}.$$

### 3.2.3 时间分数阶偏微分方程组情形

考虑如下时间分数阶偏微分方程组

$$D_t^\alpha u = F_1(t, x, u, v, \partial u, \partial v, \partial^2 u, \partial^2 v, \cdots, \partial^k u, \partial^k v),$$
$$D_t^\alpha v = F_2(t, x, u, v, \partial u, \partial v, \partial^2 u, \partial^2 v, \cdots, \partial^s u, \partial^s v),$$

(3.2.11)

其中 $t, x$ 是自变量, $u = u(t, x)$ 和 $v = v(t, x)$ 是因变量. 不失一般性, 假设 $s \leqslant k$.

假设方程组 (3.2.11) 接受如下单参数李变换群

$$t^* = t + \varepsilon\tau(t, x, u, v) + O(\varepsilon^2),$$
$$x^* = x + \varepsilon\xi(t, x, u, v) + O(\varepsilon^2),$$
$$u^* = u + \varepsilon\eta(t, x, u, v) + O(\varepsilon^2),$$
$$v^* = v + \varepsilon\phi(t, x, u, v) + O(\varepsilon^2),$$

(3.2.12)

其中 $\tau, \xi, \eta, \phi$ 是无穷小. 不妨记方程组 (3.2.11) 的延拓的单参数李变换群为

$$D_{t^*}^\alpha u^* = D_t^\alpha u + \varepsilon\eta_\alpha^0(t, x, u, v) + O(\varepsilon^2),$$

$$D_{t^*}^\alpha v^* = D_t^\alpha v + \varepsilon\phi_\alpha^0(t, x, u, v) + O(\varepsilon^2),$$

$$u^*_{\underbrace{x^*x^*\cdots x^*}_{l_1}} = u_{\underbrace{x^*x^*\cdots x^*}_{l_1}} + \varepsilon\eta_{\underbrace{xx\cdots x}_{l_1}}^{(l_1)}(t, x, u, v, \partial u, \partial v, \cdots, \partial^{l_1}u, \partial^{l_1}v) + O(\varepsilon^2), \quad (3.2.13)$$

$$v^*_{\underbrace{x^*x^*\cdots x^*}_{l_1}} = v_{\underbrace{x^*x^*\cdots x^*}_{l_1}} + \varepsilon\phi_{\underbrace{xx\cdots x}_{l_1}}^{(l_1)}(t, x, u, v, \partial u, \partial v, \cdots, \partial^{l_1}u, \partial^{l_1}v) + O(\varepsilon^2),$$

其中 $l_1 = 1, 2, \cdots, k$, $\eta_\alpha^0$ 和 $\phi_\alpha^0$ 是 $\alpha$ 阶延拓的无穷小, $\eta_{\underbrace{xx\cdots x}_{l_1}}^{(l_1)}$ 和 $\phi_{\underbrace{xx\cdots x}_{l_1}}^{(l_1)}$ 分别是 $u$ 和

$v$ 关于 $x$ 的 $l_1$ 阶延拓的无穷小.

由延拓的单参数李变换群 (3.2.13) 可知, $k$ 阶延拓的无穷小生成元 $\mathrm{Pr}\, V$ 为

$$\mathrm{Pr}\, V = V + \eta_\alpha^0 \frac{\partial}{\partial(D_t^\alpha u)} + \phi_\alpha^0 \frac{\partial}{\partial(D_t^\alpha v)} + \phi_x^{(1)} \frac{\partial}{\partial v_x}$$

$$+ \eta_x^{(1)} \frac{\partial}{\partial u_x} + \cdots + \phi_{\underbrace{xx\cdots x}_{k}}^{(k)} \frac{\partial}{\partial v_{\underbrace{xx\cdots x}_{k}}} + \eta_{\underbrace{xx\cdots x}_{k}}^{(k)} \frac{\partial}{\partial u_{\underbrace{xx\cdots x}_{k}}}, \qquad (3.2.14)$$

其中

$$V = \tau(t, x, u, v)\frac{\partial}{\partial t} + \xi(t, x, u, v)\frac{\partial}{\partial x} + \eta(t, x, u, v)\frac{\partial}{\partial u} + \phi(t, x, u, v)\frac{\partial}{\partial v}.$$

由方程组 (3.2.11) 的延拓的单参数李变换群 (3.2.13) 可知, $\alpha$ 阶延拓的无穷小 $\eta_\alpha^0$ 和 $\phi_\alpha^0$ 为

$$\eta_\alpha^0 = \left.\left(\frac{\mathrm{d}}{\mathrm{d}\varepsilon}D_{t^*}^\alpha(u^*(t^*, x^*))\right)\right|_{\varepsilon=0}, \qquad \phi_\alpha^0 = \left.\left(\frac{\mathrm{d}}{\mathrm{d}\varepsilon}D_{t^*}^\alpha(v^*(t^*, x^*))\right)\right|_{\varepsilon=0}.$$

类似于 3.2.2 小节关于延拓的无穷小的分析过程, 可以得到延拓的无穷小 $\eta_\alpha^0$ 为

$$\eta_\alpha^0 = D_t^\alpha \eta + \xi D_t^\alpha(u_x) - D_t^{\alpha+1}(\tau u) + D_t^\alpha(u D_t(\tau)) - D_t^\alpha(\xi u_x) + \tau D_t^{\alpha+1} u. \quad (3.2.15)$$

由于有 $D_t^{\alpha+1}(f(t)) = D_t^\alpha(D_t(f(t)))$, 所以式 (3.2.15) 可以简化为

$$\eta_\alpha^0 = D_t^\alpha \eta + \xi D_t^\alpha(u_x) - D_t^\alpha(\xi u_x) + \tau D_t^\alpha(u_t) - D_t^\alpha(\tau u_t). \quad (3.2.16)$$

利用广义 Leibniz 公式 (3.1.3), 可将式 (3.2.16) 展开为

$$\eta_\alpha^0 = D_t^\alpha \eta - \alpha D_t(\tau) D_t^\alpha u - \sum_{n=1}^{+\infty} \binom{\alpha}{n} D_t^n \xi D_t^{\alpha-n}(u_x) - \sum_{n=1}^{+\infty} \binom{\alpha}{n+1} D_t^{n+1} \tau D_t^{\alpha-n} u.$$

同时结合广义链式法则 (3.1.5), 得到

$$D_t^\alpha \eta = \frac{\partial^\alpha \eta}{\partial t^\alpha} + \left( \eta_u D_t^\alpha u - u \frac{\partial^\alpha \eta_u}{\partial t^\alpha} \right) + \left( \eta_v D_t^\alpha v - v \frac{\partial^\alpha \eta_v}{\partial t^\alpha} \right) + \sum_{n=1}^{+\infty} \binom{\alpha}{n} \frac{\partial^n \eta_u}{\partial t^n} D_t^{\alpha-n} u$$

$$+ \sum_{n=1}^{+\infty} \binom{\alpha}{n} \frac{\partial^n \eta_v}{\partial t^n} D_t^{\alpha-n} v + \mu_1 + \mu_2,$$

其中

$$\mu_1 = \sum_{n=2}^{+\infty} \sum_{m=2}^{n} \sum_{k=2}^{m} \sum_{r=0}^{k-1} \binom{\alpha}{n} \binom{n}{m} \binom{k}{r} \frac{1}{k!} \frac{t^{n-\alpha}}{\Gamma(n+1-\alpha)} (-u)^r \frac{\partial^m}{\partial t^m} (u^{k-r}) \frac{\partial^{n-m+k} \eta}{\partial t^{n-m} \partial u^k},$$

$$\mu_2 = \sum_{n=2}^{+\infty} \sum_{m=2}^{n} \sum_{k=2}^{m} \sum_{r=0}^{k-1} \binom{\alpha}{n} \binom{n}{m} \binom{k}{r} \frac{1}{k!} \frac{t^{n-\alpha}}{\Gamma(n+1-\alpha)} (-v)^r \frac{\partial^m}{\partial t^m} (v^{k-r}) \frac{\partial^{n-m+k} \eta}{\partial t^{n-m} \partial v^k}.$$

因此, 延拓的无穷小 $\eta_\alpha^0$ 的具体表达式为

$$\eta_\alpha^0 = \frac{\partial^\alpha \eta}{\partial t^\alpha} + (\eta_u - \alpha D_t(\tau)) D_t^\alpha v - u \frac{\partial^\alpha \eta_u}{\partial t^\alpha} + \left( \eta_v D_t^\alpha v - v \frac{\partial^\alpha \eta_v}{\partial t^\alpha} \right) + \mu_1 + \mu_2$$

$$+ \sum_{n=1}^{+\infty} \left( \binom{\alpha}{n} \frac{\partial^n \eta_u}{\partial t^n} - \binom{\alpha}{n+1} D_t^{n+1} \tau \right) D_t^{\alpha-n} u$$

$$+ \sum_{n=1}^{+\infty} \binom{\alpha}{n} \frac{\partial^n \eta_v}{\partial t^n} D_t^{\alpha-n} v - \sum_{n=1}^{+\infty} \binom{\alpha}{n} D_t^n \xi D_t^{\alpha-n}(u_x).$$

同理可得

$$\phi_\alpha^0 = \frac{\partial^\alpha \phi}{\partial t^\alpha} + (\phi_u - \alpha D_t(\tau)) D_t^\alpha v - v \frac{\partial^\alpha \phi_v}{\partial t^\alpha} + \left( \phi_u D_t^\alpha u - u \frac{\partial^\alpha \phi_u}{\partial t^\alpha} \right) + \mu_3 + \mu_4$$

$$+ \sum_{n=1}^{+\infty} \left( \binom{\alpha}{n} \frac{\partial^n \phi_v}{\partial t^n} - \binom{\alpha}{n+1} D_t^{n+1}\tau \right) D_t^{\alpha-n}v$$

$$+ \sum_{n=1}^{+\infty} \binom{\alpha}{n} \frac{\partial^n \phi_u}{\partial t^n} D_t^{\alpha-n}u - \sum_{n=1}^{+\infty} \binom{\alpha}{n} D_t^n \varsigma D_t^{\alpha-n}(v_x),$$

其中

$$\mu_3 = \sum_{n=2}^{+\infty}\sum_{m=2}^{n}\sum_{k=2}^{m}\sum_{r=0}^{k-1} \binom{\alpha}{n}\binom{n}{m}\binom{k}{r} \frac{1}{k!} \frac{t^{n-\alpha}}{\Gamma(n+1-\alpha)} (-u)^r \frac{\partial^m}{\partial t^m}(u^{k-r})\frac{\partial^{n-m+k}\phi}{\partial t^{n-m}\partial u^k},$$

$$\mu_4 = \sum_{n=2}^{+\infty}\sum_{m=2}^{n}\sum_{k=2}^{m}\sum_{r=0}^{k-1} \binom{\alpha}{n}\binom{n}{m}\binom{k}{r} \frac{1}{k!} \frac{t^{n-\alpha}}{\Gamma(n+1-\alpha)} (-v)^r \frac{\partial^m}{\partial t^m}(v^{k-r})\frac{\partial^{n-m+k}\phi}{\partial t^{n-m}\partial u^k}.$$

接下来, 给出时间分数阶偏微分方程组的不变性准则.

**定理 3.2.4** 时间分数阶偏微分方程组 (3.2.11) 在单参数李变换群 (3.2.12) 下不变的充要条件是

$$\mathrm{Pr}\, V(D_t^\alpha u - F_1(t,x,u,v,\partial u,\partial v,\partial^2 u,\partial^2 v,\cdots,$$

$$\partial^k u, \partial^k v))\big|_{D_t^\alpha u = F_1(t,x,u,v,\partial u,\partial v,\partial^2 u,\partial^2 v,\cdots,\partial^k u,\partial^k v)} = 0,$$

$$\mathrm{Pr}\, V(D_t^\alpha v - F_2(t,x,u,v,\partial u,\partial v,\partial^2 u,\partial^2 v,\cdots,$$

$$\partial^s u, \partial^s v))\big|_{D_t^\alpha v = F_2(t,x,u,v,\partial u,\partial v,\partial^2 u,\partial^2 v,\cdots,\partial^s u,\partial^s v)} = 0,$$

其中 $\mathrm{Pr}\, V$ 是延拓的无穷小生成元 (3.2.14).

此定理的证明与定理 3.2.3 的证明类似, 具体过程此处不再详述.

## 3.3 几类分数阶微分方程的李群分析

本小节将利用分数阶李群理论对分数阶 Riccati 方程和四类时间分数阶偏微分方程进行李群分析, 讨论不同分数阶微分方程的无穷小和无穷小生成元, 并结合相应的无穷小生成元, 得到这些方程在一些特殊情况下的不变解和精确解. 本节所讨论的分数阶微分方程的阶数均为 $0 < \alpha < 1$.

### 3.3.1 分数阶 Riccati 方程情形

考虑如下分数阶 Riccati 方程

$$D_x^\alpha y + ay^2 = \frac{b}{x^{2\alpha}}, \tag{3.3.1}$$

其中 $a, b$ 是任意常数. 根据不变性条件 (3.2.4) 可知, 方程 (3.3.1) 的不变性条件为

$$\eta_\alpha^0 + 2ay\eta + 2b\alpha\xi x^{-2\alpha-1} = 0, \tag{3.3.2}$$

其中

$$\eta_\alpha^0 = D_x^\alpha \eta - \alpha D_x^\alpha y D_x \xi + \sum_{n=1}^{+\infty} \left( \binom{\alpha}{n} - \binom{\alpha+1}{n+1} \right) D_x^{\alpha-n} y D_x^{n+1} \xi.$$

于是, 不变性条件 (3.3.2) 可以写成

$$D_x^\alpha \eta - \alpha D_x^\alpha y D_x \xi + \sum_{n=1}^{+\infty} \binom{\alpha}{n} \frac{n-\alpha}{n+1} D_x^{\alpha-n} y D_x^{n+1} \xi + 2ay\eta + 2b\alpha\xi x^{-2\alpha-1} = 0. \tag{3.3.3}$$

一般地, 由方程 (3.3.3) 求解无穷小 $\xi(x, y)$ 和 $\eta(x, y)$ 是比较困难的, 所以不妨假设无穷小 $\xi(x, y)$ 和 $\eta(x, y)$ 的表达式为

$$\xi(x, y) = \xi(x), \quad \eta(x, y) = p(x)y + q(x). \tag{3.3.4}$$

将式 (3.3.4) 代入式 (3.3.3) 中, 可得

$$D_x^\alpha q(x) + (p(x) - \alpha\xi'(x))D_x^\alpha y + \sum_{n=1}^{+\infty} \binom{\alpha}{n} \left( p^{(n)}(x) + \frac{n-\alpha}{n+1}\xi^{(n+1)}(x) \right) D_x^{\alpha-n} y$$

$$+ 2ay(p(x)y + q(x)) + 2b\alpha\xi(x)x^{-2\alpha-1} = 0.$$

由方程 (3.3.1) 可知 $D_x^\alpha y = b/x^{2\alpha} - ay^2$, 将其代入上式并整理, 则有

$$D_x^\alpha q(x) + \frac{b}{x^{2\alpha}} \left( p(x) - \alpha\xi'(x) + \frac{2\alpha\xi(x)}{x} \right) + 2aq(x)y + a(p(x) + \alpha\xi'(x))y^2$$

$$+ \sum_{n=1}^{+\infty} \binom{\alpha}{n} \left( p^{(n)}(x) + \frac{n-\alpha}{n+1}\xi^{(n+1)}(x) \right) D_x^{\alpha-n} y = 0.$$

令上式中 $y^0$, $y$, $y^2$, $D_x^{\alpha-n} y$ 的系数为零, 可得如下超定方程组

$$q(x) = 0, \quad p(x) + \alpha\xi'(x) = 0,$$

$$D_x^\alpha q(x) + \frac{b}{x^{2\alpha}} \left( p(x) - \alpha\xi'(x) + \frac{2\alpha\xi(x)}{x} \right) = 0,$$

$$p^{(n)}(x) + \frac{n-\alpha}{n+1}\xi^{(n+1)}(x) = 0, \quad n = 1, 2, 3, \cdots.$$

求解上述超定方程组, 得到 $\xi(x,y) = C_1 x$, $p(x) = -\alpha C_1$, 其中 $C_1$ 是常数. 因此, 无穷小 $\xi(x,y)$ 和 $\eta(x,y)$ 分别为 $\xi(x,y) = C_1 x$ 和 $\eta(x,y) = -\alpha C_1 y$. 从而, 分数阶 Riccati 方程的无穷小生成元为

$$V = x\frac{\partial}{\partial x} - \alpha y\frac{\partial}{\partial y},$$

相应的特征方程为

$$\frac{\mathrm{d}x}{x} = \frac{\mathrm{d}y}{-\alpha y},$$

求解此特征方程, 得到不变解 $y = C_0 x^{-\alpha}$, 其中 $C_0$ 是常数. 将该不变解代入方程 (3.3.1) 中, 可得 $C_0$ 满足

$$\frac{C_0 \Gamma(1-\alpha)}{\Gamma(1-2\alpha)} + aC_0^2 - b = 0, \quad 0 < \alpha < \frac{1}{2}.$$

因此, 分数阶 Riccati 方程的精确解为 $y = C_0 x^{-\alpha}$.

### 3.3.2　线性时间分数阶变系数偏微分方程情形

考虑如下线性时间分数阶变系数偏微分方程

$$D_t^\alpha u = A_1(x)\frac{\partial^n u}{\partial x^n} + A_2(x)\frac{\partial^{n-1} u}{\partial x^{n-1}} + \cdots + A_n(x)\frac{\partial u}{\partial x} + A_{n+1}(x)u. \quad (3.3.5)$$

假设方程 (3.3.5) 接受如下单参数李变换群

$$\begin{aligned}
t^* &= t + \varepsilon\tau(t,x,u) + O(\varepsilon^2), \\
x^* &= x + \varepsilon\xi(t,x,u) + O(\varepsilon^2), \\
u^* &= u + \varepsilon\eta(t,x,u) + O(\varepsilon^2),
\end{aligned} \quad (3.3.6)$$

其中 $\tau, \xi, \eta$ 是无穷小.

由于方程 (3.3.5) 具有 $n$ 阶偏导数, 所以相应的 $n$ 阶延拓的无穷小生成元为

$$\mathrm{Pr}\, V = \tau\frac{\partial}{\partial t} + \xi\frac{\partial}{\partial x} + \eta\frac{\partial}{\partial u} + \eta_\alpha^{(0)}\frac{\partial}{\partial D_t^\alpha u} + \eta_x^{(1)}\frac{\partial}{\partial u_x} + \eta_{xx}^{(2)}\frac{\partial}{\partial u_{xx}} + \cdots + \eta_{\underbrace{x\cdots x}_{n}}^{(n)}\frac{\partial}{\partial u_{\underbrace{x\cdots x}_{n}}},$$

其中 $\eta_\alpha^{(0)}$ 是 $D_t^\alpha u$ 延拓的无穷小, $\eta_{\underbrace{x\cdots x}_{l_2}}^{(l_2)}$ 是 $u_{\underbrace{x\cdots x}_{l_2}}$ 的 $l_2(l_2 = 1, 2, \cdots, n)$ 阶延拓的无穷小.

根据时间分数阶偏微分方程的不变性准则, 即定理 3.2.3, 可得方程 (3.3.5) 的不变性条件为

$$\xi\left(\frac{\partial A_1(x)}{\partial x}u_{\underbrace{x\cdots x}_{n}} + \frac{\partial A_2(x)}{\partial x}u_{\underbrace{x\cdots x}_{n-1}} + \cdots + \frac{\partial A_n(x)}{\partial x}u_x + \frac{\partial A_{n+1}(x)}{\partial x}u\right)$$

$$+ \eta A_{n+1}(x) - \eta_\alpha^0 + \eta_x^{(1)} A_n(x) + \eta_{xx}^{(2)} A_{n-1}(x) + \cdots + \underbrace{\eta_{x\cdots x}^{(n)}}_{n} A_1(x) = 0.$$

将 $\underbrace{\eta_{x\cdots x}^{(n)}}_{n}$ $(n = 1, 2, \cdots)$(见式 (1.2.29)) 代入上式中并整理, 可得如下超定方程组

$$\tau_x = \tau_u = \xi_u = \xi_t = 0, \quad \eta_{uu} - n\xi_{xu} = 0,$$

$$\binom{\alpha}{n} \frac{\partial^n \eta_u}{\partial t^n} - \binom{\alpha}{n+1} D_t^{(n+1)} \tau = 0, \quad n = 1, 2, \cdots, \tag{3.3.7}$$

$$\xi \frac{\partial A_1(x)}{\partial x} + A_1(x)(\eta_u - n\xi_x) - A_1(x)(\eta_u - \alpha\tau_t) = 0.$$

由方程组 (3.3.7) 的前两个方程, 可得 $\tau = \tau(t)$, $\xi = \xi(x)$ 和 $\eta = p(t,x)u + q(t,x)$, 其中 $p(t,x)$ 和 $q(t,x)$ 是关于 $t, x$ 的函数. 根据 $\tau, \eta$ 的表达式, 超定方程组 (3.3.7) 的第三个方程可以写成

$$\binom{\alpha}{n} \frac{\partial^n p}{\partial t^n} - \binom{\alpha}{n+1} D_t^{(n+1)} \tau = 0, \quad n = 1, 2, \cdots.$$

再假设 $p(t,x) = p(x)$, 则有 $\eta = p(x)u + q(t,x)$. 于是, 超定方程组 (3.3.7) 的最后一个方程可简化为

$$-A_1(x)n\frac{\mathrm{d}\xi}{\mathrm{d}x} + (A_1(x))'\xi + A_1(x)\alpha\tau_t = 0. \tag{3.3.8}$$

在方程 (3.3.8) 的两边关于 $t$ 求导, 可以得到 $\tau_{tt} = 0$. 因此, 可以设 $\tau = C_0 t + C_1$, 其中 $C_0$ 和 $C_1$ 是常数. 由于 $\tau(0) = 0$, 所以 $C_1 = 0$, 即 $\tau = C_0 t$. 将 $\tau$ 代入方程 (3.3.8) 中并整理, 则有

$$\frac{\mathrm{d}\xi}{\mathrm{d}x} = \frac{(A_1(x))'}{nA_1(x)}\xi + \frac{C_0\alpha}{n}.$$

利用常数变易法求解此方程, 可得

$$\xi = \exp\left(\int \frac{(A_1(x))'}{nA_1(x)}\mathrm{d}x\right)\left(\int \frac{C_0\alpha}{n}\exp\left(-\int \frac{(A_1(x))'}{nA_1(x)}\mathrm{d}x\right)\mathrm{d}x + C_2\right)$$

$$= |A_1(x)|^{\frac{1}{n}}\left(\int \frac{C_0\alpha}{n}|A_1(x)|^{-\frac{1}{n}}\mathrm{d}x + C_2\right),$$

其中 $C_2$ 是积分常数.

于是有下面的定理成立.

**定理 3.3.1**　若线性时间分数阶变系数偏微分方程 (3.3.5) 接受单参数李变换群 (3.3.6), 则方程 (3.3.5) 存在如下无穷小

$$\tau = C_0 t,$$

$$\xi = |A_1(x)|^{\frac{1}{n}} \left( \int \frac{C_0 \alpha}{n} |A_1(x)|^{-\frac{1}{n}} \, \mathrm{d}x + C_2 \right),$$

$$\eta = p(x)u + q(t, x),$$

其中 $C_0, C_2$ 是常数, $q(t, x)$ 是关于 $t, x$ 的函数.

特别地, 当 $n = 2$ 时, 方程 (3.3.5) 变为

$$D_t^\alpha u = A_1(x) \frac{\partial^2 u}{\partial x^2} + A_2(x) \frac{\partial u}{\partial x} + A_3(x) u. \tag{3.3.9}$$

根据定理 3.3.1, 方程 (3.3.9) 的无穷小为

$$\tau = C_0 t,$$

$$\xi = |A_1(x)|^{\frac{1}{2}} \left( \int \frac{C_0 \alpha}{2} |A_1(x)|^{-\frac{1}{2}} \, \mathrm{d}x + C_2 \right), \tag{3.3.10}$$

$$\eta = p(x)u + q(t, x),$$

其中 $C_0, C_2$ 是常数, $q(t, x)$ 是关于 $t, x$ 的函数.

**例 3.3.1** 考虑如下带有漂移函数 $f(x)$ 的一类分数阶微分方程

$$D_t^\alpha u = x \frac{\partial^2 u}{\partial x^2} + f(x) \frac{\partial u}{\partial x}. \tag{3.3.11}$$

根据结论 (3.3.10), 可得方程 (3.3.11) 的无穷小为

$$\tau = C_0 t,$$

$$\xi = x^{\frac{1}{2}} \left( \int \frac{C_0 \alpha}{2} x^{-\frac{1}{2}} \mathrm{d}x + C_2 \right) = C_0 \alpha x + m \sqrt{x},$$

$$\eta = p(x)u + q(t, x),$$

其中 $p(x)$ 满足

$$p'(x) = \frac{C_2}{4x\sqrt{x}} f(x) - \frac{1}{2} \left( C_0 \alpha + \frac{C_2}{\sqrt{x}} \right) f'(x) - \frac{C_2}{8x\sqrt{x}}.$$

同时, 函数 $f(x)$ 还满足条件

$$\frac{1}{16} C_2 x^{-\frac{1}{2}} \left( 3 + 8 \left( xf' - f + \frac{f^2}{2} \right) - 8x \frac{\mathrm{d}}{\mathrm{d}x} \left( xf' - f + \frac{f^2}{2} \right) \right)$$

$$- \frac{C_0 \alpha}{2} x \frac{\mathrm{d}}{\mathrm{d}x} \left( xf' - f + \frac{f^2}{2} \right) = 0.$$

由于 $p(x)$ 与漂移函数 $f(x)$ 有关, 所以接下来将针对 $f(x)$ 的不同情况, 讨论方程 (3.3.11) 的不同无穷小生成元.

情况 1: 当 $f(x) = \beta$ 时, 其中 $\beta$ 是实数.

(1) 当 $f(x) = 1/2$ 时, 方程 (3.3.11) 的无穷小生成元为

$$V_1 = \alpha x \frac{\partial}{\partial x} + t \frac{\partial}{\partial t}, \quad V_2 = \sqrt{x} \frac{\partial}{\partial x}, \quad V_3 = u \frac{\partial}{\partial u}.$$

(2) 当 $f(x) = 3/2$ 时, 方程 (3.3.11) 的无穷小生成元为

$$V_1 = \alpha x \frac{\partial}{\partial x} + t \frac{\partial}{\partial t}, \quad V_2 = u \frac{\partial}{\partial u}, \quad V_3 = \sqrt{x} \frac{\partial}{\partial x} - \frac{1}{2\sqrt{x}} u \frac{\partial}{\partial u}.$$

(3) 当 $f(x) \neq 1/2, 3/2$ 时, 方程 (3.3.11) 的无穷小生成元为

$$V_1 = \alpha x \frac{\partial}{\partial x} + t \frac{\partial}{\partial t}, \quad V_2 = u \frac{\partial}{\partial u}.$$

情况 2: 当 $f(x) = (1 + 3\sqrt{x})/(2(1 + \sqrt{x}))$ 时, 方程 (3.3.11) 的无穷小生成元为

$$V_1 = u \frac{\partial}{\partial u}, \quad V_2 = \alpha x \frac{\partial}{\partial x} + t \frac{\partial}{\partial t} + \frac{\alpha u}{2(1 + \sqrt{x})} \frac{\partial}{\partial u}, \quad V_3 = \sqrt{x} \frac{\partial}{\partial x} - \frac{u}{2(1 + \sqrt{x})} \frac{\partial}{\partial u}.$$

情况 3: 当 $f(x) = \gamma x/(1 + 0.5\gamma x)(\gamma > 0, x > 0)$ 时, 方程 (3.3.11) 是分数阶 Kolmogorov 方程, 该方程的无穷小生成元为

$$V_1 = u \frac{\partial}{\partial u}, \quad V_2 = \alpha x \frac{\partial}{\partial x} + t \frac{\partial}{\partial t} + \frac{2\alpha u}{2 + \gamma x} \frac{\partial}{\partial u}.$$

接下来, 将根据方程 (3.3.11) 的无穷小生成元, 求解方程 (3.3.11) 在一些特殊情况下的精确解.

(1) 当 $f(x) = 1/2$ 时, 方程 (3.3.11) 在无穷小生成元

$$V_2 + V_3 = \sqrt{x} \frac{\partial}{\partial x} + u \frac{\partial}{\partial u}$$

下的不变解为 $u(t, x) = \exp(2\sqrt{x}) \varphi(t)$, 其中 $\varphi(t)$ 满足方程 $D_t^\alpha(\varphi(t)) = \varphi(t)$, 求解此方程, 得到

$$\varphi(t) = \frac{1}{2} \sum_{k=0}^{q-1} (E_t(-k\alpha, 1) - (-1)^{q-k-1} E_t(-k\alpha, (-1)^q)),$$

其中 $E_t(\nu, \alpha) = t^\nu \sum_{k=0}^{+\infty} (at)^k / \Gamma(\nu + 1 + k)$. 因此, 方程 (3.3.11) 的精确解为

$$u(t, x) = \frac{1}{2} \exp(2\sqrt{x}) \sum_{k=0}^{q-1} (E_t(-k\alpha, 1) - (-1)^{q-k-1} E_t(-k\alpha, (-1)^q)).$$

(2) 当 $f(x) = 3/2$ 时, 方程 (3.3.11) 在无穷小生成元

$$V_3 = \sqrt{x}\frac{\partial}{\partial x} - \frac{u}{2\sqrt{x}}\frac{\partial}{\partial u}$$

下的不变解为 $u(t,x) = x^{-1/2}\varphi(t)$, 其中 $\varphi(t)$ 满足方程 $D_t^\alpha(\varphi(t)) = 0$, 求解此方程, 得到 $\varphi(t) = C_3 t^{\alpha-1}$, 其中 $C_3$ 是积分常数. 因此, 方程 (3.3.11) 的精确解为 $u(t,x) = C_3 x^{-1/2}t^{\alpha-1}$.

(3) 当 $f(x) = (1 + 3\sqrt{x})/(2(1 + \sqrt{x}))$ 时, 方程 (3.3.11) 在无穷小生成元

$$V_3 = \sqrt{x}\frac{\partial}{\partial x} - \frac{u}{2(1 + \sqrt{x})}\frac{\partial}{\partial u}$$

下的不变解为 $u(t,x) = \varphi(t)/(1 + \sqrt{x})$, 其中 $\varphi(t)$ 满足方程 $D_t^\alpha(\varphi(t)) = 0$, 求解此方程, 得到 $\varphi(t) = C_4 t^{\alpha-1}$, 其中 $C_4$ 是积分常数. 因此, 方程 (3.3.11) 的精确解为 $u(t,x) = C_4 t^{\alpha-1}/(1 + \sqrt{x})$.

(4) 当 $f(x) = \gamma x/(1 + 0.5\gamma x)(\gamma > 0, \ x > 0)$ 时, 方程 (3.3.11) 在无穷小生成元

$$V_2 = \alpha x\frac{\partial}{\partial x} + t\frac{\partial}{\partial t} + \frac{2\alpha u}{2 + \gamma x}\frac{\partial}{\partial u}$$

下的不变解为 $u(t,x) = \varphi(z)x/(2 + \gamma x)$, $z = xt^{-\alpha}$, 其中 $\varphi(z)$ 满足方程

$$z\varphi''(z) + (2 - vz)\varphi'(z) = 0, \tag{3.3.12}$$

并且 $v = \Gamma(1 - \alpha)/\Gamma(1 - 2\alpha)$. 求解方程 (3.3.12), 可得

$$\varphi(z) = C_5 + C_6\left(-\frac{\mathrm{e}^{vz}}{vz} - \mathrm{Ei}(1, -vz)\right),$$

其中 $C_5, C_6$ 是任意常数, $\mathrm{Ei}(n, z) = \displaystyle\int_1^{+\infty} \mathrm{e}^{-zt}/t^n \mathrm{d}t$ 是指数积分函数. 因此, 方程 (3.3.11) 的精确解为

$$u(t,x) = \frac{C_5 x}{2 + \gamma x} + \frac{C_6 x}{2 + \gamma x}\left(-\frac{\exp(vxt^{-\alpha})}{vxt^{-\alpha}} - \mathrm{Ei}(1, -vxt^{-\alpha})\right).$$

### 3.3.3 非线性时间分数阶对流扩散方程情形

分数阶对流扩散方程是模拟各种反常扩散现象的有力工具, 其广泛应用于工程领域. 针对一类非线性时间分数阶对流扩散方程[69]

$$D_t^\alpha u = \left(\frac{\partial u}{\partial x}\right)^2\frac{\partial f}{\partial u} + f(u)\frac{\partial^2 u}{\partial x^2} - \frac{\partial u}{\partial x}\frac{\partial g}{\partial u}, \quad t > 0,$$

其中 $f(u)$ 和 $g(u)$ 分别为扩散项和对流项, 本小节仅考虑上述方程的两种特殊情形

$$D_t^\alpha u = \beta(u_x)^2 + \beta u u_{xx} - \gamma u u_x, \tag{3.3.13}$$

$$D_t^\alpha u = (2\beta u + \gamma)(u_x)^2 + (\beta u^2 + \gamma u)u_{xx}, \tag{3.3.14}$$

其中 $\beta, \gamma$ 是常数. 假设方程 (3.3.13) 和方程 (3.3.14) 接受如下单参数李变换群

$$t^* = t + \varepsilon\tau(t, x, u) + O(\varepsilon^2),$$

$$x^* = x + \varepsilon\xi(t, x, u) + O(\varepsilon^2),$$

$$u^* = u + \varepsilon\eta(t, x, u) + O(\varepsilon^2),$$

其中 $\tau, \xi, \eta$ 是无穷小.

1. 方程 (3.3.13) 的李群分析和不变解

根据定理 3.2.3, 有

$$\mathrm{Pr}\, V(\beta(u_x)^2 + \beta u u_{xx} - \gamma u u_x - D_t^\alpha u)\big|_{D_t^\alpha u = \beta(u_x)^2 + \beta u u_{xx} - \gamma u u_x} = 0,$$

其中

$$\mathrm{Pr}\, V = \tau(t,x,u)\frac{\partial}{\partial t} + \xi(t,x,u)\frac{\partial}{\partial x} + \eta(t,x,u)\frac{\partial}{\partial u} + \eta_\alpha^0\frac{\partial}{\partial D_t^\alpha u} + \eta_x^{(1)}\frac{\partial}{\partial u_x} + \eta_{xx}^{(2)}\frac{\partial}{\partial u_{xx}}.$$

于是得到不变性条件为

$$\eta(\beta u_{xx} - \gamma u_x) + \eta_x^{(1)}(2\beta u_x - \gamma u) + \eta_{xx}^{(2)}\beta u - \eta_\alpha^0 = 0. \tag{3.3.15}$$

将 $\eta_x^{(1)}$ 和 $\eta_{xx}^{(2)}$ 的表达式 (1.2.23) 和 (1.2.26), 以及 $\eta_\alpha^0$ (见定理 3.2.2) 的表达式代入不变性条件 (3.3.15) 中, 可得如下超定方程组

$$\tau_x = \tau_u = \xi_u = \xi_t = 0,$$

$$\eta\beta - 2\beta\xi_x u + \alpha\tau_t\beta u = 0,$$

$$\eta_u - 2\xi_x + \alpha\tau_t + \eta_{uu}u = 0,$$

$$-\eta\gamma + 2\beta\eta_x + (\gamma\xi_x + 2\beta\eta_{xu} - \beta\xi_{xx} - \alpha\tau_t\gamma)u = 0,$$

$$-\gamma\eta_x u + \beta\eta_{xx}u - \frac{\partial^\alpha\eta}{\partial t^\alpha} + u\frac{\partial^\alpha\eta_u}{\partial t^\alpha} = 0,$$

$$\binom{\alpha}{n}\frac{\partial^n\eta_u}{\partial t^n} - \binom{\alpha}{n+1}D_t^{(n+1)}\tau = 0, \quad n = 1, 2, \cdots.$$

求解上述超定方程组, 得到 $\tau = 0$, $\xi = C_0$, $\eta = 0$, 其中 $C_0$ 为任意常数. 因此, 方程 (3.3.13) 的无穷小生成元为 $V = \dfrac{\partial}{\partial x}$, 相应的特征方程为

$$\frac{\mathrm{d}t}{0} = \frac{\mathrm{d}x}{1} = \frac{\mathrm{d}u}{0}.$$

求解此特征方程, 得到不变解 $u = \phi(z)$, 其中 $z = t$ 是不变量. 将该不变解代入方程 (3.3.13) 中, 则方程 (3.3.13) 可以约化为常微分方程 $D_z^\alpha \phi = 0$, 求解此常微分方程, 得到 $\phi(z) = C_1 z^{\alpha-1}$, 其中 $C_1$ 为实常数. 因此, 方程 (3.3.13) 的精确解为 $u = C_1 t^{\alpha-1}$.

接下来, 对方程 (3.3.13) 的两种特殊情况做进一步的李群分析.

情况 1: 当 $\beta = 0$, $\gamma \neq 0$ 时, 方程 (3.3.13) 变为

$$D_t^\alpha u = -\gamma u u_x. \tag{3.3.16}$$

方程 (3.3.16) 的无穷小为 $\tau = C_2 t$, $\xi = C_3 x + C_4$, $\eta = (C_3 - \alpha C_2)u$, 其中 $C_2, C_3, C_4$ 为常数. 因此, 相应的无穷小生成元为

$$V_1 = \frac{\partial}{\partial x}, \quad V_2 = t\frac{\partial}{\partial t} - \alpha u\frac{\partial}{\partial u}, \quad V_3 = x\frac{\partial}{\partial x} + u\frac{\partial}{\partial u}.$$

(1) 在 $V_2 = t\dfrac{\partial}{\partial t} - \alpha u\dfrac{\partial}{\partial u}$ 下, 方程 (3.3.16) 的不变解为 $u = \phi(z)t^{-\alpha}$, 其中 $z = x$ 是不变量. 将该不变解代入方程 (3.3.16) 中, 则方程 (3.3.16) 可以约化为常微分方程 $\phi' = -\Gamma(1-\alpha)/(\gamma\Gamma(1-2\alpha))$, 求解此方程, 可得方程 (3.3.16) 的精确解为

$$u = \left(-\frac{x\Gamma(1-\alpha)}{\gamma\Gamma(1-2\alpha)} + C_5\right)t^{-\alpha},$$

其中 $C_5$ 为常数.

(2) 在 $V_3 = x\dfrac{\partial}{\partial x} + u\dfrac{\partial}{\partial u}$ 下, 方程 (3.3.16) 的不变解为 $u = \phi(z)x$, 其中 $z = t$ 是不变量. 将该不变解代入方程 (3.3.16) 中, 则方程 (3.3.16) 可以约化为常微分方程 $D_z^\alpha \phi = -\gamma\phi^2$, 求解此方程, 可得方程 (3.3.16) 的精确解为

$$u = -\frac{xt^{-\alpha}\Gamma(1-\alpha)}{\gamma\Gamma(1-2\alpha)}.$$

情况 2: 当 $\beta \neq 0$, $\gamma = 0$ 时, 方程 (3.3.13) 变为

$$D_t^\alpha u = \beta(u_x)^2 + \beta u u_{xx}. \tag{3.3.17}$$

方程 (3.3.17) 的无穷小为 $\tau = 2C_6 t/\alpha$, $\xi = C_6 x + C_7$, $\eta = 0$, 其中 $C_6, C_7$ 为常数. 因此, 相应的无穷小生成元为

$$V_1 = \frac{\partial}{\partial x}, \quad V_2 = \frac{2}{\alpha}t\frac{\partial}{\partial t} + x\frac{\partial}{\partial x}.$$

在 $V_2 = \dfrac{2}{\alpha} t \dfrac{\partial}{\partial t} + x \dfrac{\partial}{\partial x}$ 下, 方程 (3.3.15) 的不变解为 $u = \phi(z)$, 其中 $z = xt^{-\alpha/2}$ 是不变量. 将该不变解代入方程 (3.3.17) 中, 则方程 (3.3.17) 可以约化为如下常微分方程

$$\left(-\frac{\alpha z}{2}\right)^\alpha D_z^\alpha \phi = \beta \phi \phi'' + \beta (\phi')^2.$$

**2. 方程 (3.3.14) 的李群分析和不变解**

根据定理 3.2.3, 有

$$\mathrm{Pr}\, V \left((2\beta u + \gamma)(u_x)^2 + (\beta u^2 + \gamma u) u_{xx} - D_t^\alpha u\right)\Big|_{D_t^\alpha u = (2\beta u + \gamma)(u_x)^2 + (\beta u^2 + \gamma u) u_{xx}} = 0,$$

相应的不变性条件为

$$\eta(2\beta(u_x)^2 + (2\beta u + \gamma) u_{xx}) + \eta_x^{(1)}(4\beta u u_x + 2\gamma u_x) + \eta_{xx}^{(2)}(\beta u^2 + \gamma u) - \eta_\alpha^0 = 0.$$

类似于方程 (3.3.13) 的分析过程, 可得如下超定方程组

$$\tau_x = \tau_u = \xi_u = \xi_t = 0,$$

$$(2\beta u + \gamma)\eta + (\alpha \tau_t - 2\xi_x)(\beta u^2 + \gamma u) = 0,$$

$$2\beta\eta + (2\beta u + \gamma)(\eta_u - 2\xi_x + \alpha \tau_t) + \beta \eta_{uu} u^2 + \gamma \eta_{uu} u = 0,$$

$$(4\beta u + 2\gamma)\eta_x + (\beta u^2 + \gamma u)(2\eta_{xu} - \xi_{xx}) = 0,$$

$$(\beta u^2 + \gamma u)\eta_{xx} - \frac{\partial^\alpha \eta}{\partial t^\alpha} + u \frac{\partial^\alpha \eta_u}{\partial t^\alpha} = 0,$$

$$\binom{\alpha}{n} \frac{\partial^n \eta_u}{\partial t^n} - \binom{\alpha}{n+1} D_t^{(n+1)} \tau = 0, \quad n = 1, 2, \cdots.$$

求解上述超定方程组, 得到 $\tau = 2C_8 t / \alpha$, $\xi = C_8 x + C_9$, $\eta = 0$, 其中 $C_8, C_9$ 为常数. 因此, 方程 (3.3.14) 的两个无穷小生成元为

$$V_1 = \frac{\partial}{\partial x}, \quad V_2 = \frac{2}{\alpha} t \frac{\partial}{\partial t} + x \frac{\partial}{\partial x}.$$

在 $V_2 = \dfrac{2}{\alpha} t \dfrac{\partial}{\partial t} + x \dfrac{\partial}{\partial x}$ 下, 相应的特征方程为

$$\frac{\alpha \mathrm{d}t}{2t} = \frac{\mathrm{d}x}{x} = \frac{\mathrm{d}u}{0},$$

求解此特征方程, 得到不变解 $u = \phi(z)$, 其中 $z = xt^{-\alpha/2}$ 是不变量. 将该不变解代入方程 (3.3.14) 中, 则方程 (3.3.14) 可以约化为如下常微分方程

$$\left(-\frac{\alpha}{2}\right)^\alpha z^\alpha D_z^\alpha \phi = 2\beta\phi(\phi')^2 + \gamma(\phi')^2 + (\beta\phi^2 + \gamma\phi)\phi''.$$

下面对方程 (3.3.14) 的两种特殊情况进行李群分析.

情况 1: 当 $\beta \neq 0, \gamma = 0$ 时, 方程 (3.3.14) 变为

$$D_t^\alpha u = 2\beta u(u_x)^2 + \beta u^2 u_{xx}. \tag{3.3.18}$$

方程 (3.3.18) 的无穷小为 $\tau = C_{12}t, \xi = C_{10}x + C_{11}, \eta = (2C_{10}u - \alpha C_{12}u)/2$, 其中 $C_{10}, C_{11}, C_{12}$ 为常数. 相应的无穷小生成元为

$$V_1 = \frac{\partial}{\partial x}, \quad V_2 = t\frac{\partial}{\partial t} - \frac{\alpha u}{2}\frac{\partial}{\partial u}, \quad V_3 = x\frac{\partial}{\partial x} + u\frac{\partial}{\partial u}.$$

(1) 在 $V_2 = t\dfrac{\partial}{\partial t} - \dfrac{\alpha u}{2}\dfrac{\partial}{\partial u}$ 下, 方程 (3.3.18) 的不变解为 $u = \phi(z)t^{-\alpha/2}$, 其中 $z = x$ 是不变量. 将该不变解代入方程 (3.3.18) 中, 则方程 (3.3.18) 可以约化为如下常微分方程

$$\frac{\Gamma(1 - \alpha/2)}{\Gamma(1 - 3\alpha/2)} = \beta\phi\phi'' + 2\beta(\phi')^2.$$

(2) 在 $V_3 = x\dfrac{\partial}{\partial x} + u\dfrac{\partial}{\partial u}$ 下, 方程 (3.3.18) 的不变解为 $u = x\phi(z)$, 其中 $z = t$ 是不变量. 将该不变解代入方程 (3.3.18) 中, 则方程 (3.3.18) 可以约化为常微分方程 $D_z^\alpha\phi = 2\beta\phi^3$.

情况 2: 当 $\beta = 0, \gamma \neq 0$ 时, 方程 (3.3.14) 变为

$$D_t^\alpha u = \gamma(u_x)^2 + \gamma u u_{xx}. \tag{3.3.19}$$

方程 (3.3.19) 的无穷小为 $\tau = 2C_{13}t/\alpha, \xi = C_{13}x + C_{14}, \eta = 0$, 其中 $C_{13}, C_{14}$ 为常数. 相应的无穷小生成元为

$$V_1 = \frac{\partial}{\partial x}, \quad V_2 = \frac{2}{\alpha}t\frac{\partial}{\partial t} + x\frac{\partial}{\partial x}.$$

在 $V_2 = \dfrac{2}{\alpha}t\dfrac{\partial}{\partial t} + x\dfrac{\partial}{\partial x}$ 下, 方程 (3.3.19) 的不变解为 $u = \phi(z)$, 其中 $z = xt^{-\alpha/2}$ 是不变量. 将该不变解代入方程 (3.3.19) 中, 则方程 (3.3.19) 可以约化为如下非线性分数阶方程

$$\left(-\frac{\alpha z}{2}\right)^\alpha D_z^\alpha\phi = \gamma\phi\phi'' + \gamma(\phi')^2.$$

### 3.3.4 非线性时间分数阶反应对流扩散方程情形

考虑如下非线性时间分数阶反应对流扩散方程

$$D_t^\alpha u = (K(u)(u^n)_x)_x + G(u)(u^m)_x + H(u), \tag{3.3.20}$$

其中 $n, m$ 是非负整数.

假设方程 (3.3.20) 接受如下单参数李变换群

$$
\begin{aligned}
t^* &= t + \varepsilon\tau(t,x,u) + O(\varepsilon^2),\\
x^* &= x + \varepsilon\xi(t,x,u) + O(\varepsilon^2),\\
u^* &= u + \varepsilon\eta(t,x,u) + O(\varepsilon^2),
\end{aligned}
\tag{3.3.21}
$$

其中 $\tau,\xi,\eta$ 是无穷小. 相应的二阶延拓的无穷小生成元为

$$
\Pr V = \tau\frac{\partial}{\partial t} + \xi\frac{\partial}{\partial x} + \eta\frac{\partial}{\partial u} + \eta_\alpha^0\frac{\partial}{\partial D_t^\alpha u} + \eta_x^{(1)}\frac{\partial}{\partial u_x} + \eta_{xx}^{(2)}\frac{\partial}{\partial u_{xx}},
$$

其中 $\eta_\alpha^0$, $\eta_x^{(1)}$ 和 $\eta_{xx}^{(2)}$ 是延拓的无穷小.

根据定理 3.2.3, 得到方程 (3.3.20) 的不变性条件为

$$
\begin{aligned}
&\eta_\alpha^0 - \eta(nK''(u)u^{n-1}(u_x)^2 + 2n(n-1)K'(u)u^{n-2}(u_x)^2\\
&+ n(n-1)(n-2)u^{n-3}(u_x)^2 K(u) + nK'(u)u^{n-1}u_{xx}\\
&+ n(n-1)K(u)u^{n-2}u_{xx} + mG'(u)u^{m-1}u_x + m(m-1)G(u)u^{m-2}u_x\\
&+ H'(u)) - \eta_x^{(1)}(2nK'(u)u^{n-1}u_x + 2n(n-1)K(u)u^{n-2}u_x\\
&+ mG(u)u^{m-1}) - \eta_{xx}^{(2)}nK(u)u^{n-1} = 0.
\end{aligned}
\tag{3.3.22}
$$

结合 $\eta_\alpha^0$, $\eta_x^{(1)}$ 和 $\eta_{xx}^{(2)}$ 的表达式并分析不变性条件 (3.3.22), 可以得到 $\tau_u = 0$, $\tau_x = 0$, $\xi_t = 0$, $\xi_u = 0$. 于是有下面定理成立.

**定理 3.3.2**  若方程 (3.3.20) 接受单参数李变换群 (3.3.21), 则该方程的无穷小为 $\tau = \tau(t)$, $\xi = \xi(x)$.

由定理 3.3.2, 并结合式 (1.2.23) 和式 (1.2.26), 可将 $\eta_x^{(1)}$ 和 $\eta_{xx}^{(2)}$ 分别简化为

$$
\eta_x^{(1)} = \eta_x + (\eta_u - \xi_x)u_x,
\tag{3.3.23}
$$

$$
\eta_{xx}^{(2)} = \eta_{xx} + (2\eta_{xu} - \xi_{xx})u_x - \eta_{uu}(u_x)^2 + (\eta_u - 2\xi_x)u_{xx}.
\tag{3.3.24}
$$

将式 (3.3.23) 和式 (3.3.24) 代入不变性条件 (3.3.22) 中, 并令 $u_x$ 和 $u_{xx}$ 等的系数为零, 可以得到如下超定方程组

$$
\begin{aligned}
&-\eta n(K''(u)u^{n-1} + 2(n-1)K'(u) + (n-1)(n-2)K(u)u^{n-3})\\
&- 2(\eta_u - \xi_x)n(K'(u)u^{n-1} + (n-1)K(u)u^{n-2}) + \eta_{uu}nK(u)u^{n-1}\\
&+ (\eta_u - \alpha\tau_t)n(K'(u)u^{n-1} + (n-1)K(u)u^{n-2}) = 0,\\[4pt]
&-\eta n(K'(u)u^{n-1} + (n-1)K(u)u^{n-2}) + (2\xi_x - \alpha\tau_t)nK(u)u^{n-1} = 0,
\end{aligned}
$$

$$- \eta m(G'(u)u^{m-1} + (m-1)G(u)u^{m-2}) - 2n\eta_x(K'(u)u^{n-1} + (n-1)K(u)u^{n-2})$$

$$+ (\xi_x - \alpha\tau_t)mG(u)u^{m-1} + (\xi_{xx} - 2\eta_{xu})nK(u)u^{n-1} = 0,$$

$$\frac{\partial^\alpha \eta}{\partial t^\alpha} - u\frac{\partial^\alpha \eta_u}{\partial t^\alpha} + (\eta_u - \alpha\tau_t)H(u) - \eta H'(u) - \eta_x mG(u)u^{m-1} - \eta_{xx} nK(u)u^{n-1} = 0,$$

$$\binom{\alpha}{n}\frac{\partial^n \eta_u}{\partial t^n} - \binom{\alpha}{n+1}D_t^{(n+1)}\tau = 0, \quad n = 1, 2, \cdots.$$

由于非线性分数阶反应对流扩散方程较为复杂, 所以本节仅分析如下四种特殊情况.

情况 1: 当 $n = m = 1$ 时, 方程 (3.3.20) 可变为

$$D_t^\alpha u = K'(u)(u_x)^2 + K(u)u_{xx} + G(u)u_x + H(u). \quad (3.3.25)$$

方程 (3.3.25) 的超定方程组为

$$\tau_u = \tau_x = \xi_t = \xi_u = 0,$$

$$\eta K''(u) - (2\xi_x - \alpha\tau_t - \eta_u)K'(u) - \eta_{uu}K(u) = 0,$$

$$\eta K'(u) - (2\xi_x - \alpha\tau_t)K(u) = 0,$$

$$- \eta G'(u) - 2\eta_x K'(u) + (\xi_x - \alpha\tau_t)G(u) + (\xi_{xx} - 2\eta_{xu})K(u) = 0,$$

$$\frac{\partial^\alpha \eta}{\partial t^\alpha} - u\frac{\partial^\alpha \eta_u}{\partial t^\alpha} + (\eta_u - \alpha\tau_t)H(u) - \eta H'(u) - \eta_x G(u) - \eta_{xx}K(u) = 0,$$

$$\binom{\alpha}{n}\frac{\partial^n \eta_u}{\partial t^n} - \binom{\alpha}{n+1}D_t^{(n+1)}\tau = 0, \quad n = 1, 2, 3, \cdots.$$

求解上述超定方程组, 得到无穷小 $\tau = \tau(t)$, $\xi = \xi(x)$, $\eta = p(t,x)u + q(t,x)$, 其中 $p(t,x)$ 和 $q(t,x)$ 是关于 $t, x$ 的函数.

下面将根据 $K(u)$ 是否为常数来分析方程 (3.3.25) 的无穷小.

(1) $K(u) \neq$ 常数情形.

根据方程 (3.3.25) 的超定方程组, 可得方程 (3.3.25) 的无穷小为 $\tau = 2C_0 t/\alpha$, $\xi = C_0 x + C_1$, $\eta = 0$, 其中 $C_0, C_1$ 是任意常数. 同时得到无穷小生成元

$$V_1 = \frac{2t}{\alpha}\frac{\partial}{\partial t} + x\frac{\partial}{\partial x}, \quad V_2 = \frac{\partial}{\partial x},$$

且满足 $[V_1, V_2] = -V_2$.

(2) $K(u) =$ 常数情形.

根据方程 (3.3.25) 的超定方程组, 可得方程 (3.3.25) 的无穷小为 $\tau = 2C_2t/\alpha$, $\xi = C_2x + C_3$, $\eta = Cu + q(t,x)$, 其中 $C_2, C_3$ 是任意常数, $C = C(a,\alpha)$ 和 $q(t,x)$ 是关于 $t, x$ 的函数.

情况 2: 当 $n = 1$, $m = 2$ 时, 方程 (3.3.20) 可变为

$$D_t^\alpha u = K'(u)(u_x)^2 + K(u)u_{xx} + 2G(u)uu_x + H(u), \tag{3.3.26}$$

方程 (3.3.26) 的超定方程组为

$$\tau_u = \tau_x = \xi_t = \xi_u = 0,$$

$$\eta K'(u) + (\alpha\tau_t - 2\xi_x)K(u) = 0,$$

$$(\eta - \eta_u + \alpha\tau_t)uG(u) + (\eta_u - \xi_x)G(u) + \eta_x K'(u) + \eta_{xu} - \xi_{xx} = 0,$$

$$\eta K''(u) + (\eta_u - 2\xi_x + \alpha\tau_t)K'(u) - \eta_{uu}K(u) = 0,$$

$$\frac{\partial^\alpha \eta}{\partial t^\alpha} - u\frac{\partial^\alpha \eta_u}{\partial t^\alpha} + (\eta_u - \alpha\tau_t)H(u) - \eta H'(u) - 2\eta_x G(u)u - \eta_{xx}K(u) = 0,$$

$$\binom{\alpha}{n}\frac{\partial^n \eta_u}{\partial t^n} - \binom{\alpha}{n+1}D_t^{(n+1)}\tau = 0, \quad n = 1, 2, 3, \cdots.$$

求解上述超定方程组, 得到无穷小 $\tau = \tau(t)$, $\xi = \xi(x)$, $\eta = p(t,x)u + q(t,x)$, 其中 $q(t,x)$ 是关于 $t, x$ 的函数.

类似地, 下面将根据 $K(u)$ 是否为常数分析方程 (3.3.26) 的无穷小.

(1) $K(u) \neq$ 常数情形.

根据方程 (3.3.26) 的超定方程组, 可得方程 (3.3.26) 的无穷小为 $\tau = 2C_4t/\alpha$, $\xi = C_4x + C_5$, $\eta = 0$, 其中 $C_4, C_5$ 是常数. 同时得到无穷小生成元

$$V_1 = \frac{2t}{\alpha}\frac{\partial}{\partial t}, \quad V_2 = \frac{\partial}{\partial x},$$

且满足 $[V_1, V_2] = -V_2$.

(2) $K(u) =$ 常数情形.

根据方程 (3.3.26) 的超定方程组, 可得方程 (3.3.26) 的无穷小为 $\tau = 2C_6t/\alpha$, $\xi = C_6x + C_7$, $\eta = Cu + q(t,x)$, 其中 $C_6, C_7$ 是任意常数, $C = C(a,\alpha)$, $q(t,x)$ 是关于 $t, x$ 的函数.

情况 3: 当 $n = 1$, $m = 0$ 时, 方程 (3.3.20) 可变为

$$D_t^\alpha u = K'(u)(u_x)^2 + K(u)u_{xx} + H(u). \tag{3.3.27}$$

方程 (3.3.27) 的超定方程组为

$$\tau_u = \tau_x = \xi_t = \xi_u = 0,$$

$$\eta K''(u) - (2\xi_x - \alpha\tau_t - \eta_u)K'(u) - \eta_{uu}K(u) = 0,$$

$$\eta K'(u) - (2\xi_x - \alpha\tau_t)K(u) = 0,$$

$$2\eta_x K'(u) + (2\eta_{xu} - \xi_{xx})K(u) = 0,$$

$$\frac{\partial^\alpha \eta}{\partial t^\alpha} - u\frac{\partial^\alpha \eta_u}{\partial t^\alpha} + (\eta_u - \alpha\tau_t)H(u) - \eta H'(u) - \eta_{xx}K(u) = 0,$$

$$\binom{\alpha}{n}\frac{\partial^n \eta_u}{\partial t^n} - \binom{\alpha}{n+1}D_t^{(n+1)}\tau = 0, \quad n = 1, 2, 3, \cdots.$$

求解上述超定方程组, 得到无穷小为 $\tau = \tau(t)$, $\xi = \xi(x)$, $\eta = p(x,t)u + q(t,x)$, 其中 $q(t,x)$ 是关于 $t, x$ 的函数.

接下来, 将根据 $K(u)$ 和 $H(u)$ 的不同值, 分别分析方程 (3.3.27) 的无穷小生成元.

(1) 当 $K(u) > 0$, $H(u)$ 是任意函数时, 方程 (3.3.27) 的无穷小生成元为

$$V_1 = \frac{\partial}{\partial x}.$$

(2) 当 $K(u)$ 是任意函数, $H(u) = 0$ 时, 方程 (3.3.27) 的无穷小生成元为

$$V_1 = \frac{\partial}{\partial x}, \quad V_2 = 2t\frac{\partial}{\partial t} + \alpha x\frac{\partial}{\partial x}.$$

(3) 当 $K(u) = 1$ 时, 对于不同的 $H(u)$, 方程 (3.3.27) 的无穷小生成元不同. 具体地, 若 $H(u) = 0$, 则方程 (3.3.27) 的无穷小生成元为

$$V_1 = \frac{\partial}{\partial x}, \quad V_2 = 2t\frac{\partial}{\partial t} + \alpha x\frac{\partial}{\partial x}, \quad V_3 = u\frac{\partial}{\partial u}.$$

若 $H(u) = \delta(\delta = \pm 1)$, 则方程 (3.3.27) 的无穷小生成元为

$$V_1 = \frac{\partial}{\partial x}, \quad V_2 = t\frac{\partial}{\partial t} + \frac{\alpha}{2}x\frac{\partial}{\partial x} + \frac{\delta t^\alpha}{\Gamma(\alpha)}\frac{\partial}{\partial u}, \quad V_3 = \left(u - \frac{\delta t^\alpha}{\Gamma(\alpha+1)}\right)\frac{\partial}{\partial u}.$$

若 $H(u) = \delta u + \beta(\delta = \pm 1, \beta = \pm 1)$, 则方程 (3.3.27) 的无穷小生成元为

$$V_1 = \frac{\partial}{\partial x}, \quad V_2 = (u - \beta t^\alpha E_{\alpha,\alpha+1}(\delta t^\alpha))\frac{\partial}{\partial u},$$

其中 $E_{\alpha,\,\alpha+1}(\delta t^\alpha)$ 是 Mittag-Leffler 函数.

若 $H(u) = \delta u^\gamma (\delta = \pm 1, \gamma \neq 0, 1)$, 则方程 (3.3.27) 的无穷小生成元为

$$V_1 = \frac{\partial}{\partial x}, \quad V_2 = t\frac{\partial}{\partial t} + \frac{\alpha}{2}x\frac{\partial}{\partial x} + \frac{1}{\delta}\frac{\alpha}{1-\gamma}u\frac{\partial}{\partial u}.$$

(4) 当 $K(u) = u^\sigma (\sigma \neq 0, -4/3, -2\alpha/(\alpha - 1))$ 时, 对于不同的 $H(u)$, 方程 (3.3.27) 的无穷小生成元不同.

若 $H(u) = 0$, 则方程 (3.3.27) 的无穷小生成元为

$$V_1 = \frac{\partial}{\partial x}, \quad V_2 = 2t\frac{\partial}{\partial t} + \alpha x\frac{\partial}{\partial x}, \quad V_3 = \frac{\sigma}{2}x\frac{\partial}{\partial x} + u\frac{\partial}{\partial u}.$$

若 $H(u) = \delta u^\gamma (\delta = \pm 1)$, 则方程 (3.3.27) 的无穷小生成元为

$$V_1 = \frac{\partial}{\partial x}, \quad V_2 = (1-\gamma)t\frac{\partial}{\partial t} + \frac{\alpha(1+\sigma-\gamma)}{2}x\frac{\partial}{\partial x} + \alpha u\frac{\partial}{\partial u}.$$

(5) 当 $K(u) = u^{-2\alpha/(\alpha-1)}$ 时, 对于不同的 $H(u)$, 方程 (3.3.27) 的无穷小生成元不同.

若 $H(u) = 0$, 则方程 (3.3.27) 的无穷小生成元为

$$V_1 = \frac{\partial}{\partial x}, \quad V_2 = 2t\frac{\partial}{\partial t} + \alpha x\frac{\partial}{\partial x}, \quad V_3 = -\alpha x\frac{\partial}{\partial x} + (\alpha-1)u\frac{\partial}{\partial u}, \quad V_4 = t^2\frac{\partial}{\partial t} + (\alpha-1)tu\frac{\partial}{\partial u}.$$

若 $H(u) = \delta u^\gamma (\delta = \pm 1, \gamma \neq -(\alpha+1)/(\alpha-1))$, 则方程 (3.3.27) 的无穷小生成元为

$$V_1 = \frac{\partial}{\partial x}, \quad V_2 = (1-\gamma)t\frac{\partial}{\partial t} + \frac{\alpha}{2}\left(1-\gamma-\frac{2\alpha}{\alpha-1}\right)x\frac{\partial}{\partial x} + \alpha u\frac{\partial}{\partial u}.$$

若 $H(u) = \delta u^{-(\alpha+1)/(\alpha-1)}(\delta = \pm 1)$, 则方程 (3.3.27) 的无穷小生成元为

$$V_1 = \frac{\partial}{\partial x}, \quad V_2 = 2t\frac{\partial}{\partial t} + (\alpha-1)u\frac{\partial}{\partial u}, \quad V_3 = t^2\frac{\partial}{\partial t} + (\alpha-1)tu\frac{\partial}{\partial u}.$$

(6) 当 $K(u) = u^{-4/3}$ 时, 不同的 $H(u)$, 方程 (3.3.27) 的无穷小生成元不同.

若 $H(u) = 0$, 则方程 (3.3.27) 的无穷小生成元为

$$V_1 = \frac{\partial}{\partial x}, \quad V_2 = 2t\frac{\partial}{\partial t} + \alpha x\frac{\partial}{\partial x}, \quad V_3 = 2x\frac{\partial}{\partial x} - 3u\frac{\partial}{\partial u}, \quad V_4 = x^2\frac{\partial}{\partial x} - 3xu\frac{\partial}{\partial u}.$$

若 $H(u) = \delta u(\delta = \pm 1)$, 则方程 (3.3.27) 的无穷小生成元为

$$V_1 = \frac{\partial}{\partial x}, \quad V_2 = 2x\frac{\partial}{\partial x} - 3u\frac{\partial}{\partial u}, \quad V_3 = x^2\frac{\partial}{\partial x} - 3xu\frac{\partial}{\partial u}.$$

若 $H(u) = \delta u^{-1/3}(\delta = \pm 1)$, 则方程 (3.3.27) 的无穷小生成元为

$$V_1 = \frac{\partial}{\partial x}, \quad V_2 = 4t\frac{\partial}{\partial t} + 3\alpha u\frac{\partial}{\partial u}, \quad V_{3,4} = 2e^{\omega x}\frac{\partial}{\partial x} \pm 3\omega u e^{\omega x}\frac{\partial}{\partial u},$$

其中当 $\delta = 1$ 时, 有 $\omega = 2/\sqrt{3}$; 当 $\delta = -1$ 时, 有 $\omega = 2\mathrm{i}/\sqrt{3}$, $\mathrm{i}^2 = -1$.

若 $H(u) = \delta u^\gamma (\delta = \pm 1, \gamma \neq 1)$, 则方程 (3.3.27) 的无穷小生成元为

$$V_1 = \frac{\partial}{\partial x}, \quad V_2 = (1-\gamma)t\frac{\partial}{\partial t} - \frac{\alpha}{2}\left(\gamma + \frac{1}{3}\right)x\frac{\partial}{\partial x} + \alpha u\frac{\partial}{\partial u}.$$

若 $H(u) = \delta u^{-1/3} + \beta u (\delta = \pm 1, \beta = \pm 1)$, 则方程 (3.3.27) 的无穷小生成元为

$$V_1 = \frac{\partial}{\partial x}, \quad V_{2,3} = 2\mathrm{e}^{\omega x}\frac{\partial}{\partial x} \pm 3\omega \mathrm{e}^{\omega x}u\frac{\partial}{\partial u},$$

其中当 $\delta = 1$ 时, 有 $\omega = 2/\sqrt{3}$; 当 $\delta = -1$ 时, 有 $\omega = 2\mathrm{i}/\sqrt{3}$, $\mathrm{i}^2 = -1$.

进一步, 根据方程 (3.3.27) 所接受的无穷小生成元, 分析方程 (3.3.27) 在一些特殊情况下的精确解.

(1) 当 $K(u) = 1$, $H(u) = 0$ 时, 方程 (3.3.27) 在无穷小生成元

$$V_1 + \rho V_3 = \frac{\partial}{\partial x} + \rho u\frac{\partial}{\partial u}$$

下的不变解为 $u(t,x) = \mathrm{e}^{\rho x}\varphi(t)$, 其中 $t$ 是不变量. 将该不变解代入方程 (3.3.27) 中并化简, 可得 $D_t^\alpha \varphi(t) = \rho^2 \varphi(t)$, 求解此方程, 得到 $\varphi(t) = t^{\alpha-1}E_{\alpha,\alpha}(\rho^2 t^\alpha)$. 因此, 方程 (3.3.27) 的精确解为 $u(t,x) = \mathrm{e}^{\rho x}t^{\alpha-1}E_{\alpha,\alpha}(\rho^2 t^\alpha)$, 其中 $E_{\alpha,\alpha}(\rho^2 t^\alpha)$ 是双参数 Mittag-Leffler 函数.

(2) 当 $K(u) = u^\sigma$, $H(u) = u^{\sigma+1}(\sigma \neq 0, -4/3, -2\alpha/(\alpha-1))$ 时, 方程 (3.3.27) 在无穷小生成元

$$V = -\sigma t\frac{\partial}{\partial t} + \alpha u\frac{\partial}{\partial u}$$

下的不变解为 $u(t,x) = t^{-\alpha/\sigma}\varphi(x)$, 其中 $x$ 是不变量. 将该不变解代入方程 (3.3.27) 中并化简, 可得如下二阶微分方程

$$\varphi'' + \sigma\varphi^{-1}(\varphi')^2 + \varphi - a\varphi^{1-\sigma} = 0,$$

其中 $a = \Gamma(1-\alpha/\sigma)/\Gamma(1-\alpha-\alpha/\sigma)$. 求解上述方程, 得到 $\int 1/\sqrt{\psi(\varphi, C_8)}\mathrm{d}\varphi = C_9 \pm x$, 其中 $C_8, C_9$ 是积分常数. 这里, 函数 $\psi(\varphi, C_8)$ 与 $\varphi$ 的取值有关, 即

$$\psi(\varphi, C_8) = \begin{cases} C_8\varphi^{-2\sigma} + 2\alpha\varphi^{2-\sigma}/(\sigma+2) - \varphi^2/(\sigma+1), & \sigma \neq -1, -2; \\ C_8\varphi^2 + 2a\varphi^3 - 2\varphi^2\ln(\varphi), & \sigma = -1; \\ C_8\varphi^4 + 2a\varphi^4\ln(\varphi) + \varphi^2, & \sigma = -2. \end{cases}$$

(3) 当 $K(u) = u^{-4/3}$, $H(u) = u^{-1/3}$ 时, 方程 (3.3.27) 在无穷小生成元

$$V = 2\mathrm{e}^{\omega x}\frac{\partial}{\partial x} \pm 3\omega \mathrm{e}^{\omega x}u\frac{\partial}{\partial u}$$

下的不变解为 $u(t,x) = \exp(\pm 3\omega x/2)\varphi(t)$, 其中 $t$ 是不变量. 将该不变解代入方程 (3.3.27) 中并化简, 得到如下微分方程 $D_t^\alpha \varphi = 0$, 求解此方程, 得到 $\varphi(t) = C_{10}t^{\alpha-1}$. 因此, 方程 (3.3.27) 的精确解为 $u(t,x) = C_{10}t^{\alpha-1}\exp(\pm 3\omega x/2)$, 其中 $C_{10}$ 是常数.

(4) 当 $K(u) = u^{-2\alpha/(\alpha-1)}$, $H(u) = u^{-(\alpha+1)/(\alpha-1)}$ 时, 方程 (3.3.27) 在无穷小生成元

$$V = t^2\frac{\partial}{\partial t} + (\alpha-1)tu\frac{\partial}{\partial u}$$

下的不变解为 $u(t,x) = t^{\alpha-1}\varphi(x)$, 其中 $x$ 是不变量. 将该不变解代入方程 (3.3.27) 中并化简, 得到如下二阶微分方程

$$\varphi'' - \frac{2\alpha}{\alpha-1}\varphi^{-1}(\varphi')^2 + \varphi = 0.$$

求解此方程, 可得 $\varphi(x) = (C_{11}\omega\sin(\omega x) + C_{12}\omega\cos(\omega x))^{\omega^{-2}}$, 其中 $\omega = (1+\alpha)/(1-\alpha)$, $C_{11}, C_{12}$ 是常数. 因此, 方程 (3.3.27) 的精确解为

$$u(t,x) = t^{\alpha-1}(C_{11}\omega\sin(\omega x) + C_{12}\omega\cos(\omega x))^{\omega^{-2}}.$$

(5) 当 $K(u) = u^\sigma$, $H(u) = u^\gamma (\sigma \neq 0, -4/3, -2\alpha/(\alpha-1), \gamma \neq \sigma+1)$ 时, 方程 (3.3.27) 在无穷小生成元

$$V = (1-\gamma)t\frac{\partial}{\partial t} + \frac{\alpha(1+\sigma-\gamma)}{2}x\frac{\partial}{\partial x} + \alpha u\frac{\partial}{\partial u}$$

下的不变解为 $u(t,x) = x^\lambda\varphi(y)$, 其中 $y = tx^\rho$ 是不变量, 且 $\lambda = 2/(1+\sigma-\gamma)$, $\rho = \lambda(\gamma-1)/\alpha$. 将该不变解代入方程 (3.3.27) 中并化简, 得到如下微分方程

$$D_y^\alpha \varphi = ay^2\varphi^\sigma\varphi^n + by^2\varphi^{\sigma-1}(\varphi')^2 + cy\varphi^\sigma\varphi' + d\varphi^{\sigma+1} + \varphi^\gamma,$$

其中 $a = \alpha\rho^2$, $b = \alpha\sigma\rho^2$, $c = \rho(1+\lambda+2\alpha(1+\rho)+\alpha\lambda+\alpha^2\rho)$ 以及 $d = \lambda(1+\lambda+\alpha\rho)$.

情况 4: 当 $n = 0$, $m = 1$ 时, 方程 (3.3.20) 可变为

$$D_t^\alpha u = G(u)u_x + H(u). \tag{3.3.28}$$

方程 (3.3.28) 的超定方程组为

$$\tau_u = \tau_x = \xi_t = \xi_u = 0, \quad \eta G'(u) - (\xi_x - \alpha\tau_t)G(u) = 0,$$

$$\frac{\partial^\alpha \eta}{\partial t^\alpha} - u\frac{\partial^\alpha \eta_u}{\partial t^\alpha} + (\eta_u - \alpha\tau_t)H(u) - \eta H'(u) - \eta_x G(u) = 0,$$

$$\binom{\alpha}{n}\frac{\partial^n \eta_u}{\partial t^n} - \binom{\alpha}{n+1}D_t^{(n+1)}\tau = 0, \quad n = 1, 2, 3, \cdots.$$

求解上述超定方程组, 得到无穷小为 $\tau = \tau(t)$, $\xi = \xi(x)$. 根据上述超定方程组和 $\tau, \xi$ 的表达式, 若 $G(u)$ 是常数, 则有 $\tau = C_{13}t$, $\xi = C_{13}\alpha x + C_{14}$, $\dfrac{\partial \eta_u}{\partial t} = 0$, 其中 $C_{13}, C_{14}$ 是任意常数. 假设 $\eta = \eta(u)$, 则有 $(\eta_u - \alpha \tau_t)H(u) - \eta H'(u) = 0$. 从而, 方程 (3.3.28) 的无穷小为

$$\tau = C_{13}t, \quad \xi = C_{13}\alpha x + C_{14}, \quad \eta = H(u)\left(\int \frac{a\alpha}{|H(u)|}\mathrm{d}x + C_{15}\right),$$

其中 $C_{15}$ 是任意常数.

### 3.3.5 时间分数阶耦合 Itô 方程组的不变解

考虑如下时间分数阶耦合 Itô 方程组

$$\begin{cases} D_t^\alpha u - 3uu_x - vu_x - u_{xxx} = 0, \\ D_t^\alpha v - uv_x - vu_x = 0. \end{cases} \tag{3.3.29}$$

**1. 方程组 (3.3.29) 的李群分析**

假设方程组 (3.3.29) 接受如下单参数李变换群

$$\begin{aligned} t^* &= t + \varepsilon \tau(t, x, u, v) + O(\varepsilon^2), \\ x^* &= x + \varepsilon \xi(t, x, u, v) + O(\varepsilon^2), \\ u^* &= u + \varepsilon \eta(t, x, u, v) + O(\varepsilon^2), \\ v^* &= v + \varepsilon \phi(t, x, u, v) + O(\varepsilon^2), \end{aligned}$$

其中 $\xi, \tau, \eta, \phi$ 是无穷小. 相应的延拓的无穷小生成元为

$$\begin{aligned} \mathrm{Pr}\, V &= \xi \frac{\partial}{\partial x} + \tau \frac{\partial}{\partial t} + \eta \frac{\partial}{\partial u} + \phi \frac{\partial}{\partial v} + \eta_\alpha^0 \frac{\partial}{\partial D_t^\alpha u} + \phi_\alpha^0 \frac{\partial}{\partial D_t^\alpha v} \\ &\quad + \eta_x^{(1)} \frac{\partial}{\partial u_x} + \phi_x^{(1)} \frac{\partial}{\partial v_x} + \eta_{xxx}^{(3)} \frac{\partial}{\partial u_{xxx}}. \end{aligned} \tag{3.3.30}$$

利用定理 3.2.4, 将式 (3.3.30) 作用于方程组 (3.3.29), 得到不变性条件为

$$\begin{aligned} &(\eta_\alpha^0 - 3(u\eta_x^{(1)} + \eta u_x) - (v\eta_x^{(1)} + \phi u_x) - \eta_{xxx}^{(3)})\big|_{D_t^\alpha u = 3uu_x + vu_x + u_{xxx}} = 0, \\ &(\phi_\alpha^0 - (u\phi_x^{(1)} + \eta v_x) - (v\eta_x^{(1)} + \phi u_x))\big|_{D_t^\alpha v = uv_x + vu_x} = 0. \end{aligned} \tag{3.3.31}$$

根据不变性条件 (3.3.31) 和 $\eta_\alpha^0$, $\eta_x^{(1)}$, $\eta_{xxx}^{(3)}$, $\phi_\alpha^0$, $\phi_x^{(1)}$, 得到如下超定方程组

$$\begin{aligned} &\xi_u = \xi_v = \xi_t = 0, \quad \tau_u = \tau_v = \tau_x = 0, \quad \phi_u = 0, \\ &\eta_{uu} = \eta_{vv} = \eta_{uv} = \eta_{vt} = 0, \quad 3\eta_{xxv} - (2u + v)\eta_v = 0, \\ &\alpha \tau_t - 3\xi_x = 0, \quad \eta_{xu} - \xi_{xx} = 0, \quad \eta = u(\xi_x - \alpha \tau_t) - v\eta_v, \end{aligned}$$

$$\phi - v(\phi_v - \alpha\tau_t - \eta_u + \xi_x) = 0,$$

$$v\eta_v + (v + 3u)(\xi_x - \alpha\tau_t) - \phi - 3\eta + 3\eta_{xxu} - \xi_{xxx} = 0,$$

$$\frac{\partial^\alpha \eta}{\partial t^\alpha} - u\frac{\partial^\alpha \eta_u}{\partial t^\alpha} - v\frac{\partial^\alpha \eta_v}{\partial t^\alpha} - (3u + v)\eta_x - \eta_{xxx} = 0,$$

$$\frac{\partial^\alpha \phi}{\partial t^\alpha} - v\frac{\partial^\alpha \phi_v}{\partial t^\alpha} - u\phi_x - v\eta_x = 0,$$

$$\binom{\alpha}{n}\frac{\partial^n \eta_u}{\partial t^n} - \binom{\alpha}{n+1}D_t^{(n+1)}\tau = 0, \quad n = 1, 2, \cdots,$$

$$\binom{\alpha}{n}\frac{\partial^n \phi_v}{\partial t^n} - \binom{\alpha}{n+1}D_t^{(n+1)}\tau = 0, \quad n = 1, 2, \cdots.$$

求解上述超定方程组, 得到无穷小 $\xi = C_1 x/3 + C_2$, $\tau = C_1 t/\alpha$, $\eta = -2C_1 u/3$, $\phi = -2C_1 v/3$, 其中 $C_1, C_2$ 是任意常数. 因此, 方程组 (3.3.29) 的两个无穷小生成元为

$$V_1 = \frac{x}{3}\frac{\partial}{\partial x} + \frac{t}{\alpha}\frac{\partial}{\partial t} - \frac{2}{3}u\frac{\partial}{\partial u} - \frac{2}{3}v\frac{\partial}{\partial v}, \quad V_2 = \frac{\partial}{\partial x}.$$

**2. 方程组 (3.3.29) 的不变解和约化**

接下来, 求解方程组 (3.3.29) 在无穷小生成元 $V_1$ 下的不变解, 并对方程进行约化.

在 $V_1$ 下, 相应的特征方程为

$$\frac{\mathrm{d}x}{x/3} = \frac{\mathrm{d}t}{t/\alpha} = \frac{\mathrm{d}u}{-2u/3} = \frac{\mathrm{d}v}{-2v/3}.$$

求解此特征方程, 得到方程组 (3.3.29) 的不变解为

$$u(x,t) = t^{-\frac{2\alpha}{3}}f(z), \quad v(x,t) = t^{-\frac{2\alpha}{3}}g(z), \tag{3.3.32}$$

其中 $z = xt^{-\alpha/3}$ 是不变量. 将不变解 (3.3.32) 代入方程组 (3.3.29) 中, 方程组 (3.3.29) 可以约化为一个分数阶常微分方程组, 其具体形式见如下定理.

**定理 3.3.3**　在不变解 (3.3.32) 下, 方程组 (3.3.29) 可约化为如下非线性分数阶常微分方程组

$$\begin{cases} \left(P_{\frac{3}{\alpha}}^{1-\frac{5\alpha}{3},\alpha}f\right)(z) = g(z)f'(z) + 3f(z)f'(z) + f'''(z), \\ \left(P_{\frac{3}{\alpha}}^{1-\frac{5\alpha}{3},\alpha}g\right)(z) = f(z)g'(z) + g(z)f'(z), \end{cases}$$

其中 $\left(P_\delta^{\xi,\alpha}\right)$ 是 EK 分数阶微分算子[74]

$$\left(P_\delta^{\xi,\alpha}\right)(z) := \prod_{j=0}^{m-1}\left(\xi+j-\frac{1}{\delta}z\frac{\mathrm{d}}{\mathrm{d}z}\right)\left(K_\delta^{\xi+\alpha,m-\alpha}h\right)(z), \quad z>0,\ \delta>0,\ \alpha>0.$$
$$(3.3.33)$$

在式 (3.3.33) 中

$$m = \begin{cases} [\alpha]+1, & \alpha\notin\mathbf{N}, \\ \alpha, & \alpha\in\mathbf{N}, \end{cases}$$

$$\left(K_\delta^{\xi,\alpha}h\right)(z) = \begin{cases} \dfrac{1}{\Gamma(\alpha)}\displaystyle\int_1^{+\infty}(p-1)^{\alpha-1}p^{-(\xi+\alpha)}h(zp^{\frac{1}{\delta}})\mathrm{d}p, & \alpha>0, \\ h(z), & \alpha=0. \end{cases}$$

**证** 设 $n-1<\alpha<n, n=1,2,3,\cdots$. 根据 Riemann-Liouville 左分数阶导数的定义, 有

$$D_t^\alpha u = \frac{\partial^n}{\partial t^n}\left(\frac{1}{\Gamma(n-\alpha)}\int_0^t(t-s)^{n-\alpha-1}s^{\frac{-2\alpha}{3}}f(xs^{\frac{-\alpha}{3}})\mathrm{d}s\right),$$

令 $p=t/s$, 则 $\mathrm{d}s=-(t/p^2)\mathrm{d}p$. 从而上式可转化为

$$D_t^\alpha u = \frac{\partial^n}{\partial t^n}\left(\frac{t^{n-\frac{5\alpha}{3}}}{\Gamma(n-\alpha)}\int_1^\infty(p-1)^{n-\alpha-1}p^{-\left(n-\frac{5\alpha}{3}+1\right)}f(zp^{\frac{\alpha}{3}})\mathrm{d}p\right). \qquad (3.3.34)$$

根据式 (3.3.33) 中 EK 分数阶微分算子 $\left(P_\delta^{\xi,\alpha}\right)$ 的定义, 式 (3.3.34) 可以写成

$$D_t^\alpha u = \frac{\partial^n}{\partial t^n}\left(t^{n-\frac{5\alpha}{3}}\left(K_{\frac{3}{\alpha}}^{1-\frac{2\alpha}{3},n-\alpha}f\right)(z)\right). \qquad (3.3.35)$$

又因为 $z=xt^{-\alpha/3}$, $\psi(z)\in C^1(0,\infty)$, 所以有

$$t\frac{\partial}{\partial t}\psi(z) = tx\left(-\frac{\alpha}{3}\right)t^{-\frac{\alpha}{3}-1}\psi'(z) = -\frac{\alpha}{3}z\frac{\mathrm{d}}{\mathrm{d}z}\psi(z).$$

进一步, 方程 (3.3.35) 可以写成

$$\begin{aligned} &\frac{\partial^n}{\partial t^n}\left(t^{n-\frac{5\alpha}{3}}\left(K_{\frac{3}{\alpha}}^{1-\frac{2\alpha}{3},n-\alpha}f\right)(z)\right) \\ &= \frac{\partial^{n-1}}{\partial t^{n-1}}\left(\frac{\partial}{\partial t}\left(t^{n-\frac{5\alpha}{3}}\left(K_{\frac{3}{\alpha}}^{1-\frac{2\alpha}{3},n-\alpha}f\right)(z)\right)\right) \\ &= \frac{\partial^{n-1}}{\partial t^{n-1}}\left(t^{n-\frac{5\alpha}{3}-1}\left(n-\frac{5\alpha}{3}-\frac{\alpha}{3}z\frac{\mathrm{d}}{\mathrm{d}z}\right)\left(K_{\frac{3}{\alpha}}^{1-\frac{2\alpha}{3},n-\alpha}f\right)(z)\right). \qquad (3.3.36) \end{aligned}$$

根据 EK 分数阶微分算子 $\left(P_\delta^{\xi,\alpha}\right)$ 的定义, 继续进行此过程, 可以得到

$$\frac{\partial^n}{\partial t^n}\left(t^{n-\frac{5\alpha}{3}}\left(K_{\frac{3}{\alpha}}^{1-\frac{2\alpha}{3},n-\alpha}f\right)(z)\right)$$

$$= t^{-\frac{5\alpha}{3}} \prod_{j=0}^{n-1} \left(1 - \frac{5\alpha}{3} + j - \frac{\alpha}{3} z \frac{\mathrm{d}}{\mathrm{d}z}\right) \left(K_{\frac{3}{\alpha}}^{1-\frac{2\alpha}{3}, n-\alpha} f\right)(z)$$

$$= t^{-\frac{5\alpha}{3}} \left(P_{\frac{3}{\alpha}}^{1-\frac{5\alpha}{3}, \alpha} f\right)(z).$$

因此有

$$D_t^\alpha u = t^{-\frac{5\alpha}{3}} \left(P_{\frac{3}{\alpha}}^{1-\frac{5\alpha}{3}, \alpha} f\right)(z).$$

由不变解 (3.3.32) 可得

$$u_x = t^{-\alpha} f'(z), \quad u_{xxx} = t^{-\frac{5\alpha}{3}} f'''(z), \quad v_x = t^{-\alpha} g'(z),$$

于是有

$$3u u_x + v u_x + u_{xxx} = t^{-\frac{5\alpha}{3}} (g(z)f'(z) + 3f(z)f'(z) + f'''(z)),$$

从而得到

$$\left(P_{\frac{3}{\alpha}}^{1-\frac{5\alpha}{3}, \alpha} f\right)(z) = g(z)f'(z) + 3f(z)f'(z) + f'''(z).$$

同理可得

$$D_t^\alpha v = t^{-\frac{5\alpha}{3}} \left(P_{\frac{3}{\alpha}}^{1-\frac{5\alpha}{3}, \alpha} g\right)(z), \quad u v_x + v u_x = t^{-\frac{5\alpha}{3}} (f(z)g'(z) + g(z)f'(z)).$$

因此成立

$$\left(P_{\frac{3}{\alpha}}^{1-\frac{5\alpha}{3}, \alpha} g\right)(z) = f(z)g'(z) + g(z)f'(z).$$

证毕.

**注 3.3.1** 在推导式 (3.3.36) 的过程中, 当 $\alpha = n = 1, 2, \cdots, z = x t^{-n/3}$ 时, 下面的结论也成立, 即

$$D_t^\alpha u = \frac{\partial^n}{\partial t^n} \left(t^{-\frac{2n}{3}} f(z)\right) = \frac{\partial^{n-1}}{\partial t^{n-1}} \left(\frac{\partial}{\partial t} \left(t^{-\frac{2n}{3}} f(z)\right)\right)$$

$$= \frac{\partial^{n-1}}{\partial t^{n-1}} \left(t^{-\frac{2n}{3}-1} \left(-\frac{2n}{3} - \frac{n}{3} z \frac{\mathrm{d}}{\mathrm{d}z}\right) f(z)\right)$$

$$= \cdots = t^{-\frac{5n}{3}} \prod_{j=0}^{n-1} \left(1 - \frac{5\alpha}{3} + j - \frac{n}{3} z \frac{\mathrm{d}}{\mathrm{d}z}\right) f(z)$$

$$= t^{-\frac{5n}{3}} \left(P_{\frac{3}{n}}^{1-\frac{5n}{3}, n} f\right)(z).$$

类似地, 当 $\alpha = n = 1, 2, \cdots, z = x t^{-n/3}$ 时, 也有

$$D_t^\alpha v = t^{-\frac{5n}{3}} \left(P_{\frac{3}{n}}^{1-\frac{5n}{3}, n} g\right)(z).$$

# 第4章　偏微分方程守恒向量的构造

守恒律能反映客观物质世界运动变化的规律, 如动量、角动量和机械能等. Noether 定理指出守恒律与对称性有着密切的关系[12,63], 即每一个对称都有一个相关的守恒律. 因此李对称和守恒律之间也存在着对应关系, 但是 Noether 定理要求所讨论的方程必须有变分及变分对称, 而大多数非线性偏微分方程并不存在变分, 这就使得 Noether 定理具有一定的局限性. 本章将介绍构造偏微分方程 (组) 守恒律的 N. H. 守恒向量定理, 此定理不要求所讨论的方程 (组) 必须具有通常意义下的 Lagrangian 函数. 具体地, 本章主要介绍整数阶偏微分方程和分数阶偏微分方程的共轭性概念[29,46,48,49,60]和 N. H. 守恒向量定理[46,48,51,60], 并分别利用各自的守恒向量定理构造两类整数阶偏微分方程和几类分数阶偏微分方程的守恒向量[37,52,55,57,60,75,81].

## 4.1　整数阶偏微分方程的共轭性概念与守恒向量定理

由微分方程共轭性所确定的伴随变量, 可以用来构造微分方程的守恒向量. 为此, 本节首先介绍整数阶偏微分方程的共轭性概念, 然后介绍构造整数阶偏微分方程守恒律和守恒向量的相关定理.

### 4.1.1　共轭性概念

考虑如下含有 $m$ 个因变量 $m$ 个方程的 $s$ 阶偏微分方程 (组)

$$F_\nu(x, u, \partial u, \cdots, \partial^s u) = 0, \quad \nu = 1, 2, \cdots, m, \tag{4.1.1}$$

其中 $u = (u^1, u^2, \cdots, u^m)$ 是因变量, $x = (x_1, x_2, \cdots, x_n)$ 是自变量. 在偏微分方程 (组)(4.1.1) 中, $\partial u, \partial^2 u, \cdots, \partial^s u$ 与式 (1.2.30) 中的符号含义一致.

**定义 4.1.1**　偏微分方程 (组)(4.1.1) 的形式 Lagrangian 量定义为

$$\mathcal{L} = \sum_{\nu=1}^m v^\nu F_\nu(x, u, \partial u, \cdots, \partial^s u),$$

其中 $v = (v^1, v^2, \cdots, v^m)$ 称为 $u$ 的伴随变量.

**定义 4.1.2**　偏微分方程 (组)(4.1.1) 的共轭方程为

$$F_\nu^* = \frac{\delta \mathcal{L}}{\delta u^\nu} = 0, \quad \nu = 1, 2, \cdots, m, \tag{4.1.2}$$

其中 $\dfrac{\delta}{\delta u^\nu}$ 是 Euler-Lagrange 算子, 其具体形式为

$$\frac{\delta}{\delta u^\nu} = \frac{\partial}{\partial u^\nu} + \sum_{k=1}^{+\infty} (-1)^k D_{i_1} \cdots D_{i_k} \frac{\partial}{\partial u^\nu_{i_1 \cdots i_k}},$$

这里 $D_{i_k}$ 是关于 $x_{i_k} \in \{x_1, x_2, \cdots, x_n\}$ 的全微分算子.

为解释偏微分方程的共轭方程, 考虑如下含有两个自变量和一个因变量的三阶微分方程

$$F(x, t, u, u_t, u_x, u_{xt}, u_{tt}, u_{xx}, u_{ttt}, u_{xtt}, u_{xxt}, u_{xxx}) = 0. \tag{4.1.3}$$

方程 (4.1.3) 的形式 Lagrangian 量 $\mathcal{L}$ 为

$$\mathcal{L} = v(x,t) F(x, t, u, u_t, u_x, u_{xt}, u_{tt}, u_{xx}, u_{ttt}, u_{xtt}, u_{xxt}, u_{xxx}) = 0,$$

其中 $v(x,t)$ 为 $u(x,t)$ 的伴随变量. 于是, 方程 (4.1.3) 的共轭方程为

$$F^* = \frac{\partial \mathcal{L}}{\partial u} - D_x \frac{\partial \mathcal{L}}{\partial u_x} - D_t \frac{\partial \mathcal{L}}{\partial u_t} + D_t^2 \frac{\partial \mathcal{L}}{\partial u_{tt}} + D_x^2 \frac{\partial \mathcal{L}}{\partial u_{xx}} + D_x D_t \frac{\partial \mathcal{L}}{\partial u_{xt}}$$

$$- D_x^3 \frac{\partial \mathcal{L}}{\partial u_{xxx}} - D_t^3 \frac{\partial \mathcal{L}}{\partial u_{ttt}} - D_t D_x^2 \frac{\partial \mathcal{L}}{\partial u_{xxt}} - D_x D_t^2 \frac{\partial \mathcal{L}}{\partial u_{ttx}} = 0.$$

接下来, 介绍自共轭、拟自共轭和非线性自共轭的定义.

**定义 4.1.3**　对于共轭方程 (4.1.2), 若存在一组变量系数 (indeterminate variable coefficients) $\lambda_i^\nu (i = 1, 2, \cdots, m, \nu = 1, 2, \cdots, m)$ 在代换 $v = u$ 下成立

$$F_\nu^* |_{v=u} = \frac{\delta \mathcal{L}}{\delta u^\nu} \bigg|_{v=u} = \sum_{i=1}^m \lambda_i^\nu F_i(x, u, \partial u, \cdots, \partial^s u),$$

则称微分方程 (组)(4.1.1) 是自共轭的.

值得指出的是, 定义 4.1.3 中的 $\lambda_i^\nu = \lambda_i^\nu(x, u)$ 可能是常数也可能是关于 $x$ 和 $u$ 的函数.

**例 4.1.1**　考虑如下组合 KdV-mKdV 方程

$$u_t + auu_x + pu^2 u_x + bu_{xxx} = 0. \tag{4.1.4}$$

由定义 4.1.1 可得方程 (4.1.4) 的形式 Lagrangian 量为

$$\mathcal{L} = v(u_t + auu_x + pu^2 u_x + bu_{xxx}),$$

其中 $v$ 为 $u$ 的伴随变量. 根据形式 Lagrangian 量 $\mathcal{L}$, 可得

$$\frac{\partial \mathcal{L}}{\partial u} = avu_x + 2pvuu_x, \quad \frac{\partial \mathcal{L}}{\partial u_t} = v, \quad \frac{\partial \mathcal{L}}{\partial u_x} = auv + pvu^2, \quad \frac{\partial \mathcal{L}}{\partial u_{xxx}} = bv. \tag{4.1.5}$$

由于方程 (4.1.4) 的共轭方程为

$$F^* = \frac{\partial \mathcal{L}}{\partial u} - D_x \frac{\partial \mathcal{L}}{\partial u_x} - D_t \frac{\partial \mathcal{L}}{\partial u_t} - D_x^3 \frac{\partial \mathcal{L}}{\partial u_{xxx}} = 0, \tag{4.1.6}$$

所以将式 (4.1.5) 代入共轭方程 (4.1.6) 中, 可得

$$F^* = -(auv_x + pu^2 v_x + v_t + bv_{xxx}).$$

根据自共轭的定义, 有

$$F^*|_{v=u} = -(auv_x + pu^2 v_x + v_t + bv_{xxx})|_{v=u} = -(auu_x + pu^2 u_x + u_t + bu_{xxx}),$$

其中 $\lambda = -1$. 因此, 组合 KdV-mKdV 方程是自共轭的.

**定义 4.1.4** 对于共轭方程 (4.1.2), 若存在一组变量系数 $\lambda_i^\nu (i = 1, 2, \cdots, m, \nu = 1, 2, \cdots, m)$ 在可微代换 $v = \varphi(u)(\varphi(u) \neq 0)$ 下成立

$$F_\nu^*|_{v=\varphi(u)} = \left. \frac{\delta \mathcal{L}}{\delta u^\nu} \right|_{v=\varphi(u)} = \sum_{i=1}^m \lambda_i^\nu F_i(x, u, \partial u, \cdots, \partial^s u),$$

则称微分方程 (组)(4.1.1) 是拟自共轭的.

**注 4.1.1** 定义 4.1.4 中的可微代换 $v = \varphi(u)$ 可写成分量形式 $v^\nu = \varphi^\nu(u)$, 即

$$v^1 = \varphi^1(u), \ v^2 = \varphi^2(u), \ \cdots, \ v^m = \varphi^m(u).$$

**定义 4.1.5** 对于共轭方程 (4.1.2), 若存在一组变量系数 $\lambda_i^\nu (i = 1, 2, \cdots, m, \nu = 1, 2, \cdots, m)$ 在可微代换 $v = \varphi(x, u)(\varphi(x, u) \neq 0)$ 下成立

$$F_\nu^*|_{v=\varphi(x,u)} = \left. \frac{\delta \mathcal{L}}{\delta u^\nu} \right|_{v=\varphi(x,u)} = \sum_{i=1}^m \lambda_i^\nu F_i(x, u, \partial u, \cdots, \partial^s u),$$

则称微分方程 (组)(4.1.1) 是非线性自共轭的.

**注 4.1.2** 以上定义中因变量的个数与方程的个数相同. 事实上, 这个定义也可以推广到因变量的个数与方程的个数不相同的情形.

### 4.1.2 守恒向量定理

本小节将介绍偏微分方程的守恒向量和守恒律. 由形式 Lagrangian 量和无穷小生成元可以得到偏微分方程的守恒向量; 基于所得守恒向量可以建立偏微分方程的守恒律.

**定义 4.1.6** 对于含有 $m$ 个因变量 $m$ 个方程的 $s$ 阶的微分方程 (组)(4.1.1), 若存在一个向量场 $C = (C^1, C^2, \cdots, C^n)$ 满足

$$D_{x_1}(C^1) + D_{x_2}(C^2) + \cdots + D_{x_n}(C^n) = 0, \tag{4.1.7}$$

且对微分方程 (组)(4.1.1) 的所有解都成立, 则称向量场 $C = (C^1, C^2, \cdots, C^n)$ 是微分方程 (组)(4.1.1) 的守恒向量, 同时称方程 (4.1.7) 为微分方程 (组)(4.1.1) 的守恒律, 其中

$$C^i = C^i(x, u, \partial u, \partial^2 u, \cdots, \partial^s u), \quad x = (x_1, x_2, \cdots, x_n), \quad i = 1, 2, \cdots, n,$$

并且 $D_{x_i}$ 为关于 $x_i(i = 1, 2, \cdots, n)$ 的全微分算子.

接下来, 给出 N. H. 守恒向量定理. 利用该定理可以构造微分方程 (组) 在所接受的无穷小生成元下的守恒律和守恒向量.

**定理 4.1.1**    若偏微分方程 (组)(4.1.1) 的无穷小生成元为

$$V = \sum_{i=1}^{n} \xi^i(x, u) \frac{\partial}{\partial x^i} + \sum_{\nu=1}^{m} \eta^\nu \frac{\partial}{\partial u^\nu}, \tag{4.1.8}$$

则对于每个无穷小生成元 (4.1.8) 都存在形如式 (4.1.7) 的守恒律, 其中守恒向量的分量 $C^i(i = 1, 2, \cdots, n)$ 为

$$
\begin{aligned}
C^i =& \xi^i \mathcal{L} + \sum_{\nu=1}^{m} W^\nu \left( \frac{\partial \mathcal{L}}{\partial u_i^\nu} - \sum_{I=2} D_j \left( \frac{\partial \mathcal{L}}{\partial u_{ij}^\nu} \right) + \sum_{I=3} D_j D_k \left( \frac{\partial \mathcal{L}}{\partial u_{ijk}^\nu} \right) - \cdots \right) \\
&+ \sum_{\nu=1}^{m} \left( \sum_{I=2} \left( D_j(W^\nu) \left( \frac{\partial \mathcal{L}}{\partial u_{ij}^\nu} - \sum_{I=3} D_k \left( \frac{\partial \mathcal{L}}{\partial u_{ijk}^\nu} \right) + \sum_{I=4} D_k D_l \left( \frac{\partial \mathcal{L}}{\partial u_{ijkl}^\nu} \right) - \cdots \right) \right) \right) \\
&+ \sum_{\nu=1}^{m} \left( \sum_{I=3} \left( D_{jk}(W^\nu) \left( \frac{\partial \mathcal{L}}{\partial u_{ijk}^\nu} - \sum_{I=4} D_l \left( \frac{\partial \mathcal{L}}{\partial u_{ijkl}^\nu} \right) + \cdots \right) \right) \right) + \cdots. \tag{4.1.9}
\end{aligned}
$$

在式 (4.1.9) 中, $\mathcal{L}$ 是形式 Lagrangian 量, $W^\nu$ 是李特征函数, 其形式为

$$W^\nu = \eta^\nu - \sum_{j=1}^{n} \xi^j u_j^\nu, \quad \nu = 1, 2, \cdots, m.$$

另外, $u_i^\nu$ 表示 $u^\nu$ 关于 $x$ 的分量 $x_i$ 的一阶偏导数; $u_{ij}^\nu$ 表示 $u^\nu$ 关于 $x$ 的分量 $x_i, x_j$ 的二阶偏导数, $D_j$ 的下标由 $u_{ij}^\nu$ 的下标 $j$ 确定, $\sum\limits_{I=2}$ 表示 $u_{ij}^\nu$ 所有二阶偏导数的和; $u_{ijk}^\nu$ 表示 $u^\nu$ 关于 $x$ 的分量 $x_i, x_j, x_k$ 的三阶偏导数, $D_j D_k$ 的下标由 $u_{ijk}^\nu$ 的下标 $j, k$ 确定, $\sum\limits_{I=3}$ 表示 $u_{ijk}^\nu$ 所有三阶偏导数的和, 以此类推.

此定理的证明涉及较多微分方程的变分理论, 这里不再详述, 感兴趣的读者可参见文献 [46].

**注 4.1.3**    若式 (4.1.9) 左边的 $i$ 取定, 则右边的 $i$ 就确定了, 即

$$\sum_{I=2} D_j \left( \frac{\partial \mathcal{L}}{\partial u_{ij}^\nu} \right) = D_1 \frac{\partial \mathcal{L}}{\partial u_{i1}^\nu} + D_2 \frac{\partial \mathcal{L}}{\partial u_{i2}^\nu} + D_3 \frac{\partial \mathcal{L}}{\partial u_{i3}^\nu} + \cdots + D_n \frac{\partial \mathcal{L}}{\partial u_{in}^\nu},$$

$$\sum_{I=3} D_j D_k \left( \frac{\partial \mathcal{L}}{\partial u_{ijk}^{\nu}} \right) = D_1 D_2 \left( \frac{\partial \mathcal{L}}{\partial u_{i12}^{\nu}} \right) + D_1 D_3 \left( \frac{\partial \mathcal{L}}{\partial u_{i13}^{\nu}} \right) + D_1 D_4 \left( \frac{\partial \mathcal{L}}{\partial u_{i14}^{\nu}} \right)$$

$$+ \cdots + D_1 D_n \frac{\partial \mathcal{L}}{\partial u_{i1n}^{\nu}} + D_2 D_2 \left( \frac{\partial \mathcal{L}}{\partial u_{i22}^{\nu}} \right) + D_2 D_3 \left( \frac{\partial \mathcal{L}}{\partial u_{i23}^{\nu}} \right)$$

$$+ D_2 D_4 \left( \frac{\partial \mathcal{L}}{\partial u_{i24}^{\nu}} \right) + \cdots + D_2 D_n \frac{\partial \mathcal{L}}{\partial u_{i2n}^{\nu}} + D_3 D_3 \left( \frac{\partial \mathcal{L}}{\partial u_{i33}^{\nu}} \right)$$

$$+ D_3 D_4 \left( \frac{\partial \mathcal{L}}{\partial u_{i34}^{\nu}} \right) + D_3 D_5 \left( \frac{\partial \mathcal{L}}{\partial u_{i35}^{\nu}} \right) + \cdots + D_3 D_n \frac{\partial \mathcal{L}}{\partial u_{i3n}^{\nu}} + \cdots .$$

以此类推, 可以得到 $\sum_{I=4}, \cdots$.

**注 4.1.4**  根据定理 4.1.1 构造微分方程的守恒向量, 并不要求所分析的微分方程具有共轭性. 事实上, 如果微分方程具有共轭性, 那么由分析共轭性的过程, 就可以得到其伴随变量, 然后将所得到的伴随变量用于构造微分方程的守恒向量; 如果微分方程不具有共轭性, 其守恒向量中的伴随变量是不明确的, 需要根据具体情况而选定.

**例 4.1.2**  考虑如下含有两个自变量 $x, t$ 和两个因变量 $u = u(x,t), h = h(x,t)$ 的偏微分方程组

$$\begin{aligned} F_1(x, t, \partial u, \partial h, \partial^2 u, \partial^2 h, \cdots, \partial^k u, \partial^k h) &= 0 , \\ F_2(x, t, \partial u, \partial h, \partial^2 u, \partial^2 h, \cdots, \partial^s u, \partial^s h) &= 0 . \end{aligned} \tag{4.1.10}$$

由定义 4.1.1 可知, 方程组 (4.1.10) 的形式 Lagarangian 量为 $\mathcal{L} = v_1 F_1 + v_2 F_2$, 其中 $v_1, v_2$ 是伴随变量. 假设方程组 (4.1.10) 的无穷小生成元为

$$V = \xi(x,t,u,h)\frac{\partial}{\partial x} + \tau(x,t,u,h)\frac{\partial}{\partial t} + \eta^1(x,t,u,h)\frac{\partial}{\partial u} + \eta^2(x,t,u,h)\frac{\partial}{\partial h}.$$

根据定理 4.1.1 可得, 李特征函数为

$$W^1 = \eta^1 - \xi u_x - \tau u_t, \quad W^2 = \eta^2 - \xi h_x - \tau h_t,$$

则方程组 (4.1.10) 的守恒向量的分量为

$$C^t = \tau \mathcal{L} + W^1 \left( \frac{\partial \mathcal{L}}{\partial u_t} - D_x \left( \frac{\partial \mathcal{L}}{\partial u_{tx}} \right) - D_t \left( \frac{\partial \mathcal{L}}{\partial u_{tt}} \right) + D_x^2 \left( \frac{\partial \mathcal{L}}{\partial u_{txx}} \right) \right.$$

$$+ D_x D_t \left( \frac{\partial \mathcal{L}}{\partial u_{txt}} \right) + D_t^2 \left( \frac{\partial \mathcal{L}}{\partial u_{ttt}} \right) - \cdots \bigg)$$

$$+ W^2 \left( \frac{\partial \mathcal{L}}{\partial h_t} - D_x \left( \frac{\partial \mathcal{L}}{\partial h_{tx}} \right) - D_t \left( \frac{\partial \mathcal{L}}{\partial h_{tt}} \right) + D_x^2 \left( \frac{\partial \mathcal{L}}{\partial h_{txx}} \right) \right.$$

$$+ D_x D_t \left( \frac{\partial \mathcal{L}}{\partial h_{txt}} \right) + D_t^2 \left( \frac{\partial \mathcal{L}}{\partial h_{ttt}} \right) - \cdots \Bigg)$$

$$+ D_x(W^1) \left( \frac{\partial \mathcal{L}}{\partial u_{tx}} - D_x \left( \frac{\partial \mathcal{L}}{\partial u_{txx}} \right) - D_t \left( \frac{\partial \mathcal{L}}{\partial u_{txt}} \right) + D_x^2 \left( \frac{\partial \mathcal{L}}{\partial u_{txxx}} \right) \right.$$

$$+ D_x D_t \left( \frac{\partial \mathcal{L}}{\partial u_{txxt}} \right) + D_t^2 \left( \frac{\partial \mathcal{L}}{\partial u_{txtt}} \right) - \cdots \Bigg)$$

$$+ D_t(W^1) \left( \frac{\partial \mathcal{L}}{\partial u_{tt}} - D_x \left( \frac{\partial \mathcal{L}}{\partial u_{ttx}} \right) - D_t \left( \frac{\partial \mathcal{L}}{\partial u_{ttt}} \right) + D_x^2 \left( \frac{\partial \mathcal{L}}{\partial u_{ttxx}} \right) \right.$$

$$+ D_x D_t \left( \frac{\partial \mathcal{L}}{\partial u_{ttxt}} \right) + D_t^2 \left( \frac{\partial \mathcal{L}}{\partial u_{tttt}} \right) - \cdots \Bigg)$$

$$+ D_x(W^2) \left( \frac{\partial \mathcal{L}}{\partial h_{tx}} - D_x \left( \frac{\partial \mathcal{L}}{\partial h_{txx}} \right) - D_t \left( \frac{\partial \mathcal{L}}{\partial h_{txt}} \right) + D_x^2 \left( \frac{\partial \mathcal{L}}{\partial h_{txxx}} \right) \right.$$

$$+ D_x D_t \left( \frac{\partial \mathcal{L}}{\partial h_{txxt}} \right) + D_t^2 \left( \frac{\partial \mathcal{L}}{\partial h_{txtt}} \right) - \cdots \Bigg)$$

$$+ D_t(W^2) \left( \frac{\partial \mathcal{L}}{\partial h_{tt}} - D_x \left( \frac{\partial \mathcal{L}}{\partial h_{ttx}} \right) - D_t \left( \frac{\partial \mathcal{L}}{\partial h_{ttt}} \right) + D_x^2 \left( \frac{\partial \mathcal{L}}{\partial h_{ttxx}} \right) \right.$$

$$+ D_x D_t \left( \frac{\partial \mathcal{L}}{\partial h_{ttxt}} \right) + D_t^2 \left( \frac{\partial \mathcal{L}}{\partial h_{tttt}} \right) - \cdots \Bigg) + \cdots,$$

$$C^x = \xi \mathcal{L} + W^1 \left( \frac{\partial \mathcal{L}}{\partial u_x} - D_x \left( \frac{\partial \mathcal{L}}{\partial u_{xx}} \right) - D_t \left( \frac{\partial \mathcal{L}}{\partial u_{xt}} \right) + D_x^2 \left( \frac{\partial \mathcal{L}}{\partial u_{xxx}} \right) \right.$$

$$+ D_x D_t \left( \frac{\partial \mathcal{L}}{\partial u_{xxt}} \right) + D_t^2 \left( \frac{\partial \mathcal{L}}{\partial u_{xtt}} \right) - \cdots \Bigg)$$

$$+ W^2 \left( \frac{\partial \mathcal{L}}{\partial h_x} - D_x \left( \frac{\partial \mathcal{L}}{\partial h_{xx}} \right) - D_t \left( \frac{\partial \mathcal{L}}{\partial h_{xt}} \right) + D_x^2 \left( \frac{\partial \mathcal{L}}{\partial h_{xxx}} \right) \right.$$

$$+ D_x D_t \left( \frac{\partial \mathcal{L}}{\partial h_{xxt}} \right) + D_t^2 \left( \frac{\partial \mathcal{L}}{\partial h_{xtt}} \right) - \cdots \Bigg)$$

$$+ D_x(W^1) \left( \frac{\partial \mathcal{L}}{\partial u_{xx}} - D_x \left( \frac{\partial \mathcal{L}}{\partial u_{xxx}} \right) - D_t \left( \frac{\partial \mathcal{L}}{\partial u_{xxt}} \right) + D_x^2 \left( \frac{\partial \mathcal{L}}{\partial u_{xxxx}} \right) \right.$$

$$+ D_x D_t \left( \frac{\partial \mathcal{L}}{\partial u_{xxxt}} \right) + D_t^2 \left( \frac{\partial \mathcal{L}}{\partial u_{xxtt}} \right) - \cdots \Bigg)$$

$$+ D_t(W^1) \left( \frac{\partial \mathcal{L}}{\partial u_{xt}} - D_x \left( \frac{\partial \mathcal{L}}{\partial u_{xtx}} \right) - D_t \left( \frac{\partial \mathcal{L}}{\partial u_{xtt}} \right) + D_x^2 \left( \frac{\partial \mathcal{L}}{\partial u_{xtxx}} \right) \right.$$

$$+ D_x D_t \left( \frac{\partial \mathcal{L}}{\partial u_{xtxt}} \right) + D_t^2 \left( \frac{\partial \mathcal{L}}{\partial u_{xttt}} \right) - \cdots \Bigg)$$

$$+ D_x(W^2) \left( \frac{\partial \mathcal{L}}{\partial h_{xx}} - D_x \left( \frac{\partial \mathcal{L}}{\partial h_{xxx}} \right) - D_t \left( \frac{\partial \mathcal{L}}{\partial h_{xxt}} \right) + D_x^2 \left( \frac{\partial \mathcal{L}}{\partial h_{xxxx}} \right) \right.$$

$$+ D_x D_t \left( \frac{\partial \mathcal{L}}{\partial h_{xxxt}} \right) + D_t^2 \left( \frac{\partial \mathcal{L}}{\partial h_{xxtt}} \right) - \cdots \Bigg)$$

$$+ D_t(W^2) \left( \frac{\partial \mathcal{L}}{\partial h_{xt}} - D_x \left( \frac{\partial \mathcal{L}}{\partial h_{xtx}} \right) - D_t \left( \frac{\partial \mathcal{L}}{\partial h_{xtt}} \right) + D_x^2 \left( \frac{\partial \mathcal{L}}{\partial h_{xtxx}} \right) \right.$$

$$+ D_x D_t \left( \frac{\partial \mathcal{L}}{\partial h_{xtxt}} \right) + D_t^2 \left( \frac{\partial \mathcal{L}}{\partial h_{xttt}} \right) - \cdots \Bigg) + \cdots.$$

## 4.2 两类整数阶非线性偏微分方程的守恒向量构造

本节将讨论拓展的 (2+1) 维量子 Zakharov-Kuznetsov(QZK) 方程和变系数 Davey-Stewartson(DS) 方程的共轭性以及各自的守恒向量.

### 4.2.1 拓展的 (2+1) 维量子 Zakharov-Kuznetsov 方程情形

考虑如下拓展的 (2+1) 维 QZK 方程[79]

$$u_t + au u_x + b(u_{xxx} + u_{yyy}) + c(u_{xyy} + u_{xxy}) = 0, \tag{4.2.1}$$

其中 $a, b, c$ 是实数. 方程 (4.2.1) 中的 $u(x, y, t)$ 表示等离子体中的静电波势, $a$ 是非线性项的系数, $b$ 和 $c$ 分别表示多维空间的色散系数. 该方程可以用来描述天体物理学和离子声波中的一些现象.

**定理 4.2.1** 方程 (4.2.1) 是自共轭的.

**证** 由定义 4.1.1, 可得方程 (4.2.1) 的形式 Lagarangian 量为

$$\mathcal{L} = v(u_t + au u_x + b(u_{xxx} + u_{yyy}) + c(u_{xyy} + u_{xxy})), \tag{4.2.2}$$

其中 $v$ 是伴随变量. 根据形式 Lagarangian 量 (4.2.2), 可得

$$\frac{\partial \mathcal{L}}{\partial u} = au_x v, \quad \frac{\partial \mathcal{L}}{\partial u_t} = v, \quad \frac{\partial \mathcal{L}}{\partial u_x} = auv,$$

$$\frac{\partial \mathcal{L}}{\partial u_{xxx}} = \frac{\partial \mathcal{L}}{\partial u_{yyy}} = bv, \quad \frac{\partial \mathcal{L}}{\partial u_{xyy}} = \frac{\partial \mathcal{L}}{\partial u_{xxy}} = cv. \tag{4.2.3}$$

由于方程 (4.2.1) 的共轭方程为

$$F^* = \frac{\partial \mathcal{L}}{\partial u} - D_x \frac{\partial \mathcal{L}}{\partial u_x} - D_t \frac{\partial \mathcal{L}}{\partial u_t} - D_x^3 \frac{\partial \mathcal{L}}{\partial u_{xxx}} - D_y^3 \frac{\partial \mathcal{L}}{\partial u_{yyy}} - D_x D_y^2 \frac{\partial \mathcal{L}}{\partial u_{xyy}} - D_x^2 D_y \frac{\partial \mathcal{L}}{\partial u_{xxy}} = 0, \tag{4.2.4}$$

所以将式 (4.2.3) 代入共轭方程 (4.2.4) 中并化简, 可得

$$F^* = -(v_t + auv_x + b(v_{xxx} + v_{yyy}) + c(v_{xyy} + v_{xxy})) = 0.$$

根据自共轭的定义, 有

$$F^*|_{v=u} = -(u_t + auu_x + b(u_{xxx} + u_{yyy}) + c(u_{xyy} + u_{xxy})),$$

其中 $\lambda = -1$. 因此, 方程 (4.2.1) 是自共轭的. 证毕.

接下来, 给出方程 (4.2.1) 的李群分析和守恒向量. 假设方程 (4.2.1) 接受如下单参数李变换群

$$t^* = t + \varepsilon\tau(x, y, t, u) + O(\varepsilon^2),$$
$$x^* = x + \varepsilon\xi^1(x, y, t, u) + O(\varepsilon^2),$$
$$y^* = y + \varepsilon\xi^2(x, y, t, u) + O(\varepsilon^2),$$
$$u^* = u + \varepsilon\eta(x, y, t, u) + O(\varepsilon^2).$$

相应的无穷小生成元为

$$V_1 = \frac{\partial}{\partial x}, \quad V_2 = \frac{\partial}{\partial y}, \quad V_3 = \frac{\partial}{\partial t},$$
$$V_4 = x\frac{\partial}{\partial x} + 3t\frac{\partial}{\partial t} + y\frac{\partial}{\partial y} - 2u\frac{\partial}{\partial u}, \quad V_5 = t\frac{\partial}{\partial x} + \frac{1}{a}\frac{\partial}{\partial u}.$$

由定理 4.1.1 可知, 方程 (4.2.1) 的守恒向量的分量为

$$\begin{aligned}
C^x =\,& \xi^1\mathcal{L} + W\left(\frac{\partial\mathcal{L}}{\partial u_x} + D_x^2\frac{\partial\mathcal{L}}{\partial u_{xxx}} + D_yD_x\frac{\partial\mathcal{L}}{\partial u_{xxy}} + D_y^2\frac{\partial\mathcal{L}}{\partial u_{xyy}}\right) \\
& - D_x(W)\left(D_x\frac{\partial\mathcal{L}}{\partial u_{xxx}} + D_y\frac{\partial\mathcal{L}}{\partial u_{xxy}}\right) - D_y(W)\left(D_x\frac{\partial\mathcal{L}}{\partial u_{xyx}} + D_y\frac{\partial\mathcal{L}}{\partial u_{xyy}}\right) \\
& + D_x^2(W)\frac{\partial\mathcal{L}}{\partial u_{xxx}} + D_yD_x(W)\frac{\partial\mathcal{L}}{\partial u_{xxy}} + D_y^2(W)\frac{\partial\mathcal{L}}{\partial u_{xyy}},
\end{aligned}$$

$$\begin{aligned}
C^y =\,& \xi^2\mathcal{L} + W\left(D_x^2\frac{\partial\mathcal{L}}{\partial u_{yxx}} + D_yD_x\frac{\partial\mathcal{L}}{\partial u_{yxy}} + D_y^2\frac{\partial\mathcal{L}}{\partial u_{yyy}}\right) \\
& - D_x(W)\left(D_x\frac{\partial\mathcal{L}}{\partial u_{yxx}} + D_y\frac{\partial\mathcal{L}}{\partial u_{yxy}}\right) - D_y(W)\left(D_x\frac{\partial\mathcal{L}}{\partial u_{yyx}} + D_y\frac{\partial\mathcal{L}}{\partial u_{yyy}}\right) \\
& + D_x^2(W)\frac{\partial\mathcal{L}}{\partial u_{yxx}} + D_yD_x(W)\frac{\partial\mathcal{L}}{\partial u_{yyx}} + D_y^2(W)\frac{\partial\mathcal{L}}{\partial u_{yyy}},
\end{aligned}$$

$$C^t = \tau\mathcal{L} + W\frac{\partial\mathcal{L}}{\partial u_t}, \tag{4.2.5}$$

其中李特征函数为

$$W = \eta - \tau u_t - \xi^1 u_x - \xi^2 u_y. \tag{4.2.6}$$

利用守恒向量 (4.2.5) 和李特征函数 (4.2.6), 可以得到方程 (4.2.1) 在不同无穷小生成元下的守恒向量. 下面给出具体结果.

在 $V_1$ 下的守恒向量的分量为

$$C^x = uu_t - cu_x u_{yy} + cu_y u_{xx} + cu_y u_{xy},$$
$$C^y = -bu_x u_{yy} + cu_{xx} u_y + bu_y u_{xy} - cu_y u_{xxx} - cu_y u_{xxy} - buu_{xyy},$$
$$C^t = -uu_x.$$

在 $V_2$ 下的守恒向量的分量为

$$C^x = -a^2 u_y - bu_y u_{xx} + bu_x u_{xy} + cu_x u_{yy} - buu_{xxy} - cuu_{xyy} - cuu_{yyy},$$
$$C^y = uu_t + au^2 u_x + bu_{xxx} - cu_y u_{xx} + cu_x u_{xy} + cu_x u_{yy},$$
$$C^t = -uu_y.$$

在 $V_3$ 下的守恒向量的分量为

$$C^x = - au^2 u_t - bu_{xx} u_t - cu_{xy} u_t - cu_{yy} u_t + bu_{xt} u_x + cu_{tx} u_y$$
$$+ cu_{ty} u_x + cu_{ty} u_y - buu_{xxt} - cuu_{txy} - cuu_{tyy},$$
$$C^y = - cu_t u_{xx} - cu_{xt} u_t - bu_{yy} u_t + cu_x u_{tx} + cu_y u_{tx} + cu_x u_{ty}$$
$$+ bu_y u_{ty} - cuu_{txx} - cuu_{txy} - buu_{tyy},$$
$$C^t = au^2 u_x + buu_{xxx} + buu_{yyy} + cuu_{xyy} + cuu_{xxy}.$$

在 $V_4$ 下的守恒向量的分量为

$$C^x = xu(u_t + auu_x + bu_{yyy}) - (2u + xu_x + yu_y + 3tu_t)$$
$$\times (au^2 + bu_{xx} + cu_{xy} + cu_{yy}) + (3u_x + xu_{xx} + yu_{xy} + 3tu_{tx})$$
$$\times (bu_x + cu_y) + (3u_y + xu_{xy} + yu_{yy} + 3tu_{ty})(cu_x + cu_y)$$
$$- (4u_{xx} + yu_{xxy} + 3tu_{txx})bu - (4u_{xy} + yu_{xyy} + 3tu_{txy})cu$$
$$- (4u_{yy} + yu_{yyy} + 3tu_{tyy})cu,$$
$$C^y = yu(u_t + auu_x + bu_{xxx}) - (2u + xu_x + yu_y + 3tu_t)(cu_{xx} + cu_{xy} + bu_{yy})$$
$$+ (3u_x + xu_{xx} + yu_{xy} + 3tu_{tx})(cu_x + cu_y) + (3u_y + xu_{xy} + yu_{yy} + 3tu_{ty})$$
$$\times (cu_x + bu_y) - (4u_{xx} + xu_{xxx} + 3tu_{txx})cu - (4u_{xy} + xu_{xxy} + 3tu_{txy})cu$$
$$- (4u_{yy} + xu_{xyy} + 3tu_{tyy})bu,$$

$$C^t = 3btuu_tu_{xxx} + 3(b+c)tuu_{yyy} + 3ctuu_{xyy} - 3atu^2u_x - 2xuu_x - yu_y - 2u^2.$$

在 $V_5$ 下的守恒向量的分量为

$$
\begin{aligned}
C^x =&\, btuu_{yyy} + ctuu_{xyy} - ctu_xu_{xx} - ctu_xu_{yy} + ctu_yu_{xx} + \frac{b}{a}u_{xx} + \frac{c}{a}u_{xy} \\
&+ \frac{c}{a}u_{yy} + tuu_t + u^2,
\end{aligned}
$$

$$
\begin{aligned}
C^y =&\, \frac{c}{a}u_{xx} + \frac{c}{a}u_{xy} + \frac{b}{a}u_{yy} - ctu_xu_{yy} - btu_xu_{yy} + ctu_yu_{xx} \\
&- ctuu_{xxx} - ctuu_{xxy},
\end{aligned}
$$

$$C^t = \frac{1}{a}u - tuu_x.$$

### 4.2.2　变系数 Davey-Stewartson 方程组情形

DS 方程组是 (1+1) 维非线性薛定谔方程的推广, 常用来描述 (2+1) 维有限深度液体表面的波包. 根据表面张力的强度, DS 方程组可分为 DS-I 和 DS-II 两类:

$$\text{DS-I}: \begin{cases} \mathrm{i}q_t = q_{xx} + q_{yy} + \alpha\,|q|^2\,q - 2qw, & \mathrm{i}^2 = -1, \\ w_{xx} - w_{yy} = \alpha(|q|^2)_{xx} \end{cases}$$

和

$$\text{DS-II}: \begin{cases} \mathrm{i}q_t = q_{xx} - q_{yy} + \alpha\,|q|^2\,q - 2qw, & \mathrm{i}^2 = -1, \\ w_{xx} + w_{yy} = \alpha(|q|^2)_{xx}, \end{cases}$$

其中 $x, y$ 是空间坐标, $t$ 是时间坐标. 复函数 $q(x, y, t)$ 是表面波包的振幅. 实函数 $w(x, y, t)$ 是平均流与表面波相互作用的速度势. 在许多物理条件下, 由于介质和边界的不均匀性, 变系数非线性方程可能比常系数更能反映实际问题, 所以有必要考虑如下变系数 DS 方程组

$$
\begin{cases}
\mathrm{i}q_t + p_1(t)q_{xx} + p_2(t)q_{yy} - q_1(t)\,|q|^2\,q + q_2(t)qw = 0, & \mathrm{i}^2 = -1, \\
rw_{xx} - w_{yy} = s\,|q|^2_{xx},
\end{cases} \tag{4.2.7}
$$

其中 $q(x, y, t)$ 是复值函数, $w(x, y, t)$ 是实值函数.

假设复函数为 $q(x, y, t) = u(x, y, t) + \mathrm{i}v(x, y, t)$, 其中 $u(x, y, t)$ 和 $v(x, y, t)$ 是实值函数. 因此, 方程 (4.2.7) 可转化为如下实方程组

$$
\begin{cases}
F_1 = u_t + p_1(t)v_{xx} + p_2(t)v_{yy} - q_1(t)(u^2v + v^3) + q_2(t)vw = 0, \\
F_2 = -v_t + p_1(t)u_{xx} + p_2(t)u_{yy} - q_1(t)(u^3 + uv^2) + q_2(t)uw = 0, \\
F_3 = rw_{xx} - w_{yy} - 2s(u_x^2 + v_x^2 + uu_{xx} + vv_{xx}) = 0.
\end{cases} \tag{4.2.8}
$$

**定理 4.2.2**　方程组 (4.2.8) 是非线性自共轭的.

**证** 由定义 4.1.1, 可得方程组 (4.2.8) 的形式 Lagarangian 量为

$$\mathcal{L} = \bar{u}(u_t + p_1(t)v_{xx} + p_2(t)v_{yy} - q_1(t)(u^2v + v^3) + q_2(t)vw)$$
$$+ \bar{v}(-v_t + p_1(t)u_{xx} + p_2(t)u_{yy} - q_1(t)(u^3 + uv^2) + q_2(t)uw)$$
$$+ \bar{w}(rw_{xx} - w_{yy} - 2s(u_x^2 + v_x^2 + uu_{xx} + vv_{xx})), \tag{4.2.9}$$

其中 $\bar{u}, \bar{v}, \bar{w}$ 分别是 $u, v, w$ 的伴随变量. 由于方程组 (4.2.8) 的共轭方程组为

$$F_1^* = \frac{\delta\mathcal{L}}{\delta u} = 0, \quad F_2^* = \frac{\delta\mathcal{L}}{\delta v} = 0, \quad F_3^* = \frac{\delta\mathcal{L}}{\delta w} = 0, \tag{4.2.10}$$

所以根据形式 Lagarangian 量 (4.2.9), 可得

$$\frac{\delta\mathcal{L}}{\delta u} = \frac{\partial\mathcal{L}}{\partial u} - D_t\frac{\partial\mathcal{L}}{\partial u_t} - D_x\frac{\partial\mathcal{L}}{\partial u_x} + D_x^2\frac{\partial\mathcal{L}}{\partial u_{xx}} + D_y^2\frac{\partial\mathcal{L}}{\partial u_{yy}},$$
$$\frac{\delta\mathcal{L}}{\delta v} = \frac{\partial\mathcal{L}}{\partial v} - D_t\frac{\partial\mathcal{L}}{\partial v_t} - D_x\frac{\partial\mathcal{L}}{\partial v_x} + D_x^2\frac{\partial\mathcal{L}}{\partial v_{xx}} + D_y^2\frac{\partial\mathcal{L}}{\partial v_{yy}}, \tag{4.2.11}$$
$$\frac{\delta\mathcal{L}}{\delta w} = \frac{\partial\mathcal{L}}{\partial w} + D_x^2\frac{\partial\mathcal{L}}{\partial w_{xx}} + D_y^2\frac{\partial\mathcal{L}}{\partial w_{yy}}.$$

将式 (4.2.11) 代入方程组 (4.2.10) 中, 则共轭方程组 (4.2.10) 可以写成

$$F_1^* = -\bar{u}_t + p_1(t)\bar{v}_{xx} + p_2(t)\bar{v}_{yy} - 2q_1(t)\bar{u}uv - q_1(t)\bar{v}(3u^2 + v^2)$$
$$+ q_2(t)\bar{v}w - 2s\bar{w}_{xx}u = 0,$$
$$F_2^* = \bar{v}_t + p_1(t)\bar{u}_{xx} + p_2(t)\bar{u}_{yy} - 2q_1(t)\bar{v}uv - q_1(t)\bar{u}(3v^2 + u^2) \tag{4.2.12}$$
$$+ q_2(t)\bar{u}w - 2s\bar{w}_{xx}v = 0,$$
$$F_3^* = q_2(t)\bar{u}v + q_2(t)\bar{v}u + r\bar{w}_{xx} - \bar{w}_{yy} = 0.$$

假设 $\bar{u} = \phi(x, y, t, u, v, w)$, $\bar{v} = \varphi(x, y, t, u, v, w)$ 和 $\bar{w} = \psi(x, y, t, u, v, w)$, 其中 $\phi(x, y, t, u, v, w)$, $\varphi(x, y, t, u, v, w)$ 和 $\psi(x, y, t, u, v, w)$ 不同时为零. 由 $\bar{u}, \bar{v}, \bar{w}$ 的表达式, 可得

$$\bar{u}_t = \phi_t + \phi_u u_t + \phi_v v_t + \phi_w w_t, \quad \bar{u}_x = \phi_x + \phi_u u_x + \phi_v v_x + \phi_w w_x,$$
$$\bar{u}_{xx} = (\phi_{xx} + \phi_{xu}u_x + \phi_{xv}v_x + \phi_{xw}w_x) + (\phi_{xu} + \phi_{uu}u_x + \phi_{uv}v_x + \phi_{uw}w_x)u_x$$
$$+ \phi_u u_{xx} + (\phi_{xv} + \phi_{vu}u_x + \phi_{vv}v_x + \phi_{vw}w_x)v_x + \phi_v v_{xx}$$
$$+ (\phi_{xw} + \phi_{wu}u_x + \phi_{wv}v_x + \phi_{ww}w_x)v_x + \phi_w v_{xx},$$
$$\bar{u}_y = \phi_y + \phi_u u_y + \phi_v v_y + \phi_w w_y,$$
$$\bar{u}_{yy} = (\phi_{yy} + \phi_{yu}u_y + \phi_{yv}v_y + \phi_{yw}w_y) + (\phi_{yu} + \phi_{uu}u_y + \phi_{uv}v_y + \phi_{uw}w_y)u_y$$
$$+ \phi_u u_{yy} + (\phi_{yv} + \phi_{vu}u_y + \phi_{vv}v_y + \phi_{vw}w_y)v_y + \phi_v v_{yy}$$

$$+ (\phi_{yw} + \phi_{wu}u_y + \phi_{wv}v_y + \phi_{ww}w_y)v_y + \phi_w v_{yy},$$

$$\bar{v}_t = \varphi_t + \varphi_u u_t + \varphi_v v_t + \varphi_w w_t, \quad \bar{v}_x = \varphi_x + \varphi_u u_x + \varphi_v v_x + \varphi_w w_x,$$

$$\bar{v}_{xx} = (\varphi_{xx} + \varphi_{xu}u_x + \varphi_{xv}v_x + \varphi_{xw}w_x) + (\varphi_{xu} + \varphi_{uu}u_x + \varphi_{uv}v_x + \varphi_{uw}w_x)u_x$$
$$+ \varphi_u u_{xx} + (\varphi_{xv} + \varphi_{vu}u_x + \varphi_{vv}v_x + \varphi_{vw}w_x)v_x + \varphi_v v_{xx}$$
$$+ (\varphi_{xw} + \varphi_{wu}u_x + \varphi_{wv}v_x + \varphi_{ww}w_x)v_x + \varphi_w v_{xx},$$

$$\bar{v}_y = \varphi_y + \varphi_u u_y + \varphi_v v_y + \varphi_w w_y,$$

$$\bar{v}_{yy} = (\varphi_{yy} + \varphi_{yu}u_y + \varphi_{yv}v_y + \varphi_{yw}w_y) + (\varphi_{yu} + \varphi_{uu}u_y + \varphi_{uv}v_y + \varphi_{uw}w_y)u_y$$
$$+ \varphi_u u_{yy} + (\varphi_{yv} + \varphi_{vu}u_y + \varphi_{vv}v_y + \varphi_{vw}w_y)v_y + \phi_v v_{yy}$$
$$+ (\varphi_{yw} + \varphi_{wu}u_y + \varphi_{wv}v_y + \varphi_{ww}w_y)v_y + \varphi_w v_{yy},$$

$$\bar{w}_x = \psi_x + \psi_u u_x + \psi_v v_x + \psi_w w_x, \quad \bar{w}_y = \psi_y + \psi_u u_y + \psi_v v_y + \psi_w w_y,$$

$$\bar{w}_{xx} = (\psi_{xx} + \psi_{xu}u_x + \psi_{xv}v_x + \psi_{xw}w_x) + (\psi_{xu} + \psi_{uu}u_x + \psi_{uv}v_x + \psi_{uw}w_x)u_x$$
$$+ \psi_u u_{xx} + (\psi_{xv} + \psi_{vu}u_x + \psi_{vv}v_x + \psi_{vw}w_x)v_x + \psi_v v_{xx}$$
$$+ (\psi_{xw} + \psi_{wu}u_x + \psi_{wv}v_x + \psi_{ww}w_x)v_x + \psi_w v_{xx},$$

$$\bar{w}_{yy} = (\psi_{yy} + \psi_{yu}u_y + \psi_{yv}v_y + \psi_{yw}w_y) + (\psi_{yu} + \psi_{uu}u_y + \psi_{uv}v_y + \psi_{uw}w_y)u_y$$
$$+ \psi_u u_{yy} + (\psi_{yv} + \psi_{vu}u_y + \psi_{vv}v_y + \psi_{vw}w_y)v_y + \psi_v v_{yy}$$
$$+ (\psi_{yw} + \psi_{wu}u_y + \psi_{wv}v_y + \psi_{ww}w_y)v_y + \psi_w v_{yy}.$$

根据非线性自共轭的定义, 有

$$F_1^* \big|_{\bar{u}=\phi(x,y,t,u,v,w),\bar{v}=\varphi(x,y,t,u,v,w),\bar{w}=\psi(x,y,t,u,v,w)} = \lambda_{11}F_1 + \lambda_{12}F_2 + \lambda_{13}F_3,$$

$$F_2^* \big|_{\bar{u}=\phi(x,y,t,u,v,w),\bar{v}=\varphi(x,y,t,u,v,w),\bar{w}=\psi(x,y,t,u,v,w)} = \lambda_{21}F_1 + \lambda_{22}F_2 + \lambda_{23}F_3,$$

$$F_3^* \big|_{\bar{u}=\phi(x,y,t,u,v,w),\bar{v}=\varphi(x,y,t,u,v,w),\bar{w}=\psi(x,y,t,u,v,w)} = \lambda_{31}F_1 + \lambda_{32}F_2 + \lambda_{33}F_3,$$

$$(4.2.13)$$

其中 $\lambda_{ij}(i,j=1,2,3)$ 是待定系数.

将方程组 (4.2.8) 和方程组 (4.2.12) 以及 $\bar{u}, \bar{v}, \bar{w}, \bar{u}_t, \bar{u}_{xx}, \bar{v}_{yy}, \bar{v}_t, \bar{v}_{xx}, \bar{v}_{yy}, \bar{w}_{xx}, \bar{w}_{yy}$ 的表达式代入方程组 (4.2.13) 中, 化简可得 $u, v, w$ 关于自变量 $t, x, y$ 的方程组. 通过平衡方程两边 $u_t, u_x, u_{xx}$ 等的系数, 得到如下超定方程组

$$\lambda_{12} = \lambda_{13} = \lambda_{21} = \lambda_{23} = \lambda_{31} = \lambda_{32} = \lambda_{33} = 0,$$
$$\phi_x = \phi_y = \phi_t = \phi_v = \phi_w = 0,$$
$$\varphi_x = \varphi_y = \varphi_t = \varphi_u = \varphi_w = 0,$$
$$\psi_u = \psi_v = \psi_w = 0, \quad \phi_u = \lambda_{22} = -1,$$
$$\phi_\gamma = \lambda_{11} = 1, \quad \psi_{xx} = \psi_{yy} = 0.$$

求解上述超定方程组, 可得

$$\bar{u} = \phi(x,y,t,u,v,w) = -u, \quad \bar{v} = \varphi(x,y,t,u,v,w) = v,$$
$$\bar{w} = \psi(x,y,t,u,v,w) = (a(t)y + b(t))x + c(t)y + d(t),$$
(4.2.14)

其中 $a(t), b(t), c(t)$ 和 $d(t)$ 都是关于 $t$ 的函数. 因此, 根据非线性自共轭的定义可知, 方程组 (4.2.8) 是非线性自共轭的. 证毕.

接下来, 给出方程组 (4.2.8) 的李群分析和守恒向量. 假设方程组 (4.2.8) 接受如下单参数李变换群

$$t^* = t + \varepsilon\tau(x,y,t,u,v,w) + O(\varepsilon^2),$$
$$x^* = x + \varepsilon\xi^1(x,y,t,u,v,w) + O(\varepsilon^2),$$
$$y^* = y + \varepsilon\xi^2(x,y,t,u,v,w) + O(\varepsilon^2),$$
$$u^* = u + \varepsilon\eta^1(x,y,t,u,v,w) + O(\varepsilon^2),$$
$$v^* = v + \varepsilon\eta^2(x,y,t,u,v,w) + O(\varepsilon^2),$$
$$w^* = w + \varepsilon\eta^3(x,y,t,u,v,w) + O(\varepsilon^2).$$

相应的无穷小生成元为

$$V_1 = x\frac{\partial}{\partial x} + y\frac{\partial}{\partial y} + \frac{\int 2p_1(t)\mathrm{d}t}{p_1(t)}\frac{\partial}{\partial t} + u\frac{\partial}{\partial u} + v\frac{\partial}{\partial v} + 2w\frac{\partial}{\partial w},$$
$$V_2 = \frac{\partial}{\partial x}, \quad V_3 = \frac{\partial}{\partial y}, \quad V_4 = \frac{1}{p_1(t)}\frac{\partial}{\partial t}.$$

由定理 4.1.1 可知, 方程组 (4.2.8) 的守恒向量的分量为

$$C^t = \tau\mathcal{L} + W^1\left(\frac{\partial\mathcal{L}}{\partial u_t}\right) + W^2\left(\frac{\partial\mathcal{L}}{\partial v_t}\right),$$

$$C^x = \xi^1\mathcal{L} + W^1\left(\frac{\partial\mathcal{L}}{\partial u_x} - D_x\left(\frac{\partial\mathcal{L}}{\partial u_{xx}}\right)\right) + D_x(W^1)\left(\frac{\partial\mathcal{L}}{\partial u_{xx}}\right)$$

$$+ W^2\left(\frac{\partial\mathcal{L}}{\partial v_x} - D_x\left(\frac{\partial\mathcal{L}}{\partial v_{xx}}\right)\right) + D_x(W^2)\left(\frac{\partial\mathcal{L}}{\partial v_{xx}}\right)$$

$$- W^3 D_x\left(\frac{\partial\mathcal{L}}{\partial w_{xx}}\right) + D_x(W^3)\left(\frac{\partial\mathcal{L}}{\partial w_{xx}}\right),$$
(4.2.15)

$$C^y = \xi^2\mathcal{L} - W^1 D_y\left(\frac{\partial\mathcal{L}}{\partial u_{yy}}\right) + D_y(W^1)\left(\frac{\partial\mathcal{L}}{\partial u_{yy}}\right) - W^2 D_y\left(\frac{\partial\mathcal{L}}{\partial v_{yy}}\right)$$

$$+ D_y(W^2)\left(\frac{\partial\mathcal{L}}{\partial v_{yy}}\right) - W^3 D_y\left(\frac{\partial\mathcal{L}}{\partial w_{yy}}\right) + \mathcal{D}_y(W^3)\left(\frac{\partial\mathcal{L}}{\partial w_{yy}}\right),$$

其中李特征函数为

$$
\begin{aligned}
W^1 &= \eta^1 - \tau u_t - \xi^1 u_x - \xi^2 u_y\,, \\
W^2 &= \eta^2 - \tau v_t - \xi^1 v_x - \xi^2 v_y\,, \\
W^3 &= \eta^3 - \tau w_t - \xi^1 w_x - \xi^2 w_y\,.
\end{aligned}
\tag{4.2.16}
$$

在式 (4.2.14) 中, 若取 $a(t) = 1, b(t) = c(t) = d(t) = 0$, 则有

$$
\begin{aligned}
\bar{u} &= \phi(x, y, t, u, v, w) = -u\,, \\
\bar{v} &= \varphi(x, y, t, u, v, w) = v\,, \\
\bar{w} &= \psi(x, y, t, u, v, w) = xy.
\end{aligned}
\tag{4.2.17}
$$

由式 (4.2.9), 可得方程组 (4.2.8) 的形式 Lagarangian 量为

$$
\begin{aligned}
\mathcal{L} = &- (uu_t + vv_t) + p_1(t)(vu_{xx} - uv_{xx}) + p_2(t)(vu_{yy} - uv_{yy}) \\
&+ xy(rw_{xx} - w_{yy} - 2s(u_x^2 + v_x^2 + uu_{xx} + vv_{xx})).
\end{aligned}
\tag{4.2.18}
$$

利用式 (4.2.15)—(4.2.18) 和无穷小生成元 $V_i(i = 1, 2, 3, 4)$, 可以得到方程组 (4.2.8) 在不同李特征函数下的守恒向量. 具体地, 在 $V_1$ 下的李特征函数为

$$
W^1 = u - \frac{\displaystyle\int 2p_1(t)\mathrm{d}t}{p_1(t)} u_t - xu_x - yu_y,
$$

$$
W^2 = v - \frac{\displaystyle\int 2p_1(t)\mathrm{d}t}{p_1(t)} v_t - xv_x - yv_y,
$$

$$
W^3 = 2w - \frac{\displaystyle\int 2p_1(t)\mathrm{d}t}{p_1(t)} w_t - xw_x - yw_y,
$$

则方程组 (4.2.8) 的守恒向量的分量为

$$
\begin{aligned}
C^t = &- (u^2 + v^2) + x(uu_x + vv_x) + y(uu_y + vv_y) \\
&+ (vu_{xx} - uv_{xx})\int 2p_1(t)\mathrm{d}t + \frac{\displaystyle\int 2p_1(t)\mathrm{d}t}{p_1(t)}(p_2(t)(vu_{yy} - uv_{yy}) \\
&+ xy(rw_{xx} - w_{yy} - 2s(u_x^2 + v_x^2 + uu_{xx} + vv_{xx}))),
\end{aligned}
$$

$$
C^x = - \left( x + 2sxy\frac{a\displaystyle\int 2p_1(t)\mathrm{d}t}{p_1(t)} \right)(uu_t + vv_t) + 2sy(u^2 + \nu^2) - 2sy^2(uu_y + vv_y)
$$

$$- 4sxy(uu_x + vv_x) + 2sxy^2(u_xu_y + v_xv_y + uu_{xy} + vv_{xy})$$

$$+ p_1(t)(u_xv - uv_x + y(u_yv_x - u_xv_y + uv_{xy} - vu_{xy}))$$

$$+ \int 2p_1(t)\mathrm{d}t(u_tv_x - u_xv_t + uv_{xt} - vu_{xt})$$

$$+ \frac{2\int 2p_1(t)\mathrm{d}t}{p_1(t)}sxy(u_xu_t + v_xv_t + uu_{xt} + vv_{xt}) + p_2(t)x(vu_{yy} - uv_{yy})$$

$$- x^2yw_{yy} - ry\left(2w - \frac{\int 2p_1(t)\mathrm{d}t}{p_1(t)}w_t - xw_x - yw_y\right)$$

$$+ xyr\left(w_x - \frac{\int 2p_1(t)\mathrm{d}t}{p_1(t)}w_{xt} - yw_{xy}\right),$$

$$C^y = - y(uu_t + vv_t) + p_1(t)y(vu_{xx} - uv_{xx})$$

$$+ p_2(t)(u_yv - uv_y + x(u_xv_y - u_yv_x + uv_{xy} - vu_{xy}))$$

$$+ \frac{\int 2p_1(t)\mathrm{d}t}{p_1(t)}p_2(t)(u_tv_y - u_yv_t + uv_{yt} - vu_{yt}) + xy^2(rw_{xx}$$

$$- 2s(u_x^2 + v_x^2 + uu_{xx} + vv_{xx})) + x\left(2w - \frac{\int 2p_1(t)\mathrm{d}t}{p_1(t)}w_t - xw_x - yw_y\right)$$

$$- xy\left(w_y - \frac{\int 2p_1(t)\mathrm{d}t}{p_1(t)}w_{yt} - xw_{xy}\right).$$

在 $V_2$ 下的李特征函数为 $W^1 = -u_x$, $W^2 = -v_x$, $W^3 = -w_x$, 则方程组 (4.2.8) 的守恒向量的分量为

$$C^t = uu_x + vv_x,$$

$$C^x = -(uu_t + vv_t) + p_2(t)(vu_{yy} - uv_{yy}) - 2sy(uu_x + vv_x) - xyw_{yy} + ryw_x,$$

$$C^y = p_2(t)(u_xv_y - v_xu_y + uv_{xy} - vu_{xy}) - xw_x + xyw_{xy}.$$

在 $V_3$ 下的李特征函数为 $W^1 = -u_y$, $W^2 = -v_y$, $W^3 = -w_y$, 则方程组 (4.2.8) 的守恒向量的分量为

$$C^t = uu_y + vv_y\,,$$

$$C^x = p_1(t)(u_yv_x - u_xv_y + uv_{xy} - vu_{xy}) + 2sxy(u_xu_y + v_xv_y + uu_{xy} + vv_{xy})$$

$$\quad\ - 2sy(uu_y + vv_y) + ry(w_y - xw_{xy})\,,$$

$$C^y = -(uu_t + vv_t) + p_1(t)(vu_{xx} - uv_{xx})$$

$$\quad\ + xy(rw_{xx} - 2s(u_x^2 + v_x^2 + uu_{xx} + vv_{xx})) - xw_y\,.$$

在 $V_4$ 下的李特征函数为 $W^1 = -u_t/p_1(t)$, $W^2 = -v_t/p_1(t)$, $W^3 = -w_t/p_1(t)$, 则方程组 (4.2.8) 的守恒向量的分量为

$$C^t = \frac{1}{p_1(t)}(p_1(t)(vu_{xx} - uv_{xx}) + p_2(t)(vu_{yy} - uy_{yy})$$

$$\quad\ + xy(rw_{xx} - w_{yy} - 2s(u_x^2 + v_x^2 + uu_{xx} + vv_{xx}))),$$

$$C^x = \frac{1}{p_1(t)}(2sxy(u_xu_t + v_xv_t + uu_{xt} + vv_{xt}) - 2sy(uu_t + vv_t) + ry(w_t - xw_{xt}))$$

$$\quad\ + (u_tv_x - u_xv_t + uv_{xt} - vu_{xt}),$$

$$C^y = \frac{1}{p_1(t)}(p_2(t)(u_tv_y - u_yv_t + uv_{yt} - vu_{yt}) - xw_t + xyw_{yt}).$$

## 4.3　时间分数阶偏微分方程的共轭性概念与守恒向量定理

本节将介绍时间分数阶微分方程的共轭性概念和守恒向量定理.

由于分数阶微分方程比较复杂, 所以本节仅考虑含有两个自变量 $x, t$, 以及 $m(m \geqslant 1)$ 个因变量和 $m$ 个方程的时间分数阶偏微分方程 (组)

$$D_t^\alpha u^\nu = f_\nu(t, x, u, \partial u, \partial^2 u, \cdots, \partial^k u), \quad \nu = 1, 2, \cdots, m, \tag{4.3.1}$$

其中 $u = (u^1, u^2, \cdots, u^m)$, $t$ 表示时间变量, $D_t^\alpha u^\nu$ 是 $u^\nu$ 关于 $t$ 的 $\alpha$ 阶 Riemann-Liouville 左分数阶导数. 为方便起见, 在下面的分析中将式 (4.3.1) 记作

$$F_\nu(t, x, u, \partial u, \partial^2 u, \cdots, \partial^k u) = D_t^\alpha u^\nu - f_\nu(t, x, u, \partial u, \partial^2 u, \cdots, \partial^k u), \tag{4.3.2}$$

其中 $\nu = 1, 2, \cdots, m$.

### 4.3.1 共轭性概念

类似于整数阶微分方程, 方程 (组)(4.3.1) 的形式 Lagrangian 量为

$$\mathcal{L} = \sum_{\nu=1}^{m} v^{\nu} F_{\nu}(t, x, u, \partial u, \partial^2 u, \cdots, \partial^k u), \tag{4.3.3}$$

其中称 $v = (v^1, v^2, \cdots, v^m)$ 为 $u$ 的伴随变量.

由于分数阶微分方程中含有分数阶导数, 则相应的 Euler-Lagrange 算子为

$$\frac{\delta}{\delta u^{\nu}} = \frac{\partial}{\partial u^{\nu}} + (D_t^{\alpha})^* \frac{\partial}{\partial (D_t^{\alpha} u^{\nu})} + \sum_{k=1}^{+\infty} (-1)^k D_{i_1} D_{i_2} \cdots D_{i_k} \frac{\partial}{\partial (u^{\nu})_{i_1 i_2 \cdots i_k}}, \tag{4.3.4}$$

其中 $D_{i_k}$ 为关于 $x_{i_k}$ 的全微分算子, $D_t^{\alpha}$ 为分数阶导数算子, $(D_t^{\alpha})^*$ 为 $D_t^{\alpha}$ 的共轭算子且满足如下条件

$$(D_t^{\alpha})^* = (-1)^n I_c^{n-\alpha}(D_t^n) = {}^C D_t^{\alpha}.$$

在上式中

$$I_c^{n-\alpha} f(x, t) = \frac{1}{\Gamma(n-\alpha)} \int_t^c \frac{f(x, s)}{(t-s)^{1+\alpha-n}} ds, \quad n = [\alpha] + 1$$

是 Riemann-Liouville 右分数阶积分, ${}^C D_t^{\alpha}$ 是 Caputo 右分数阶导数. 关于 Riemann-Liouville 分数阶积分和 Caputo 右分数阶导数更详细的介绍可以参见文献 [6,21,27].

**定义 4.3.1** 称方程 (组)

$$F_v^* = \frac{\delta \mathcal{L}}{\delta u^{\nu}} = 0, \quad \nu = 1, 2, \cdots, m \tag{4.3.5}$$

为分数阶微分方程 (组)(4.3.2) 的共轭方程 (组).

**例 4.3.1** 考虑如下时间分数阶微分方程

$$D_t^{\alpha} u = f(t, x, u, u_x, u_{xx}), \tag{4.3.6}$$

其中 $x, t$ 是自变量, $u = u(x, t)$ 是因变量. 方程 (4.3.6) 的形式 Lagrangian 量为

$$\mathcal{L} = v(x, t) F(t, x, u, D_t^{\alpha} u^v, u_x, u_{xx}),$$

其中 $F(t, x, u, D_t^{\alpha} u^v, u_x, u_{xx}) = D_t^{\alpha} u - f(t, x, u, u_x, u_{xx})$, $v(x, t)$ 是伴随变量. 于是, Euler-Lagrange 算子为

$$\frac{\delta}{\delta u} = \frac{\partial}{\partial u} + (D_t^{\alpha})^* \frac{\partial}{\partial (D_t^{\alpha} u)} - D_x \frac{\partial}{\partial u_x} + D_x^2 \left( \frac{\partial}{\partial u_{xx}} \right).$$

因此, 方程 (4.3.6) 的共轭方程为

$$\frac{\partial \mathcal{L}}{\partial u} + (D_t^\alpha)^* \frac{\partial \mathcal{L}}{\partial (D_t^\alpha u)} - D_x \frac{\partial \mathcal{L}}{\partial u_x} + D_x^2 \left( \frac{\partial \mathcal{L}}{\partial u_{xx}} \right) = 0.$$

下面介绍时间分数阶微分方程 (组)(4.3.2) 的共轭性定义.

**定义 4.3.2**　对于共轭方程 (组)(4.3.5), 若存在一组变量系数 $\lambda_i^\nu (i = 1, 2, \cdots, m, \nu = 1, 2, \cdots, m)$ 在代换 $v = u$ 下有

$$F_\nu^*|_{v=u} = \frac{\delta \mathcal{L}}{\delta u^\nu} \bigg|_{v=u} = \sum_{i=1}^m \lambda_i^\nu F_i(t, x, u, \partial u, \partial^2 u, \cdots, \partial^k u),$$

则称微分方程 (组)(4.3.2) 是自共轭的.

**定义 4.3.3**　对于共轭方程 (组)(4.3.5), 若存在一组变量系数 $\lambda_i^\nu (i = 1, 2, \cdots, m, \nu = 1, 2, \cdots, m)$ 在可微代换 $v = \varphi(u)(\varphi(u) \neq 0)$ 下有

$$F_\nu^*|_{v=\varphi(u)} = \frac{\delta \mathcal{L}}{\delta u^\nu} \bigg|_{v=\varphi(u)} = \sum_{i=1}^m \lambda_i^\nu F_i(t, x, u, \partial u, \partial^2 u, \cdots, \partial^k u),$$

则称微分方程 (组)(4.3.2) 是拟自共轭的.

**定义 4.3.4**　对于共轭方程 (组)(4.3.5), 若存在一组变量系数 $\lambda_i^\nu (i = 1, 2, \cdots, m, \nu = 1, 2, \cdots, m)$ 在可微代换 $v = \varphi(x, u)(\varphi(x, u) \neq 0)$ 下有

$$F_\nu^*|_{v=\varphi(x,u)} = \frac{\delta \mathcal{L}}{\delta u^\nu} \bigg|_{v=\varphi(x,u)} = \sum_{i=1}^m \lambda_i^\nu F_i(t, x, u, \partial u, \partial^2 u, \cdots, \partial^k u),$$

则称微分方程 (组)(4.3.2) 是非线性自共轭的.

**例 4.3.2**　考虑如下时间分数阶扩散方程

$$D_t^\alpha u = (k(u)u_x)_x, \quad \alpha \in (0, 1), \tag{4.3.7}$$

其中 $u = u(x, t)$. 当 $k(u) = 1$ 时, 方程 (4.3.7) 可写为

$$D_t^\alpha u = u_{xx}. \tag{4.3.8}$$

根据式 (4.3.3), 可得方程 (4.3.8) 的形式 Lagarangian 量为

$$\mathcal{L} = v(D_t^\alpha u - u_{xx}),$$

其中 $v$ 是伴随变量. 于是有

$$\frac{\partial \mathcal{L}}{\partial (D_t^\alpha u)} = v, \quad \frac{\partial \mathcal{L}}{\partial u_{xx}} = -v. \tag{4.3.9}$$

由式 (4.3.4) 可知, 方程 (4.3.8) 的形式 Euler-Lagrange 算子为

$$\frac{\delta}{\delta u} = (D_t^{\alpha})^* \frac{\partial}{\partial (D_t^{\alpha} u)} + D_x^2 \frac{\partial}{\partial u_{xx}}. \tag{4.3.10}$$

根据式 (4.3.5), 并结合式 (4.3.9) 和式 (4.3.10), 可得

$$F^* = \frac{\delta \mathcal{L}}{\delta u} = (D_t^{\alpha})^* v - v_{xx} = 0.$$

该方程的一个特解为 $v = ct^{\alpha-1} x$. 不防取此特解为伴随变量, 于是存在 $\lambda$, 使得

$$\frac{\delta \mathcal{L}}{\delta u}\bigg|_{v=ct^{\alpha-1}x} = ((D_t^{\alpha})^* v - v_{xx})|_{v=ct^{\alpha-1}x} = \lambda (D_t^{\alpha} u - u_{xx})$$

成立. 因此, 根据定义 4.3.3, 方程 (4.3.8) 是非线性自共轭的.

### 4.3.2 守恒向量定理

接下来, 给出时间分数阶偏微分方程 (组)(4.3.2) 的守恒向量定理.

**定理 4.3.1** 若时间分数阶偏微分方程 (组)(4.3.2) 的无穷小生成元为

$$V = \xi \frac{\partial}{\partial x} + \tau \frac{\partial}{\partial t} + \sum_{\upsilon=1}^{m} \eta^{\upsilon} \frac{\partial}{\partial u^{\upsilon}},$$

则存在守恒律 $D_t(C^t) + D_x(C^x) = 0$, 其中守恒向量的分量表达式为

$$\begin{aligned}
C^t =& \tau \mathcal{L} + \sum_{\nu=1}^{m} \left( \sum_{k=0}^{n-1} (-1)^k D_t^{\alpha-1-k}(W^{\nu}) D_t^k \left( \frac{\partial \mathcal{L}}{\partial (D_t^{\alpha} u^{\nu})} \right) \right. \\
& \left. - (-1)^n J \left( W^{\nu}, D_t^n \left( \frac{\partial \mathcal{L}}{\partial (D_t^{\alpha} u^{\nu})} \right) \right) \right),
\end{aligned} \tag{4.3.11}$$

$$\begin{aligned}
C^x =& \xi \mathcal{L} + \sum_{\nu=1}^{m} \left( W^{\nu} \left( \frac{\partial \mathcal{L}}{\partial u_x^{\nu}} - D_x \left( \frac{\partial \mathcal{L}}{\partial u_{xx}^{\nu}} \right) + D_x^2 \left( \frac{\partial \mathcal{L}}{\partial u_{xxx}^{\nu}} \right) - \cdots \right) \right. \\
& + D_x(W^{\nu}) \left( \frac{\partial \mathcal{L}}{\partial u_{xx}^{\nu}} - D_x \left( \frac{\partial \mathcal{L}}{\partial u_{xxx}^{\nu}} \right) + \cdots \right) \\
& \left. + D_x^2(W^{\nu}) \left( \frac{\partial \mathcal{L}}{\partial u_{xxx}^{\nu}} - \cdots \right) + \cdots \right),
\end{aligned} \tag{4.3.12}$$

在式 (4.3.11) 中, $n = [\alpha] + 1$, 并且

$$J(f,g) = \frac{1}{\Gamma(n-\alpha)} \int_0^t \int_t^p \frac{f(x,s)g(x,r)}{(r-s)^{\alpha+1-n}} \mathrm{d}r \mathrm{d}s.$$

在式 (4.3.11) 和 (4.3.12) 中, $\mathcal{L}$ 是形式 Lagrangian 量, $W^{\nu}$ 为李特征函数, 其形式为

$$W^{\nu} = \eta^{\nu} - \xi u_x^{\nu} - \tau u_t^{\nu}, \quad \nu = 1, 2, \cdots, m.$$

**注 4.3.1**　若 $0 < \alpha < 1$, 则 $n = 1$. 于是 $\alpha - 1 < 0$, 那么分数阶导数就成了左分数阶积分. 因此定理 4.3.1 中式 (4.3.11) 可以写成

$$C^t = \sum_{\nu=1}^{m} \left( D_t^{\alpha-1}(W^\nu) \frac{\partial \mathcal{L}}{\partial (D_t^\alpha u^\nu)} + J\left(W^\nu, D_t\left(\frac{\partial \mathcal{L}}{\partial (D_t^\alpha u^\nu)}\right)\right) \right)$$

$$= \sum_{\nu=1}^{m} \left( I_t^{1-\alpha}(W^\nu) \frac{\partial \mathcal{L}}{\partial (D_t^\alpha u^\nu)} + J\left(W^\nu, D_t\left(\frac{\partial \mathcal{L}}{\partial (D_t^\alpha u^\nu)}\right)\right) \right).$$

## 4.4　几类时间分数阶偏微分方程的守恒向量构造

上一节介绍了时间分数阶偏微分方程 (组) 的共轭性和守恒向量定理. 本节将利用它们来分析几类时间分数阶偏微分方程 (组) 的共轭性, 并构造相应的守恒向量. 本节所涉及方程的分数阶的阶数均为 $0 < \alpha < 1$.

### 4.4.1　时间分数阶耦合 Itô 方程组情形

考虑如下时间分数阶耦合 Itô 方程组

$$\begin{cases} D_t^\alpha u - 3uu_x - vu_x - u_{xxx} = 0, \\ D_t^\alpha v - uv_x - vu_x = 0. \end{cases} \tag{4.4.1}$$

根据定义 4.1.1, 方程组 (4.4.1) 的形式 Lagrangian 量为

$$\mathcal{L} = p(D_t^\alpha u - 3uu_x - vu_x - u_{xxx}) + q(D_t^\alpha v - uv_x - vu_x), \tag{4.4.2}$$

其中 $p, q$ 是伴随变量. 由形式 Lagrangian 量 (4.4.2), 可得耦合方程组 (4.4.1) 的共轭方程组为

$$\frac{\delta \mathcal{L}}{\delta u} = F_1^* = (D_t^\alpha)^* p + 3up_x + pv_x + vp_x + vq_x + p_{xxx} = 0,$$

$$\frac{\delta \mathcal{L}}{\delta v} = F_2^* = (D_t^\alpha)^* q - pu_x + uq_x = 0. \tag{4.4.3}$$

若方程组 (4.4.1) 是非线性自共轭的, 则在代换

$$p = \psi_1(x, t, u, v), \quad q = \psi_2(x, t, u, v) \tag{4.4.4}$$

(其中至少有一个 $\psi_i \neq 0 (i = 1, 2)$) 下, 方程组 (4.4.1) 的解都满足共轭方程组 (4.4.3).

由代换 (4.4.4), 可得

$$p_x = \psi_{1,x} + \psi_{1,u} u_x + \psi_{1,v} v_x,$$

$$q_x = \psi_{2,x} + \psi_{2,u} u_x + \psi_{2,v} v_x,$$

$$p_{xxx} = \psi_{1,xxx} + 6\psi_{1,uvx}u_xv_x + 3\psi_{1,uuv}v_xu_x^2 + 3\psi_{1,uu}u_xu_{xx} + 3\psi_{1,uvv}u_xv_x^2$$
$$+ 3\psi_{1,uv}(u_xv_{xx} + v_xu_{xx}) + 3\psi_{1,vv}v_xv_{xx} + 3\psi_{1,xxv}v_x + 3\psi_{1,xxu}u_x$$
$$+ 3\psi_{xu}u_{xx} + 3\psi_{1,xv}v_{xx} + \psi_{1,u}u_{xxx} + \psi_{1,v}v_{xxx} + 3\psi_{1,xuu}u_x^2$$
$$+ 3\psi_{xvv}v_x^2 + \psi_{1,uuu}u_x^3 + \psi_{1,vvv}v_x^3, \tag{4.4.5}$$

根据非线性自共轭定义, 有

$$\frac{\delta \mathcal{L}}{\delta u}\Big|_{p=\psi_1(x,t,u,v),\ q=\psi_2(x,t,u,v)} = \lambda_1(D_t^\alpha u - 3uu_x - vu_x - u_{xxx})$$
$$+ \lambda_2(D_t^\alpha v - uv_x - vu_x),$$
$$\frac{\delta \mathcal{L}}{\delta v}\Big|_{p=\psi_1(x,t,u,v),\ q=\psi_2(x,t,u,v)} = \lambda_3(D_t^\alpha u - 3uu_x - vu_x - u_{xxx})$$
$$+ \lambda_4(D_t^\alpha v - uv_x - vu_x), \tag{4.4.6}$$

其中 $\lambda_i(i=1,2,3,4)$ 是待定系数.

利用式 (4.4.3)—(4.4.5), 非线性自共轭条件 (4.4.6) 可以写成

$$(D_t^\alpha)^*\psi_1 + (3u+v)(\psi_{1,x} + \psi_{1,u}u_x + \psi_{1,v}v_x) + v_x\psi_1 + v(\psi_{2,x} + \psi_{2,u}u_x + \psi_{2,v}v_x)$$
$$+ \psi_{1,xxx} + 6\psi_{1,uvx}u_xv_x + 3\psi_{1,uuv}v_xu_x^2 + 3\psi_{1,uu}u_xu_{xx} + 3\psi_{1,uvv}u_xv_x^2$$
$$+ 3\psi_{1,uv}(u_xv_{xx} + v_xu_{xx}) + 3\psi_{1,vv}v_xv_{xx} + 3\psi_{1,xxv}v_x + 3\psi_{1,xxu}u_x + 3\psi_{xu}u_{xx}$$
$$+ 3\psi_{1,xv}v_{xx} + \psi_{1,u}u_{xxx} + \psi_{1,v}v_{xxx} + 3\psi_{1,xuu}u_x^2 + 3\psi_{xvv}v_x^2 + \psi_{1,uuu}u_x^3 + \psi_{1,vvv}v_x^3$$
$$= \lambda_1(u_t^\alpha - 3uu_x - vu_x - u_{xxx}) + \lambda_2(v_t^\alpha v - uv_x - vu_x),$$
$$(D_t^\alpha)^*\psi_2 - \psi_1 u_x + u(\psi_{2,x} + \psi_{2,u}u_x + \psi_{2,v}v_x)$$
$$= \lambda_3(u_t^\alpha - 3uu_x - vu_x - u_{xxx}) + \lambda_4(u_t^\alpha v - uv_x - vu_x).$$

求解上述方程组, 可得

$$\lambda_i = 0, \quad i = 1,2,3,4,$$
$$\psi_1(x,t,u,v) = p(x,t) = 0,$$
$$\psi_2(x,t,u,v) = q(x,t) = A, \tag{4.4.7}$$

其中 $A$ 是任意常数. 因此, 时间分数阶耦合 Itô 方程组 (4.4.1) 是非线性自共轭的.

在 3.3.5 小节中, 已经给出了方程组 (4.4.1) 的两个无穷小生成元:

$$V_1 = \frac{x}{3}\frac{\partial}{\partial x} + \frac{t}{\alpha}\frac{\partial}{\partial t} - \frac{2}{3}u\frac{\partial}{\partial u} - \frac{2}{3}v\frac{\partial}{\partial v}, \quad V_2 = \frac{\partial}{\partial x}.$$

根据定理 4.3.1 可知, 李特征函数为

$$W_1^1 = -\frac{2}{3}u - \frac{x}{3}u_x - \frac{t}{\alpha}u_t, \quad W_1^2 = -\frac{2}{3}v - \frac{x}{3}v_x - \frac{t}{\alpha}v_t, \quad W_2^1 = -u_x, \quad W_2^2 = -v_x.$$

　　为了简化计算, 令伴随变量 (4.4.7) 中的 $A = 1$. 利用耦合方程组 (4.4.1) 的两个无穷小生成元 $V_i(i = 1, 2)$, 可以得到耦合方程组 (4.4.1) 相应的守恒向量, 其中在 $V_1$ 下的守恒向量的分量为

$$C_1^x = v\left(\frac{2}{3}u + \frac{x}{3}u_x + \frac{t}{\alpha}u_t\right) + u\left(\frac{2}{3}v + \frac{x}{3}v_x + \frac{t}{\alpha}v_t\right),$$

$$C_1^t = -\frac{2}{3}I_t^{1-\alpha}(v) - \frac{x}{3}I_t^{1-\alpha}(v_x) - \frac{1}{\alpha}I_t^{1-\alpha}(tv_t).$$

在 $V_2$ 下的守恒向量的分量为 $C_2^t = -I_t^{1-\alpha}(v_x)$, $C_2^x = vu_x + uv_x$.

### 4.4.2　时间分数阶变系数耦合 Burgers 方程组情形

　　耦合 Burgers 方程组可以用于描述两种颗粒在流体悬浮液或胶体中的沉降或体积浓度的演化. 考虑如下时间分数阶变系数耦合 Burgers 方程组

$$\begin{cases} D_t^\alpha u + a(t)uu_x + b(t)(uv_x + vu_x) - u_{xx} = 0, \\ D_t^\alpha v + c(t)vv_x + d(t)(uv_x + vu_x) - v_{xx} = 0, \end{cases} \tag{4.4.8}$$

其中系数 $a(t), b(t), c(t), d(t)$ 是关于 $t$ 的光滑函数.
　　令

$$F_1 = D_t^\alpha u + a(t)uu_x + b(t)(uv_x + vu_x) - u_{xx},$$

$$F_2 = D_t^\alpha v + c(t)vv_x + d(t)(uv_x + vu_x) - v_{xx}.$$

根据定义 4.1.1, 可得方程组 (4.4.8) 的形式 Lagrangian 量为

$$\mathcal{L} = qF_1 + rF_2, \tag{4.4.9}$$

其中 $q, r$ 是伴随变量. 由形式 Lagrangian 量 (4.4.9), 可得方程组 (4.4.8) 的共轭方程组为

$$\frac{\delta\mathcal{L}}{\delta u} = F_1^* = (D_t^\alpha)^*q - (c(t)v + d(t)u)r_x - b(t)uq_x - r_{xx} = 0,$$

$$\frac{\delta\mathcal{L}}{\delta v} = F_2^* = (D_t^\alpha)^*r - (a(t)u + b(t)v)q_x - d(t)vr_x - q_{xx} = 0. \tag{4.4.10}$$

若方程组 (4.4.8) 是非线性自共轭的, 则在代换

$$q = \psi_1(x, t, u, v), \quad r = \psi_2(x, t, u, v) \tag{4.4.11}$$

(其中至少有一个 $\psi_i \neq 0(i = 1, 2)$) 下, 方程组 (4.4.8) 的解都满足共轭方程组 (4.4.10).
　　根据非线性自共轭定义, 可得

$$\left.\frac{\delta\mathcal{L}}{\delta u}\right|_{q=\psi_1(x,t,u,v),\ r=\psi_2(x,t,u,v)} = \lambda_1 F_1 + \lambda_2 F_2,$$

$$\left.\frac{\delta\mathcal{L}}{\delta v}\right|_{q=\psi_1(x,t,u,v),\ r=\psi_2(x,t,u,v)} = \lambda_3 F_1 + \lambda_4 F_2, \tag{4.4.12}$$

其中 $\lambda_i(i = 1, 2, 3, 4)$ 是待定系数.

将式 (4.4.10) 和式 (4.4.11) 代入方程组 (4.4.12) 中, 有

$$(^C D_t^\alpha)^* \psi_1 - (a(t)u + b(t)v)(\psi_{1,x} + \psi_{1,u}u_x + \psi_{1,v}v_x) - (\psi_{1,uu}u_x^2 + \psi_{1,uv}u_xv_x$$
$$+ \psi_{1,vv}v_x^2 + 2\psi_{1,xu}u_x + 2\psi_{1,xv}v_x + \psi_{1,u}u_{xx} + \psi_{1,v}v_{xx} + \psi_{1,xx})$$
$$- d(t)v(\psi_{2,x} + \psi_{2,u}u_x + \psi_{2,v}v_x)$$
$$=\lambda_1 F_1 + \lambda_2 F_2,$$

$$(^C D_t^\alpha)^* \psi_2 - b(t)u(\psi_{1,x} + \psi_{1,u}u_x + \psi_{1,v}v_x) - (\psi_{2,uu}u_x^2 + \psi_{2,uv}u_xv_x + \psi_{2,vv}v_x^2$$
$$+ 2\psi_{2,xu}u_x + 2\psi_{2,xv}v_x + \psi_{2,u}u_{xx} + \psi_{2,v}v_{xx} + \psi_{2,xx})$$
$$- (d(t)u + c(t)v)(\psi_{2,x} + \psi_{2,u}u_x + \psi_{2,v}v_x)$$
$$=\lambda_3 F_1 + \lambda_4 F_2.$$

求解上述方程组, 可得

$$q = \psi_1(x, t, u, v) = k_1, \quad r = \psi_2(x, t, u, v) = k_2, \quad \lambda_i = 0 \quad (i = 1, 2, 3, 4),$$

其中 $k_1, k_2$ 是任意常数. 因此, 时间分数阶变系数耦合 Burgers 方程 (4.4.8) 是非线性自共轭的.

假设方程组 (4.4.8) 接受如下单参数李变换群

$$t^* = t + \varepsilon\tau(x, t, u, v) + O(\varepsilon^2),$$
$$x^* = x + \varepsilon\xi(x, t, u, v) + O(\varepsilon^2),$$
$$u^* = u + \varepsilon\eta(x, t, u, v) + O(\varepsilon^2),$$
$$v^* = v + \varepsilon\varphi(x, t, u, v) + O(\varepsilon^2).$$

相应的无穷小生成元为

$$V_1 = \frac{\partial}{\partial x}, \quad V_2 = \frac{x}{2}\frac{\partial}{\partial x} + \frac{t}{\alpha}\frac{\partial}{\partial t}, \quad V_3 = u\frac{\partial}{\partial u}, \quad V_4 = v\frac{\partial}{\partial v}.$$

根据定理 4.3.1, 可得方程组 (4.4.8) 在不同无穷小生成元下的李特征函数分别为

$$W_1^1 = -u_x, \quad W_1^2 = -v_x,$$
$$W_2^1 = -\frac{x}{2}u_x - \frac{t}{\alpha}u_t, \quad W_2^2 = -\frac{x}{2}v_x - \frac{t}{\alpha}v_t,$$
$$W_3^1 = u, \quad W_3^2 = 0,$$
$$W_4^1 = 0, \quad W_4^2 = v.$$

为了简化计算, 令伴随变量 $q, r$ 中的 $k_1 = k_2 = 1$. 利用方程组 (4.4.8) 的无穷小生成元 $V_i(i = 1, 2, 3, 4)$, 可以得到方程组 (4.4.8) 相应的守恒向量. 具体地, 在 $V_1$ 下的守恒向量的分量为

$$C_1^x = -(a(t)uu_x + c(t)vv_x + (b(t) + d(t))(uv_x + vu_x)) + u_{xx} + v_{xx},$$
$$C_1^t = -I_t^{1-\alpha}(u_x) - I_t^{1-\alpha}(v_x).$$

在 $V_2$ 下的守恒向量的分量为

$$C_2^x = -\left( \frac{x}{2}a(t)uu_x + \frac{x}{2}c(t)vv_x + \frac{x}{2}(b(t) + d(t))(uv_x + vu_x) + \frac{t}{\beta}a(t)uu_t + \frac{t}{\beta}c(t)vv_t \right.$$
$$\left. + \frac{t}{\beta}(b(t) + d(t))(uv_t + vu_t) \right) + \frac{u_x}{2} + \frac{v_x}{2} + \frac{x}{2}(u_{xx} + v_{xx}) + \frac{t}{\beta}(u_{xt} + v_{xt}),$$
$$C_2^t = -\frac{x}{2}I_t^{1-\alpha}(u_x) - \frac{1}{2}I_t^{1-\alpha}(tu_t) - \frac{x}{2}I_t^{1-\alpha}(v_x) - \frac{1}{2}I_t^{1-\alpha}(tv_t).$$

在 $V_3$ 下的守恒向量的分量为 $C_3^x = u(a(t)u + b(t)v + d(t)v) - u_x, C_3^t = I_t^{1-\alpha}(u)$. 在 $V_4$ 下的守恒向量的分量为 $C_4^x = v(b(t)u + c(t)v + d(t)u) - v_x, C_4^t = I_t^{1-\alpha}(v)$.

### 4.4.3    时间分数阶广义 Hirota-Satsuma 耦合 KdV 方程组情形

Hirota-Satsuma 耦合 KdV 方程组可以用来描述具有不同色散关系的两个长波的相互作用. 考虑如下时间分数阶广义 Hirota-Satsuma 耦合 KdV 方程组

$$\begin{cases} D_t^\alpha u - \dfrac{1}{4}u_{xxx} - 3uu_x - 3(-v^2 + w)_x = 0, \\[2mm] D_t^\alpha v + \dfrac{1}{2}v_{xxx} + 3uv_x = 0, \\[2mm] D_t^\alpha w + \dfrac{1}{2}w_{xxx} + 3uw_x = 0. \end{cases} \tag{4.4.13}$$

令

$$F_1 = D_t^\alpha u - \frac{1}{4}u_{xxx} - 3uu_x - 3(-v^2 + w)_x,$$
$$F_2 = D_t^\alpha v + \frac{1}{2}v_{xxx} + 3uv_x,$$
$$F_3 = D_t^\alpha w + \frac{1}{2}w_{xxx} + 3uw_x.$$

根据定义 4.1.1, 可得方程组 (4.4.13) 的形式 Lagrangian 量为

$$\mathcal{L} = pF_1 + qF_2 + rF_3, \tag{4.4.14}$$

其中 $p, q, r$ 是伴随变量. 由形式 Lagrangian 量 (4.4.14), 可得方程组 (4.4.13) 的共轭方程组为

$$\frac{\delta \mathcal{L}}{\delta u} = F_1^* = \left( (D_t^\alpha)^* p + 3up_x + 3qv_x + 3rw_x + \frac{1}{4}p_{xxx} \right) = 0,$$

$$\frac{\delta \mathcal{L}}{\delta v} = F_2^* = \left( (D_t^\alpha)^* q - 3uq_x - 3qu_x - 6vp_x - \frac{1}{2}q_{xxx} \right) = 0, \qquad (4.4.15)$$

$$\frac{\delta \mathcal{L}}{\delta w} = F_3^* = \left( (D_t^\alpha)^* r + 3p_x - 3ru_x - 3ur_x - \frac{1}{2}r_{xxx} \right) = 0.$$

令

$$p = \psi_1(x, t, u, v, w), \quad q = \psi_2(x, t, u, v, w), \quad r = \psi_3(x, t, u, v, w), \qquad (4.4.16)$$

其中至少有一个 $\psi_i \neq 0 (i = 1, 2, 3)$, 方程组 (4.4.13) 的解都满足共轭方程组 (4.4.15).

根据非线性自共轭定义, 可得

$$\left. \frac{\delta \mathcal{L}}{\delta u} \right|_{p=\psi_1(x,t,u,v,w), q=\psi_2(x,t,u,v,w), r=\psi_3(x,t,u,v,w)} = \lambda_1 F_1 + \lambda_2 F_2 + \lambda_3 F_3,$$

$$\left. \frac{\delta \mathcal{L}}{\delta v} \right|_{p=\psi_1(x,t,u,v,w), q=\psi_2(x,t,u,v,w), r=\psi_3(x,t,u,v,w)} = \lambda_4 F_1 + \lambda_5 F_2 + \lambda_6 F_3,$$

$$\left. \frac{\delta \mathcal{L}}{\delta w} \right|_{p=\psi_1(x,t,u,v,w), q=\psi_2(x,t,u,v,w), r=\psi_3(x,t,u,v,w)} = \lambda_7 F_1 + \lambda_8 F_2 + \lambda_9 F_3.$$

将式 (4.4.16) 代入上述方程组并求解, 可得 $p = A$, $q = r = 0$, 其中 $A$ 是积分常数. 因此, 时间分数阶广义 Hirota-Satsuma 耦合 KdV 方程组 (4.4.13) 是非线性自共轭的.

假设方程组 (4.4.13) 接受如下单参数李变换群[74]

$$t^* = t + \varepsilon \tau(x, t, u, v, w) + O(\varepsilon^2),$$
$$x^* = x + \varepsilon \xi(x, t, u, v, w) + O(\varepsilon^2),$$
$$u^* = u + \varepsilon \eta^1(x, t, u, v, w) + O(\varepsilon^2),$$
$$v^* = v + \varepsilon \eta^2(x, t, u, v, w) + O(\varepsilon^2),$$
$$w^* = w + \varepsilon \eta^3(x, t, u, v, w) + O(\varepsilon^2).$$

相应的无穷小生成元为

$$V_1 = x\frac{\partial}{\partial x} + \frac{3t}{\alpha}\frac{\partial}{\partial t} - 2u\frac{\partial}{\partial u} - 2v\frac{\partial}{\partial v} - 4w\frac{\partial}{\partial w}, \quad V_2 = \frac{\partial}{\partial x}, \quad V_3 = t^{\alpha-1}\frac{\partial}{\partial w}.$$

根据定理 4.3.1, 可得方程组 (4.4.13) 的李特征函数为

$$W_1^1 = -2u - xu_x - \frac{3t}{\alpha}u_t, \quad W_1^2 = -2v - xv_x - \frac{3t}{\alpha}v_t, \quad W_1^3 = -4w - xw_x - \frac{3t}{\alpha}w_t,$$

$$W_2^1 = -u_x, \quad W_2^2 = -v_x, \quad W_2^3 = -w_x, \quad W_3^1 = 0, \quad W_3^2 = 0, \quad W_3^3 = t^{\alpha-1}.$$

为了简化计算, 令伴随变量中的 $A = 1$. 利用方程组 (4.4.13) 的三个无穷小生成元 $V_i (i = 1, 2, 3)$ 和李特征函数, 可以得到方程组 (4.4.13) 的守恒向量. 具体地, 在 $V_1$ 下的守恒向量的分量为

$$C_1^t = -2I_t^{1-\alpha}(u) - xI_t^{1-\alpha}(u_x) - \frac{3}{\alpha}I_t^{1-\alpha}(tu_t),$$

$$C_1^x = 3u\left(2u + xu_x + \frac{3t}{\alpha}u_t\right) + \frac{1}{4}\left(4u_{xx} + xu_{xxx} + \frac{3t}{\alpha}u_{xxt}\right)$$

$$- 6v\left(2v + xv_x + \frac{3t}{\alpha}v_t\right) + 3\left(4w + xw_x + \frac{3t}{\alpha}w_t\right).$$

在 $V_2$ 下的守恒向量的分量为 $C_2^t = -I_t^{1-\alpha}(u_x)$, $C_2^x = 3uu_x + u_{xxx}/4 - 6vv_x + 3w_x$.
在 $V_3$ 下的守恒向量的分量为 $C_3^t = 0$, $C_3^x = -3t^{\alpha-1}$.

### 4.4.4　时间分数阶耦合 Hirota 方程组情形

Hirota 方程可以用来描述光纤、电力通信等领域中的许多非线性现象. 考虑如下时间分数阶耦合 Hirota 方程组

$$\begin{cases} D_t^\alpha p + p_{xxx} + 6(|p|^2 + |q|^2)p_x = 0, \\ D_t^\alpha q + q_{xxx} + 6(|p|^2 + |q|^2)q_x = 0, \end{cases} \tag{4.4.17}$$

其中 $p(x, t), q(x, t)$ 是关于 $x, t$ 的复值函数.

假设 $p(x, t) = u(x, t) + \mathrm{i}v(x, t)$, $q(x, t) = w(x, t) + \mathrm{i}z(x, t)$, $\mathrm{i}^2 = -1$, 其中 $u(x, t)$, $v(x, t), w(x, t), z(x, t)$ 是实值函数, 则方程组 (4.4.17) 可以变为

$$\begin{aligned} &D_t^\alpha u + u_{xxx} + 6(u^2 + v^2 + w^2 + z^2)u_x = 0, \\ &D_t^\alpha v + v_{xxx} + 6(u^2 + v^2 + w^2 + z^2)v_x = 0, \\ &D_t^\alpha w + w_{xxx} + 6(u^2 + v^2 + w^2 + z^2)w_x = 0, \\ &D_t^\alpha z + z_{xxx} + 6(u^2 + v^2 + w^2 + z^2)z_x = 0. \end{aligned} \tag{4.4.18}$$

令

$$\begin{aligned} F_1 &= D_t^\alpha u + u_{xxx} + 6(u^2 + v^2 + w^2 + z^2)u_x, \\ F_2 &= D_t^\alpha v + v_{xxx} + 6(u^2 + v^2 + w^2 + z^2)v_x, \\ F_3 &= D_t^\alpha w + w_{xxx} + 6(u^2 + v^2 + w^2 + z^2)w_x, \\ F_4 &= D_t^\alpha z + z_{xxx} + 6(u^2 + v^2 + w^2 + z^2)z_x. \end{aligned}$$

根据定义 4.1.1, 可得方程组 (4.4.18) 的形式 Lagrangian 量为

$$\mathcal{L} = AF_1 + BF_2 + CF_3 + PF_4, \tag{4.4.19}$$

其中 $A, B, C, P$ 是伴随变量. 由形式 Lagrangian 量 (4.4.19), 可得方程组 (4.4.18) 的共轭方程组为

$$
\begin{aligned}
\frac{\delta \mathcal{L}}{\delta u} &= F_1^* = (D_t^\alpha)^* A - A_{xxx} - 6A_x(u^2 + v^2 + w^2 + z^2) \\
&\quad + 12v_x(uB - vA) + 12w_x(uC - wA) + 12z_x(uP - zA) = 0, \\
\frac{\delta \mathcal{L}}{\delta v} &= F_2^* = (D_t^\alpha)^* B - B_{xxx} - 6B_x(u^2 + v^2 + w^2 + z^2) \\
&\quad + 12u_x(vA - uB) + 12w_x(vC - wB) + 12z_x(vP - zB) = 0, \\
\frac{\delta \mathcal{L}}{\delta w} &= F_3^* = (D_t^\alpha)^* C - C_{xxx} - 6C_x(u^2 + v^2 + w^2 + z^2) \\
&\quad + 12u_x(wA - uC) + 12v_x(wB - vC) + 12z_x(wP - zC) = 0, \\
\frac{\delta \mathcal{L}}{\delta z} &= F_4^* = (D_t^\alpha)^* P - P_{xxx} - 6P_x(u^2 + v^2 + w^2 + z^2) \\
&\quad + 12u_x(zA - uP) + 12v_x(zB - vP) + 12w_x(zC - wP) = 0.
\end{aligned} \tag{4.4.20}
$$

假设方程组 (4.4.18) 是非线性自共轭的. 令

$$
\begin{aligned}
A &= \psi_1(x, t, u, v, w, z), \quad B = \psi_2(x, t, u, v, w, z), \\
C &= \psi_3(x, t, u, v, w, z), \quad P = \psi_4(x, t, u, v, w, z),
\end{aligned} \tag{4.4.21}
$$

其中至少有一个 $\psi_i \neq 0 (i = 1, 2, 3, 4)$, 方程组 (4.4.18) 的解都满足共轭方程组 (4.4.20).

由式 (4.4.21), 有

$$
\begin{aligned}
A_x &= \psi_{1,x} + \psi_{1,u} u_x + \psi_{1,v} v_x + \psi_{1,w} w_x + \psi_{1,z} z_x, \\
B_x &= \psi_{2,x} + \psi_{2,u} u_x + \psi_{2,v} v_x + \psi_{2,w} w_x + \psi_{2,z} z_x, \\
C_x &= \psi_{3,x} + \psi_{3,u} u_x + \psi_{3,v} v_x + \psi_{3,w} w_x + \psi_{3,z} z_x, \\
P_x &= \psi_{4,x} + \psi_{4,u} u_x + \psi_{4,v} v_x + \psi_{4,w} w_x + \psi_{4,z} z_x,
\end{aligned} \tag{4.4.22}
$$

$$\cdots\cdots$$

根据非线性自共轭定义, 可得

$$
\begin{aligned}
\left.\frac{\delta \mathcal{L}}{\delta u}\right|_{\substack{A=\psi_1(x,t,u,v,w,z), B=\psi_2(x,t,u,v,w,z) \\ C=\psi_3(x,t,u,v,w,z), P=\psi_4(x,t,u,v,w,z)}} &= \lambda_1 F_1 + \lambda_2 F_2 + \lambda_3 F_3 + \lambda_4 F_4, \\
\left.\frac{\delta \mathcal{L}}{\delta v}\right|_{\substack{A=\psi_1(x,t,u,v,w,z), B=\psi_2(x,t,u,v,w,z) \\ C=\psi_3(x,t,u,v,w,z), P=\psi_4(x,t,u,v,w,z)}} &= \lambda_5 F_1 + \lambda_6 F_2 + \lambda_7 F_3 + \lambda_8 F_4, \\
\left.\frac{\delta \mathcal{L}}{\delta w}\right|_{\substack{A=\psi_1(x,t,u,v,w,z), B=\psi_2(x,t,u,v,w,z) \\ C=\psi_3(x,t,u,v,w,z), P=\psi_4(x,t,u,v,w,z)}} &= \lambda_9 F_1 + \lambda_{10} F_2 + \lambda_{11} F_3 + \lambda_{12} F_4.
\end{aligned}
$$

将式 (4.4.22) 代入上述方程组并求解, 可得 $A = B = C = P = 0$. 这与至少有一个 $\psi_i \neq 0 (i = 1, 2, 3, 4)$ 相矛盾. 因此, 方程组 (4.4.18) 不是非线性自共轭的.

虽然方程组 (4.4.18) 不具有非线性自共轭性, 但是根据定理 4.3.1 依然可以求出方程组 (4.4.18) 的守恒向量. 下面给出构造守恒向量的具体过程.

假设方程组 (4.4.18) 接受如下单参数李变换群

$$
\begin{aligned}
t^* &= t + \varepsilon\tau(x,t,u,v,w,z) + O(\varepsilon^2),\\
x^* &= x + \varepsilon\xi(x,t,u,v,w,z) + O(\varepsilon^2),\\
u^* &= u + \varepsilon\eta^1(x,t,u,v,w,z) + O(\varepsilon^2),\\
v^* &= v + \varepsilon\eta^2(x,t,u,v,w,z) + O(\varepsilon^2),\\
w^* &= w + \varepsilon\eta^3(x,t,u,v,w,z) + O(\varepsilon^2),\\
z^* &= z + \varepsilon\eta^4(x,t,u,v,w,z) + O(\varepsilon^2).
\end{aligned}
$$

相应的无穷小生成元为

$$
V_1 = \frac{x}{3}\frac{\partial}{\partial x} + \frac{t}{\alpha}\frac{\partial}{\partial t} - \frac{u}{3}\frac{\partial}{\partial u} - \frac{v}{3}\frac{\partial}{\partial v} - \frac{w}{3}\frac{\partial}{\partial w} - \frac{z}{3}\frac{\partial}{\partial z}, \quad V_2 = \frac{\partial}{\partial x},
$$

$$
V_3 = v\frac{\partial}{\partial u} - u\frac{\partial}{\partial v}, \quad V_4 = w\frac{\partial}{\partial u} - u\frac{\partial}{\partial w}, \quad V_5 = z\frac{\partial}{\partial u} - u\frac{\partial}{\partial z},
$$

$$
V_6 = w\frac{\partial}{\partial v} - v\frac{\partial}{\partial w}, \quad V_7 = z\frac{\partial}{\partial v} - v\frac{\partial}{\partial z}, \quad V_8 = z\frac{\partial}{\partial w} - w\frac{\partial}{\partial z}.
$$

利用方程组 (4.4.18) 的无穷小生成元 $V_i(i = 1,2,\cdots,8)$, 可以得到方程组 (4.4.18) 相应的李特征函数和守恒向量.

在 $V_1$ 下的李特征函数为

$$
W_1^1 = -\frac{u}{3} - \frac{x}{3}u_x - \frac{t}{\alpha}u_t, \quad W_1^2 = -\frac{v}{3} - \frac{x}{3}v_x - \frac{t}{\alpha}v_t,
$$

$$
W_1^3 = -\frac{w}{3} - \frac{x}{3}w_x - \frac{t}{\alpha}w_t, \quad W_1^4 = -\frac{z}{3} - \frac{x}{3}z_x - \frac{t}{\alpha}z_t,
$$

则相应的守恒向量的分量为

$$
\begin{aligned}
C_1^x =\ & W_1^1(6A(u^2 + v^2 + w^2 + z^2) + A_{xx}) - D_x(W_1^1)A_x + AD_x^2(W_1^1)\\
& + W_1^2(6B(u^2 + v^2 + w^2 + z^2) + B_{xx}) - D_x(W_1^2)B_x + BD_x^2(W_1^2)\\
& + W_1^3(6C(u^2 + v^2 + w^2 + z^2) + C_{xx}) - D_x(W_1^3)C_x + CD_x^2(W_1^3)\\
& + W_1^4(6P(u^2 + v^2 + w^2 + z^2) + P_{xx}) - D_x(W_1^4)P_x + PD_x^2(W_1^4),
\end{aligned}
$$

$$
\begin{aligned}
C_1^t =\ & A\left(-\frac{1}{3}I_t^{1-\alpha}(u) - \frac{x}{3}I_t^{1-\alpha}(u_x) - \frac{1}{\alpha}I_t^{1-\alpha}(tu_t)\right) + J(W_1^1, A_t)\\
& + B\left(-\frac{1}{3}I_t^{1-\alpha}(v) - \frac{x}{3}I_t^{1-\alpha}(v_x) - \frac{1}{\alpha}I_t^{1-\alpha}(tv_t)\right) + J(W_1^2, B_t)
\end{aligned}
$$

$$+ C\left(-\frac{1}{3}I_t^{1-\alpha}(w) - \frac{x}{3}I_t^{1-\alpha}(w_x) - \frac{1}{\alpha}I_t^{1-\alpha}(tw_t)\right) + J(W_1^3, C_t)$$

$$+ P\left(-\frac{1}{3}I_t^{1-\alpha}(z) - \frac{x}{3}I_t^{1-\alpha}(z_x) - \frac{1}{\alpha}I_t^{1-\alpha}(tz_t)\right) + J(W_1^4, P_t).$$

在 $V_2$ 下的李特征函数为 $W_2^1 = -u_x, W_2^2 = -v_x, W_2^3 = -w_x, W_2^4 = -z_x$, 则相应的守恒向量的分量为

$$
\begin{aligned}
C_2^x = &- u_x(6A(u^2 + v^2 + w^2 + z^2) + A_{xx}) + A_x u_{xx} - Au_{xxx} \\
&- v_x(6B(u^2 + v^2 + w^2 + z^2) + B_{xx}) + B_x v_{xx} - Bv_{xxx} \\
&- w_x(6C(u^2 + v^2 + w^2 + z^2) + C_{xx}) + C_x w_{xx} - Cw_{xxx} \\
&- z_x(6P(u^2 + v^2 + w^2 + z^2) + P_{xx}) + P_x z_{xx} - Pz_{xxx}, \\
C_2^t = &- AI_t^{1-\alpha}(u_x) - J(u_x, A_t) - BI_t^{1-\alpha}(v_x) - J(v_x, B_t) - wI_t^{1-\alpha}(u_x) \\
&- J(w_x, C_t) - PI_t^{1-\alpha}(z_x) - J(z_x, P_t).
\end{aligned}
$$

在 $V_3$ 下的李特征函数为 $W_3^1 = v, W_3^2 = -u, W_3^3 = 0, W_3^4 = 0$, 则相应的守恒向量的分量为

$$
\begin{aligned}
C_3^x = &v(6A(u^2 + v^2 + w^2 + z^2) + A_{xx}) - v_x A_x + Av_{xx} \\
&- u(6B(u^2 + v^2 + w^2 + z^2) + B_{xx}) + u_x B_x - Bu_{xx}, \\
C_3^t = &AI_t^{1-\alpha}(v) + J(v, A_t) - BI_t^{1-\alpha}(u) - J(u, B_t).
\end{aligned}
$$

在 $V_4$ 下的李特征函数为 $W_4^1 = w, W_4^2 = 0, W_4^3 = -u, W_4^4 = 0$, 则相应的守恒向量的分量为

$$
\begin{aligned}
C_4^x = &w(6A(u^2 + v^2 + w^2 + z^2) + A_{xx}) - w_x A_x + Aw_{xx} \\
&- u(6C(u^2 + v^2 + w^2 + z^2) + C_{xx}) + u_x C_x - Cu_{xx}, \\
C_4^t = &AI_t^{1-\alpha}(w) + J(w, A_t) - CI_t^{1-\alpha}(u) - J(u, C_t).
\end{aligned}
$$

在 $V_5$ 下的李特征函数为 $W_5^1 = z, W_5^2 = 0, W_5^3 = 0, W_5^4 = -u$, 则相应的守恒向量的分量为

$$
\begin{aligned}
C_5^x = &z(6A(u^2 + v^2 + w^2 + z^2) + A_{xx}) - z_x A_x + Az_{xx} \\
&- u(6P(u^2 + v^2 + w^2 + z^2) + P_{xx}) + u_x P_x - Pu_{xx}, \\
C_5^t = &AI_t^{1-\alpha}(z) + J(z, A_t) - PI_t^{1-\alpha}(u) - J(u, P_t).
\end{aligned}
$$

在 $V_6$ 下的李特征函数为 $W_6^1 = 0, W_6^2 = w, W_6^3 = -u, W_6^4 = 0$, 则相应的守恒向量的分量为

$$
\begin{aligned}
C_6^x =& w(6B(u^2 + v^2 + w^2 + z^2) + B_{xx}) - w_x B_x + B w_{xx} \\
& - u(6C(u^2 + v^2 + w^2 + z^2) + C_{xx}) + u_x C_x - C u_{xx}, \\
C_6^t =& B I_t^{1-\alpha}(w) + J(w, B_t) - C I_t^{1-\alpha}(u) - J(u, C_t).
\end{aligned}
$$

在 $V_7$ 下的李特征函数为 $W_7^1 = 0, W_7^2 = z, W_7^3 = 0, W_7^4 = -v$, 则相应的守恒向量的分量为

$$
\begin{aligned}
C_7^x =& z(6B(u^2 + v^2 + w^2 + z^2) + B_{xx}) - z_x B_x + B z_{xx} \\
& - v(6P(u^2 + v^2 + w^2 + z^2) + P_{xx}) + v_x P_x - P v_{xx}, \\
C_7^t =& B I_t^{1-\alpha}(z) + J(z, B_t) - P I_t^{1-\alpha}(v) - J(v, P_t).
\end{aligned}
$$

在 $V_8$ 下的李特征函数为 $W_8^1 = 0, W_8^2 = 0, W_8^3 = z, W_8^4 = -w$, 则相应的守恒向量的分量为

$$
\begin{aligned}
C_8^x =& z(6C(u^2 + v^2 + w^2 + z^2) + C_{xx}) - z_x C_x + C z_{xx} \\
& - w(6P(u^2 + v^2 + w^2 + z^2) + P_{xx}) + w_x P_x - P w_{xx}, \\
C_8^t =& C I_t^{1-\alpha}(z) + J(z, C_t) - P I_t^{1-\alpha}(w) - J(w, P_t).
\end{aligned}
$$

# 第 5 章　偏微分方程基于守恒向量的精确解求解

前面一章介绍了偏微分方程的守恒向量定理, 本章将应用该定理求解几类非线性偏微分方程的精确解, 包括具有外部源的各向异性非线性扩散方程、具有外部源的各向异性波动方程和一类非线性色散演化方程组. 应用它们各自的守恒向量, 求解这些方程在特殊情况下的精确解[30,47,77].

## 5.1　具有外部源的各向异性非线性扩散方程的精确解

考虑如下二阶非线性偏微分方程

$$u_t = (f(u)u_x)_x + (g(u)u_y)_y + (h(u)u_z)_z + q(u), \tag{5.1.1}$$

其中函数 $q(u)$ 是外部源, 且假设方程 (5.1.1) 中的函数 $f(u)$, $g(u)$ 和 $h(u)$ 是非负的. 方程 (5.1.1) 可以描述各向异性介质中的扩散现象.

当函数 $q(u) = 0$ 时, 方程 (5.1.1) 满足如下守恒律

$$D_t(u) + D_x(-f(u)u_x) + D_y(-g(u)u_y) + D_z(-h(u)u_z) = 0.$$

本节主要研究外部源函数 $q(u) \neq 0$ 时的守恒律以及相应的守恒向量, 并且利用所得守恒向量构造方程的精确解. 为便于计算, 将方程 (5.1.1) 展开, 并记作

$$F = -u_t + f(u)u_{xx} + g(u)u_{yy} + h(u)u_{zz} + f'(u)u_x^2 + g'(u)u_y^2 + h'(u)u_z^2 + q(u) = 0. \tag{5.1.2}$$

### 5.1.1　非线性自共轭

根据第 4 章共轭方程的定义, 可以得到方程 (5.1.2) 的共轭方程为

$$F^* = \frac{\delta(vF)}{\delta u} = 0,$$

其中 $v$ 是伴随变量. 将方程 (5.1.2) 代入上式并化简, 可得

$$F^* = v_t + f(u)v_{xx} + g(u)v_{yy} + h(u)v_{zz} + q'(u)v = 0. \tag{5.1.3}$$

若方程 (5.1.2) 是非线性自共轭的, 则在代换

$$v = \varphi(t, x, y, z, u), \quad \varphi \neq 0 \tag{5.1.4}$$

下, 共轭方程 (5.1.3) 满足 $F^*|_{v=\varphi(t,x,y,z,u)} = \lambda F$, 其中 $\lambda$ 是待定系数, 则有非线性自共轭条件

$$v_t + f(u)v_{xx} + g(u)v_{yy} + h(u)v_{zz} + q'(u)v$$
$$=\lambda(-u_t + f(u)u_{xx} + g(u)u_{yy} + h(u)u_{zz}$$
$$+ f'(u)u_x^2 + g'(u)u_y^2 + h'(u)u_z^2 + q(u)), \tag{5.1.5}$$

并且伴随变量 $v$ 的偏导数分别为

$$\begin{aligned}
v_t &= D_t(\varphi) = \varphi_u u_t + \varphi_t, \\
v_{xx} &= D_x^2(\varphi) = \varphi_u u_{xx} + \varphi_{uu} u_x^2 + 2\varphi_{xu} u_x + \varphi_{xx}, \\
v_{yy} &= D_y^2(\varphi) = \varphi_u u_{yy} + \varphi_{uu} u_y^2 + 2\varphi_{yu} u_y + \varphi_{yy}, \\
v_{zz} &= D_z^2(\varphi) = \varphi_u u_{zz} + \varphi_{uu} u_z^2 + 2\varphi_{zu} u_z + \varphi_{zz}.
\end{aligned} \tag{5.1.6}$$

将式 (5.1.6) 代入非线性自共轭条件 (5.1.5) 中并化简, 可得

$$\lambda(-u_t + f(u)u_{xx} + g(u)u_{yy} + h(u)u_{zz}$$
$$+ f'(u)u_x^2 + g'(u)u_y^2 + h'(u)u_z^2 + q(u))$$
$$=\varphi_u u_t + \varphi_t + f(u)(\varphi_u u_{xx} + \varphi_{uu} u_x^2 + 2\varphi_{xu} u_x + \varphi_{xx})$$
$$+ g(u)(\varphi_u u_{yy} + \varphi_{uu} u_y^2 + 2\varphi_{yu} u_y + \varphi_{yy})$$
$$+ h(u)(\varphi_u u_{zz} + \varphi_{uu} u_z^2 + 2\varphi_{zu} u_z + \varphi_{zz}) + q'(u)\varphi.$$

令上式两边 $u_t, u_{xx}, u_{yy}, u_{zz}$ 的系数分别相等, 可以得到如下方程组

$$\begin{aligned}
\lambda &= -\varphi_u, \\
f(u)\varphi_u &= \lambda f(u), \\
g(u)\varphi_u &= \lambda g(u), \\
h(u)\varphi_u &= \lambda h(u).
\end{aligned}$$

求解上述方程组, 可得

$$\begin{aligned}
f(u)\varphi_u &= -f(u)\varphi_u, \\
g(u)\varphi_u &= -g(u)\varphi_u, \\
h(u)\varphi_u &= -h(u)\varphi_u.
\end{aligned} \tag{5.1.7}$$

因为函数 $f(u), g(u)$ 和 $h(u)$ 不同时为零, 所以由式 (5.1.7) 可知 $\varphi_u = 0$. 因此有 $\lambda = 0$. 于是, 式 (5.1.6) 可简化为 $v_t = \varphi_t, v_{xx} = \varphi_{xx}, v_{yy} = \varphi_{yy}, v_{zz} = \varphi_{zz}$, 则方

程 (5.1.3) 可以变为

$$\varphi_t + f(u)\varphi_{xx} + g(u)\varphi_{yy} + h(u)\varphi_{zz} + q'(u)\varphi = 0. \tag{5.1.8}$$

接下来, 根据函数 $f(u)$, $g(u)$, $h(u)$ 和 $q(u)$ 的下列两种不同的假设情况, 分别分析方程 (5.1.2) 的共轭性.

情况 1: 若函数 $f(u)$, $g(u)$, $h(u)$ 和 $q(u)$ 可取为任意函数, 从方程 (5.1.8) 可得 $\varphi_t = 0$, $\varphi_{xx} = 0$, $\varphi_{yy} = 0$, $\varphi_{zz} = 0$, $\varphi = 0$, 这与代换 (5.1.4) 中 $\varphi \neq 0$ 相矛盾. 因此, 在这种情况下方程 (5.1.2) 不是非线性自共轭的.

情况 2: 若函数 $q'(u)$ 与系数 $f(u)$ 成正比, 即

$$q'(u) = rf(u), \tag{5.1.9}$$

其中 $r$ 是非零常数. 此时, 方程 (5.1.8) 可转化为

$$\varphi_t + f(u)(\varphi_{xx} + r\varphi) + g(u)\varphi_{yy} + h(u)\varphi_{zz} = 0.$$

由于 $f(u)$, $g(u)$ 和 $h(u)$ 是任意非负函数, 所以不妨令

$$\varphi_t = 0, \quad \varphi_{yy} = 0, \quad \varphi_{zz} = 0, \quad \varphi_{xx} + r\varphi = 0. \tag{5.1.10}$$

分析方程组 (5.1.10) 的前三个方程, 可得

$$\varphi = A(x)yz + a(x)y + b(x)z + c(x), \tag{5.1.11}$$

其中 $A(x)$, $a(x)$, $b(x)$ 和 $c(x)$ 都是关于 $x$ 的函数. 将式 (5.1.11) 代入方程 (5.1.10) 的第四个方程, 则有

$$(A(x)yz + a(x)y + b(x)z + c(x))_{xx} + r(A(x)yz + a(x)y + b(x)z + c(x)) = 0,$$

即

$$(A''(x) + rA(x))yz + (a''(x) + ra(x))y + (b''(x) + rb(x))z + c''(x) + rc(x) = 0.$$

令 $A''(x) + rA(x) = 0$, $a''(x) + ra(x) = 0$, $b''(x) + rb(x) = 0$, $c''(x) + rc(x) = 0$. 显然, $A(x)$, $a(x)$, $b(x)$ 和 $c(x)$ 都满足如下形式的二阶常微分方程

$$P'' + rP = 0. \tag{5.1.12}$$

由式 (5.1.9) 可得 $q(u) = r\displaystyle\int f(u)\mathrm{d}u$. 令 $F(u) = \displaystyle\int f(u)\mathrm{d}u$. 由于式 (5.1.9) 中

的 $r$ 是非零常数, 所以不妨令 $r = \omega^2$ 或 $r = -\delta^2$. 因此, 方程 (5.1.2) 存在如下两种情况:

$$u_t = (f(u)u_x)_x + (g(u)u_y)_y + (h(u)u_z)_z + \omega^2 F(u) \tag{5.1.13}$$

或

$$u_t = (f(u)u_x)_x + (g(u)u_y)_y + (h(u)u_z)_z - \delta^2 F(u), \tag{5.1.14}$$

其中 $\omega$ 和 $\delta$ 是非零常数.

接下来, 分析方程 (5.1.13) 的伴随变量表达式. 由于 $A(x)$, $a(x)$, $b(x)$ 和 $c(x)$ 同时满足二阶常微分方程 (5.1.12), 所以可以得到如下方程组

$$A''(x) + \omega^2 A(x) = 0,$$
$$a''(x) + \omega^2 a(x) = 0,$$
$$b''(x) + \omega^2 b(x) = 0,$$
$$c''(x) + \omega^2 c(x) = 0.$$

求解上述方程组, 可以得到

$$A(x) = c_1 \cos(\omega x) + c_2 \sin(\omega x),$$
$$a(x) = c_3 \cos(\omega x) + c_4 \sin(\omega x),$$
$$b(x) = c_5 \cos(\omega x) + c_6 \sin(\omega x),$$
$$c(x) = c_7 \cos(\omega x) + c_8 \sin(\omega x),$$

其中 $c_i (i = 1, 2, \cdots, 8)$ 是任意常数. 因此, 在情况 2 下的方程 (5.1.2) 是非线性自共轭的.

于是, 可以得到方程 (5.1.13) 的伴随变量为

$$v = (c_1 yz + c_3 y + c_5 z + c_7)\cos(\omega x) + (c_2 yz + c_4 y + c_6 z + c_8)\sin(\omega x). \tag{5.1.15}$$

同理可得, 方程 (5.1.14) 的伴随变量为

$$v = (c_1 yz + c_3 y + c_5 z + c_7)\cosh(\delta x) + (c_2 yz + c_4 y + c_6 z + c_8)\sinh(\delta x). \tag{5.1.16}$$

### 5.1.2　守恒向量约化

本小节将利用守恒定理 (定理 4.1.1) 构造方程 (5.1.13) 和方程 (5.1.14) 的守恒向量.

假设方程 (5.1.13) 和方程 (5.1.14) 的无穷小生成元为

$$V = \xi^1 \frac{\partial}{\partial t} + \xi^2 \frac{\partial}{\partial x} + \xi^3 \frac{\partial}{\partial y} + \xi^4 \frac{\partial}{\partial z} + \eta \frac{\partial}{\partial u}.$$

根据守恒定理 (定理 4.1.1) 可知方程 (5.1.13) 和方程 (5.1.14) 的守恒向量的分量为

$$C^1 = C^t = W\frac{\partial(vF)}{\partial u_t} = -Wv,$$

$$C^2 = C^x = W\left(\frac{\partial(vF)}{\partial u_x} - D_x\frac{\partial(vF)}{\partial u_{xx}}\right) + D_x(W)\frac{\partial(vF)}{\partial u_{xx}}$$

$$= W(f'(u)u_x v - f(u)v_x) + f(u)vD_x(W),$$

$$C^3 = C^y = W\left(\frac{\partial(vF)}{\partial u_y} - D_y\frac{\partial(vF)}{\partial u_{yy}}\right) + D_y(W)\frac{\partial(vF)}{\partial u_{yy}} \qquad (5.1.17)$$

$$= W(g'(u)u_y v - g(u)v_y) + g(u)vD_y(W),$$

$$C^4 = C^z = W\left(\frac{\partial(vF)}{\partial u_z} - D_z\frac{\partial(vF)}{\partial u_{zz}}\right) + D_z(W)\frac{\partial(vF)}{\partial u_{zz}}$$

$$= W(h'(u)u_z v - h(u)v_z) + h(u)vD_z(W),$$

其中李特征函数为

$$W = \eta - \xi^1 u_t - \xi^2 u_x - \xi^3 u_y - \xi^4 u_z. \qquad (5.1.18)$$

方程 (5.1.13) 和方程 (5.1.14) 的守恒律为

$$D_t(C^1) + D_x(C^2) + D_y(C^3) + D_z(C^4) = 0. \qquad (5.1.19)$$

对于方程 (5.1.13) 和方程 (5.1.14),当函数 $f(u)$, $g(u)$, $h(u)$ 为任意非负函数时,根据李群方法可知, 方程 (5.1.13) 和方程 (5.1.14) 的无穷小生成元为

$$V_1 = \frac{\partial}{\partial t}, \quad V_2 = \frac{\partial}{\partial x}, \quad V_3 = \frac{\partial}{\partial y}, \quad V_4 = \frac{\partial}{\partial z}.$$

不失一般性, 在这里仅讨论方程 (5.1.13) 和方程 (5.1.14) 在 $V_2$ 下的守恒向量. 其他情况的分析过程与此相类似. 由式 (5.1.18),可以得到在 $V_2$ 下的李特征函数是 $W = -u_x$.

情况 1: 首先分析方程 (5.1.13) 在 $V_2$ 下的守恒向量. 由式 (5.1.17),可得方程 (5.1.13) 在 $V_2$ 下的守恒向量的分量为

$$\begin{aligned}
C^1 &= vu_x, \\
C^2 &= -f'(u)vu_x^2 + f(u)u_x v_x - f(u)vu_{xx}, \\
C^3 &= -g'(u)vu_x u_y + g(u)u_x v_y - g(u)vu_{xy}, \\
C^4 &= -h'(u)vu_x u_z + h(u)u_x v_z - h(u)vu_{xz}.
\end{aligned} \qquad (5.1.20)$$

同时, 还可以对守恒向量的分量 (5.1.20) 中 $u$ 的阶数进行约化. 具体过程如下.

由于 $C^1$ 可以写成 $C^1 = D_x(uv) - uv_x$, 所以有

$$D_t(C^1) + D_x(C^2) = D_t(D_x(uv) - uv_x) + D_x(C^2),$$

根据 $D_tD_x$ 的可交换性, 可得

$$D_t(C^1) + D_x(C^2) = D_t(-uv_x) + D_x(C^2 + D_t(uv)).$$

令 $\tilde{C}^1 = -uv_x$, $\hat{C}^2 = C^2 + D_t(uv)$, 则上式可变为

$$D_t(C^1) + D_x(C^2) = D_t(\tilde{C}^1) + D_x(\hat{C}^2).$$

将守恒向量的分量 (5.1.20) 中的 $C^2$ 代入到 $\hat{C}^2$ 中, 并结合方程 (5.1.13) 和式 (5.1.15), 可以得到

$$\hat{C}^2 = f(u)u_xv_x + \omega^2 F(u)v + v(g(u)u_y)_y + v(h(u)u_z)_z,$$

于是有

$$\begin{aligned}
&D_t(C^1) + D_x(C^2) + D_y(C^3) + D_z(C^4) \\
&= D_t(\tilde{C}^1) + D_x(\hat{C}^2) + D_y(C^3) + D_z(C^4) \\
&= D_t(\tilde{C}^1) + D_x(f(u)u_xv_x + \omega^2 F(u)v + v(g(u)u_y)_y \\
&\quad + v(h(u)u_z)_z) + D_y(C^3) + D_z(C^4) \\
&= D_t(\tilde{C}^1) + D_x(f(u)u_xv_x + \omega^2 F(u)v) + D_x(v(g(u)u_y)_y \\
&\quad + v(h(u)u_z)_z) + D_y(C^3) + D_z(C^4) \\
&= D_t(\tilde{C}^1) + D_x(\tilde{C}^2) + D_x(v(g(u)u_y)_y \\
&\quad + v(h(u)u_z)_z) + D_y(C^3) + D_z(C^4),
\end{aligned}$$

其中 $\tilde{C}^2 = f(u)u_xv_x + \omega^2 F(u)v$.

通过类似的过程, 可以得到

$$\begin{aligned}
&D_t(C^1) + D_x(C^2) + D_y(C^3) + D_z(C^4) \\
&= D_t(\tilde{C}^1) + D_x(\tilde{C}^2) + D_y(g(u)u_yv_x + G(u)v_{xy}) + D_z(h(u)u_zv_x + H(u)v_{xz}).
\end{aligned}$$

于是, 守恒向量的分量 (5.1.20) 可转化为

$$\begin{aligned}
\tilde{C}^1 &= -uv_x, \\
\tilde{C}^2 &= f(u)u_xv_x + \omega^2 F(u)v, \\
\tilde{C}^3 &= g(u)u_yv_x - G(u)v_{xy}, \\
\tilde{C}^4 &= h(u)u_zv_x - H(u)v_{xz},
\end{aligned} \tag{5.1.21}$$

其中 $F(u) = \int f(u)\mathrm{d}u, G(u) = \int g(u)\mathrm{d}u, H(u) = \int h(u)\mathrm{d}u$. 结合式 (5.1.15), 则有

$$D_t(\tilde{C}^1) = -v_x u_t,$$
$$D_x(\tilde{C}^2) = v_x((f(u)u_x)_x + \omega^2 F(u)) + f(u)u_x(v_{xx} + \omega^2 v),$$
$$D_y(\tilde{C}^3) = v_x(g(u)u_y)_y,$$
$$D_z(\tilde{C}^4) = v_x(h(u)u_z)_z.$$

因此可得

$$D_t(\tilde{C}^1) + D_x(\tilde{C}^2) + D_y(\tilde{C}^3) + D_z(\tilde{C}^4)$$
$$= v_x((f(u)u_x)_x + (g(u)u_y)_y + (h(u)u_z)_z + \omega^2 F(u) - u_t) + f(u)u_x(v_{xx} + \omega^2 v).$$

根据 (5.1.10) 的第四个式子以及 $r = \omega^2$, 可知 $v$ 满足方程 $v_{xx} + \omega^2 v = 0$, 于是上述方程可以写成

$$D_t(\tilde{C}^1) + D_x(\tilde{C}^2) + D_y(\tilde{C}^3) + D_z(\tilde{C}^4)$$
$$= v_x((f(u)u_x)_x + (g(u)u_y)_y + (h(u)u_z)_z + \omega^2 F(u) - u_t) = 0.$$

这表明守恒向量的分量 $\tilde{C}^1, \tilde{C}^2, \tilde{C}^3, \tilde{C}^4$ 也满足守恒律.

情况 2: 由相似于情况 1 的求解过程, 可得方程 (5.1.14) 在 $V_2$ 下的守恒向量的分量为

$$\tilde{C}^1 = -uv_x,$$
$$\tilde{C}^2 = f(u)u_x v_x - \delta^2 F(u)v,$$
$$\tilde{C}^3 = g(u)u_y v_x - G(u)v_{xy},$$
$$\tilde{C}^4 = h(u)u_z v_x - H(u)v_{xz}.$$

$$(5.1.22)$$

通过计算可验证守恒向量的分量 (5.1.22) 满足如下守恒律

$$D_t(\tilde{C}^1) + D_x(\tilde{C}^2) + D_y(\tilde{C}^3) + D_z(\tilde{C}^4)$$

$$= v_x((f(u)u_x)_x + (g(u)u_y)_y + (h(u)u_z)_z - \delta^2 F(u) - u_t) = 0.$$

**注 5.1.1** 用类似的方法, 结合式 (5.1.17) 和式 (5.1.18), 可以得到方程 (5.1.13) 和方程 (5.1.14) 在无穷小生成元 $V_1, V_3, V_4$ 下的守恒向量.

**例 5.1.1** 假设式 (5.1.15) 和式 (5.1.16) 中 $c_1 = c_3 = c_5 = c_2 = c_4 = c_6 = c_8 = 0, c_7 = 1$, 下面将分别构造方程 (5.1.13) 和方程 (5.1.14) 在 $V_2$ 下的守恒向量.

首先, 构造方程 (5.1.13) 在 $V_2$ 下的守恒向量. 由已知条件可知, 伴随变量为 $v = \cos(\omega x)$. 根据式 (5.1.21), 可以得到方程 (5.1.13) 在 $V_2$ 下的守恒向量的分量为

$$\tilde{C}^1 = \omega\sin(\omega x)u,$$
$$\tilde{C}^2 = \omega(-\sin(\omega x)f(u)u_x + \omega\cos(\omega x)F(u)),$$
$$\tilde{C}^3 = -\omega\sin(\omega x)g(u)u_y,$$
$$\tilde{C}^4 = -\omega\sin(\omega x)h(u)u_z.$$

于是有 $D_t(\tilde{C}^1) + D_x(\tilde{C}^2) + D_y(\tilde{C}^3) + D_z(\tilde{C}^4) = 0$, 即

$$D_t(\omega\sin(\omega x)u) + D_x(\omega(-\sin(\omega x)f(u)u_x + \omega\cos(\omega x)F(u)))$$
$$+ D_y(-\omega\sin(\omega x)g(u)u_y) + D_z(-\omega\sin(\omega x)h(u)u_z) = 0.$$

因为 $\omega$ 是常数, 所以有

$$D_t(\sin(\omega x)u) + D_x(-\sin(\omega x)f(u)u_x + \omega\cos(\omega x)F(u))$$
$$+ D_y(-\sin(\omega x)g(u)u_y) + D_z(-\sin(\omega x)h(u)u_z) = 0.$$

因此得到方程 (5.1.13) 的守恒向量的分量为

$$\tilde{C}^1 = \sin(\omega x)u,$$
$$\tilde{C}^2 = -\sin(\omega x)f(u)u_x + \omega\cos(\omega x)F(u),$$
$$\tilde{C}^3 = -\sin(\omega x)g(u)u_y,$$
$$\tilde{C}^4 = -\sin(\omega x)h(u)u_z.$$

其次, 通过类似的过程, 可以得到方程 (5.1.14) 在 $V_2$ 下的守恒向量. 由已知条件可知, 伴随变量为 $v = \cosh(\delta x)$. 根据式 (5.1.22), 可以得到方程 (5.1.14) 在 $V_2$ 下的守恒向量的分量为

$$\begin{aligned}
\tilde{C}^1 &= \sinh(\delta x)u, \\
\tilde{C}^2 &= -\sinh(\delta x)f(u)u_x + \delta\cosh(\delta x)F(u), \\
\tilde{C}^3 &= -\sinh(\delta x)g(u)u_y, \\
\tilde{C}^4 &= -\sinh(\delta x)h(u)u_z.
\end{aligned} \tag{5.1.23}$$

### 5.1.3　稳态及非稳态精确解求解

本小节将利用前一节所得到的守恒向量求方程的特殊精确解. 由于具有外部源的各向异性非线性扩散方程比较复杂, 所以本部分仅讨论方程在特殊条件下的一些精确解, 包括稳态解 (不随时间变化的解) 和非稳态解 (随时间变化的解).

1. **稳态解**

方程 (5.1.14) 的精确解可以应用守恒向量的分量 (5.1.23) 得到. 为简化计算,不妨假设

$$D_t(\tilde{C}^1) = 0, \quad D_x(\tilde{C}^2) = 0, \quad D_y(\tilde{C}^3) = 0, \quad D_z(\tilde{C}^4) = 0, \tag{5.1.24}$$

即

$$D_t(\sinh(\delta x)u) = 0,$$
$$D_x(-\sinh(\delta x)f(u)u_x + \delta\cosh(\delta x)F(u)) = 0,$$
$$D_y(-\sinh(\delta x)g(u)u_y) = 0,$$
$$D_z(-\sinh(\delta x)h(u)u_z) = 0.$$

由上式可得

$$\begin{aligned} u_t &= 0, \\ (f(u)u_x)_x - \delta^2 F(u) &= 0, \\ (g(u)u_y)_y &= 0, \\ (h(u)u_z)_z &= 0. \end{aligned} \tag{5.1.25}$$

令 $\mu = F(u)$, 结合 $F(u)$ 的表达式, 则方程组 (5.1.25) 中的第二个方程可转化为 $\mu_{xx} - \delta^2\mu = 0$, 求解此方程, 可得 $\mu = \alpha(y,z)\cosh(\delta x) + \beta(y,z)\sinh(\delta x)$, 即

$$F(u) = \alpha(y,z)\cosh(\delta x) + \beta(y,z)\sinh(\delta x).$$

对上式两边关于 $y$ 求偏导数, 可以得到

$$F'(u)u_y = \alpha_y(y,z)\cosh(\delta x) + \beta_y(y,z)\sinh(\delta x), \tag{5.1.26}$$

因为 $F'(u) = f(u)$, 所以方程 (5.1.26) 可变为

$$u_y = \frac{1}{f(u)}(\alpha_y(y,z)\cosh(\delta x) + \beta_y(y,z)\sinh(\delta x)).$$

因此有

$$g(u)u_y = \frac{g(u)}{f(u)}(\alpha_y(y,z)\cosh(\delta x) + \beta_y(y,z)\sinh(\delta x)),$$

对上式两边关于 $y$ 求偏导数, 可以得到

$$(g(u)u_y)_y = \frac{g(u)}{f(u)}(\alpha_{yy}(y,z)\cosh(\delta x) + \beta_{yy}(y,z)\sinh(\delta x))$$

$$+ (\alpha_y(y,z)\cosh(\delta x) + \beta_y(y,z)\sinh(\delta x))\frac{f(u)g'(u) - g(u)f'(u)}{f^2(u)}u_y.$$
$$(5.1.27)$$

将式 (5.1.27) 代入方程组 (5.1.25) 的第三个方程并整理, 可以得到

$$\alpha_{yy}(y,z)\cosh(\delta x) + \beta_{yy}(y,z)\sinh(\delta x)$$

$$+ \frac{1}{f(u)}\left(\frac{g'(u)}{g(u)} - \frac{f'(u)}{f(u)}\right)(\alpha_y(y,z)\cosh(\delta x) + \beta_y(y,z)\sinh(\delta x))^2 = 0. \ (5.1.28)$$

分析方程 (5.1.28), 则存在如下两种情况:

$$\alpha_y = \beta_y = 0 \tag{5.1.29}$$

或

$$\alpha_{yy} = \beta_{yy} = 0, \quad \frac{g'(u)}{g(u)} = \frac{f'(u)}{f(u)}. \tag{5.1.30}$$

按同样的方法分析方程组 (5.1.25) 的第四个方程, 可以得到

$$\alpha_z = \beta_z = 0 \tag{5.1.31}$$

或

$$\alpha_{zz} = \beta_{zz} = 0, \quad \frac{h'(u)}{h(u)} = \frac{f'(u)}{f(u)}. \tag{5.1.32}$$

从式 (5.1.30) 的第二个式子可以看出 $g(u)$ 与 $f(u)$ 成比例, 不妨记

$$g(u) = kf(u), \tag{5.1.33}$$

其中 $k$ 是非零常数.

　　同理, 从式 (5.1.32) 的第二个式子可以看出 $h(u)$ 与 $f(u)$ 成比例, 不妨记

$$h(u) = lf(u), \tag{5.1.34}$$

其中 $l$ 是非零常数.

　　根据方程 (5.1.29)—(5.1.34) 的分析, 并结合式 (5.1.25), 可以得到方程 (5.1.14) 在不同情况下的稳态解. 稳态解的具体形式见如下定理, 其中函数 $F$ 的反函数记作 $F^{-1}$.

　　**定理 5.1.1**　若 $g(u)$, $h(u)$ 与 $f(u)$ 不成比例, 方程 (5.1.14) 可以写成

$$u_t = (f(u)u_x)_x + (g(u)u_y)_y + (h(u)u_z)_z - \delta^2 F(u),$$

则方程 (5.1.14) 的精确解为

$$u = F^{-1}(c_1 \cosh(\delta x) + c_2 \sinh(\delta x)), \tag{5.1.35}$$

其中 $\delta$ 是非零常数, $c_1, c_2$ 是任意常数.

**定理 5.1.2** 若 $g(u)$ 与 $f(u)$ 成比例, 方程 (5.1.14) 可以写成

$$u_t = (f(u)u_x)_x + (kf(u)u_y)_y + (h(u)u_z)_z - \delta^2 F(u),$$

则方程 (5.1.14) 的精确解为

$$u = F^{-1}((c_1 y + c_2)\cosh(\delta x) + (c_3 y + c_4)\sinh(\delta x)), \tag{5.1.36}$$

其中 $\delta$ 是非零常数, $c_1, c_2, c_3, c_4$ 是任意常数.

**定理 5.1.3** 若 $h(u)$ 与 $f(u)$ 成比例, 方程 (5.1.14) 可以写成

$$u_t = (f(u)u_x)_x + (g(u)u_y)_y + (lf(u)u_z)_z - \delta^2 F(u),$$

则方程 (5.1.14) 的精确解为

$$u = F^{-1}((c_1 z + c_2)\cosh(\delta x) + (c_3 z + c_4)\sinh(\delta x)), \tag{5.1.37}$$

其中 $\delta$ 是非零常数, $c_1, c_2, c_3, c_4$ 是任意常数.

**定理 5.1.4** 若 $g(u)$ 与 $f(u)$ 成比例, 同时 $h(u)$ 与 $f(u)$ 也成比例, 方程 (5.1.14) 可以写成

$$u_t = (f(u)u_x)_x + (kf(u)u_y)_y + (lf(u)u_z)_z - \delta^2 F(u),$$

则方程 (5.1.14) 的精确解为

$$u = F^{-1}((c_1 yz + c_2 y + c_3 z + c_4)\cosh(\delta x) + (c_5 yz + c_6 y + c_7 z + c_8)\sinh(\delta x)), \tag{5.1.38}$$

其中 $\delta$ 是非零常数, $c_i(i = 1, 2, \cdots, 8)$ 是任意常数.

**注 5.1.2** 用类似的方法, 也可以利用守恒向量构造方程 (5.1.13) 的精确解, 只需依次将式 (5.1.35)—(5.1.38) 中的 $\cosh(\delta x)$, $\sinh(\delta x)$ 分别用 $\cos(\omega x)$, $\sin(\omega x)$ 替换即可.

2. 非稳态解

根据各向异性系数 $f(u)$, $g(u)$, $h(u)$ 之间的关系和外部源函数 $q(u)$, 利用所得守恒律可以得到方程的稳态解. 接下来, 将讨论方程的非稳态解.

若外部源函数 $q'(u) = s$ 是常数, 即 $q(u) = su + q_0$, 其中 $q_0$ 是常数, 则方程 (5.1.1) 可以写成

$$u_t = (f(u)u_x)_x + (g(u)u_y)_y + (h(u)u_z)_z + su + q_0. \qquad (5.1.39)$$

由 (5.1.8) 可知

$$\varphi_t + s\varphi = 0, \quad \varphi_{xx} = 0, \quad \varphi_{yy} = 0, \quad \varphi_{zz} = 0.$$

求解此方程组, 可以得到伴随变量

$$v = \varphi = (c_1 xyz + c_2 xy + c_3 xz + c_4 yz + c_5 x + c_6 y + c_7 z + c_8)e^{-st}, \qquad (5.1.40)$$

其中 $c_i (i = 1, 2, \cdots, 8)$ 是任意常数.

接下来, 利用无穷小生成元 $V_2$ 和伴随变量 (5.1.40), 构造方程 (5.1.39) 的守恒向量. 根据式 (5.1.17) 和式 (5.1.18), 可以得到

$$\begin{aligned}
C^1 &= vu_x, \\
C^2 &= f(u)u_x v_x - vD_x(f(u)u_x), \\
C^3 &= g(u)u_x v_y - vD_x(g(u)u_y), \\
C^4 &= h(u)u_x v_z - vD_x(h(u)u_z),
\end{aligned}$$

其中 $v$ 由式 (5.1.40) 给出.

由条件 $vu_x = D_x(uv) - uv_x$, 可依次将守恒向量的分量 $C^1, C^2, C^3, C^4$ 变为守恒向量的分量 $\tilde{C}^1, \tilde{C}^2, \tilde{C}^3, \tilde{C}^4$, 即

$$\begin{aligned}
\tilde{C}^1 &= -uv_x, \\
\tilde{C}^2 &= f(u)u_x v_x + q_0 v, \\
\tilde{C}^3 &= g(u)u_y v_x - G(u)v_{xy}, \\
\tilde{C}^4 &= h(u)u_z v_x - H(u)v_{xz}.
\end{aligned}$$

为了求得方程 (5.1.39) 的特解, 式 (5.1.24) 可以写成

$$\begin{aligned}
&D_t(uv_x) = 0, \\
&D_x(f(u)u_x v_x + q_0 v) = 0, \\
&D_y(g(u)u_y v_x - G(u)v_{xy}) = 0, \\
&D_z(h(u)u_z v_x - H(u)v_{xz}) = 0.
\end{aligned} \qquad (5.1.41)$$

当 $v_x \neq 0$ 时, 根据式 (5.1.40), 可将方程组 (5.1.41) 的第一个方程化简为 $u_t - su = 0$, 求解此方程可得

$$u = U(x, y, z)\mathrm{e}^{st}. \qquad (5.1.42)$$

将式 (5.1.42) 代入方程组 (5.1.41) 剩余的方程中, 可以求得函数 $U(x, y, z)$.

接下来, 仅给出方程 (5.1.39) 在特殊情况下的解, 若取 $f(u) = f_0$, $g(u) = 1/u$, $h(u) = h_0$, $q_0 = 0$, 则方程 (5.1.39) 可以写成

$$u_t = f_0 u_{xx} + \left(\frac{u_y}{u}\right)_y + h_0 u_{zz} + su. \qquad (5.1.43)$$

通过对式 (5.1.41) 进行积分, 可以得到方程 (5.1.43) 的一个精确解

$$u = ((c_1 x + c_2)z + c_3 x + c_4)\mathrm{e}^{st + \alpha y},$$

其中 $c_1, c_2, c_3, c_4, \alpha, s \neq 0$ 是常数.

### 5.1.4 修正守恒律下的精确解

为了丰富方程精确解的形式, 本部分将利用修正的守恒向量, 构造方程的精确解. 考虑方程 (5.1.13) 的 (2+1) 维情形, 假设 $f(u) = g(u) = 1$, $h(u) = 0$, 则方程 (5.1.13) 可以写成

$$u_t = u_{xx} + u_{yy} + \omega^2 u. \qquad (5.1.44)$$

利用式 (5.1.24), 可以得到守恒向量的分量

$$\tilde{C}^1 = \sin(\omega x)u,$$
$$\tilde{C}^2 = -\sin(\omega x)u_x + \omega\cos(\omega x)u,$$
$$\tilde{C}^3 = -\sin(\omega x)u_y.$$

接下来, 采用如下修正形式的守恒律

$$D_x(\tilde{C}^2) = 0, \quad D_t(\tilde{C}^1) + D_y(\tilde{C}^3) = 0. \qquad (5.1.45)$$

方程组 (5.1.45) 的第一个方程可以写成 $u_{xx} + \omega^2 u = 0$, 求解此方程可以得到

$$u = \alpha(t, y)\cos(\omega x) + \beta(t, y)\sin(\omega x). \qquad (5.1.46)$$

将式 (5.1.46) 代入方程组 (5.1.45) 的第二个方程中化简, 可得函数 $\alpha(t, y)$, $\beta(t, y)$ 分别满足 (1+1) 维热方程

$$\alpha_t - \alpha_{yy} = 0, \quad \beta_t - \beta_{yy} = 0.$$

因此, 式 (5.1.46) 是方程 (5.1.44) 的精确解, 其中系数 $\alpha(t, y)$, $\beta(t, y)$ 可以通过求解 (1+1) 维热方程得到.

**注 5.1.3**　事实上, 可以进一步修正守恒向量来构造方程的精确解, 式 (5.1.24) 可以用下面的表达式替换

$$D_t(\tilde{C}^1) = K_1, \quad D_x(\tilde{C}^2) = K_2, \quad D_y(\tilde{C}^3) = K_3, \quad D_z(\tilde{C}^4) = K_4,$$

其中 $K_1, K_2, K_3, K_4$ 是任意常数, 且满足条件 $K_1 + K_2 + K_3 + K_4 = 0$.

## 5.2　具有外部源的各向异性波动方程的精确解

考虑如下反应各向异性波动的二阶波动方程

$$u_{tt} = (f(u)u_x)_x + (g(u)u_y)_y + (h(u)u_z)_z + q(u),$$

其中 $f(u)$, $g(u)$, $h(u)$ 和 $q(u)$ 是连续可微函数, 函数 $q(u)$ 称为外部源函数.

若函数 $f(u)$, $g(u)$ 和 $h(u)$ 为常数, 外部源为线性函数, 即 $q(u) = Ku + K_1$, 其中 $K, K_1$ 是常数, 则上述方程为线性方程. 也就是说, 若下面的四个方程

$$f'(u) = 0, \quad g'(u) = 0, \quad h'(u) = 0, \quad q''(u) = 0 \tag{5.2.1}$$

同时成立, 则各向异性波动方程是线性的.

本节主要讨论非线性的情形, 从而假设式 (5.2.1) 中至少有一个方程不为零. 不失一般性, 仅讨论如下 (2+1) 维情形, 即

$$u_{tt} = (f(u)u_x)_x + (g(u)u_y)_y + q(u), \tag{5.2.2}$$

其中 $f(u)$, $g(u)$ 和 $q(u)$ 是连续可微函数.

### 5.2.1　非线性自共轭

为了便于计算, 将方程 (5.2.2) 展开, 并记作

$$F = u_{tt} - f(u)u_{xx} - g(u)u_{yy} - f'(u)u_x^2 - g'(u)u_y^2 - q(u) = 0, \tag{5.2.3}$$

根据定义 4.1.1, 方程 (5.2.2) 的形式 Lagrangian 量为

$$\mathcal{L} = v(u_{tt} - f(u)u_{xx} - f'(u)u_x^2 - g(u)u_{yy} - g'(u)u_y^2 - q(u)),$$

其中 $v$ 是伴随变量. 从而可得方程 (5.2.3) 的共轭方程为

$$F^* = v_{tt} - f(u)v_{xx} - g(u)v_{yy} - q'(u)v = 0.$$

根据非线性自共轭的定义, 则有

$$
\begin{aligned}
&v_{tt} - f(u)v_{xx} - g(u)v_{yy} - q'(u)v \\
&= \lambda(u_{tt} - f(u)u_{xx} - g(u)u_{yy} - f'(u)u_x^2 - g'(u)u_y^2 - q(u)),
\end{aligned} \tag{5.2.4}
$$

其中 $\lambda$ 为待定系数, $v = \varphi(t,x,y,u) \neq 0$ 的偏导数 $v_{tt}, v_{xx}, v_{yy}$ 分别为

$$
v_{tt} = D_t^2(\varphi) = \varphi_u u_{tt} + \varphi_{uu} u_t^2 + 2\varphi_{tu} u_t + \varphi_{tt},
$$

$$
v_{xx} = D_x^2(\varphi) = \varphi_u u_{xx} + \varphi_{uu} u_x^2 + 2\varphi_{xu} u_x + \varphi_{xx},
$$

$$
v_{yy} = D_y^2(\varphi) = \varphi_u u_{yy} + \varphi_{uu} u_y^2 + 2\varphi_{yu} u_y + \varphi_{yy}.
$$

将上式代入方程 (5.2.4) 中, 假设方程 (5.2.4) 两边 $u_{tt}$ 和 $u_t^2$ 的系数分别相等, 则可以得到 $\lambda = \varphi_u$, $\varphi_{uu} = 0$. 于是, 方程 (5.2.4) 可以写成

$$
\begin{aligned}
&2\varphi_{tu} u_t + \varphi_{tt} - f(u)(2\varphi_{xu} u_x + \varphi_{xx}) - g(u)(2\varphi_{yu} u_y + \varphi_{yy}) - q'(u)\varphi \\
&= -\varphi_u(f'(u)u_x^2 + g'(u)u_y^2 + q(u)).
\end{aligned} \tag{5.2.5}
$$

假设方程 (5.2.5) 两边 $u_x^2$ 和 $u_y^2$ 的系数分别相等, 则可以得到 $f'(u)\varphi_u = 0$, $g'(u)\varphi_u = 0$. 进一步, 可以得到 $f'(u) = g'(u) = 0$ 或 $\varphi_u = 0$.

因此, 方程 (5.2.3) 的非线性自共轭性与各向异性系数有关. 在本节仅对 $\varphi_u = 0$ 的情况进行讨论.

当 $\varphi_u = 0$ 时, 则代换为 $v = \varphi(t,x,y) \neq 0$, 方程 (5.2.4) 可以写成

$$
\varphi_{tt} - f(u)\varphi_{xx} - g(u)\varphi_{yy} - q'(u)\varphi = 0. \tag{5.2.6}
$$

若 $f(u)$, $g(u)$ 和 $q(u)$ 均为任意函数, 则从方程 (5.2.6) 可以得到 $\varphi_{tt} = 0$, $\varphi_{xx} = 0$, $\varphi_{yy} = 0$, $\varphi = 0$, 这与 $\varphi \neq 0$ 相互矛盾. 于是, 在这种情况下代换 $v = \varphi(t,x,y,u)$ 不存在. 因此, 在这种情况下方程 (5.2.3) 不具有非线性自共轭性.

然而, 当外部源函数 $q(u)$ 为某些特殊函数时, 方程 (5.2.3) 可能具有非线性自共轭性. 假设函数 $q(u)$ 满足如下方程

$$
q'(u) = k + \alpha f(u) + \beta g(u), \tag{5.2.7}
$$

其中 $k, \alpha, \beta$ 是常数. 于是, 方程 (5.2.6) 可以写成

$$
\varphi_{tt} - k\varphi - f(u)(\varphi_{xx} + \alpha\varphi) - g(u)(\varphi_{yy} + \beta\varphi) = 0.
$$

由于 $f(u)$ 和 $g(u)$ 是任意函数, 所以由上式可得

$$
\begin{aligned}
&\varphi_{tt} - k\varphi = 0, \\
&\varphi_{xx} + \alpha\varphi = 0, \\
&\varphi_{yy} + \beta\varphi = 0.
\end{aligned} \tag{5.2.8}
$$

求解方程组 (5.2.8), 并结合非线性自共轭的定义, 可以得到如下定理.

**定理 5.2.1**　若方程

$$u_{tt} = (f(u)u_x)_x + (g(u)u_y)_y + C + ku + \alpha F(u) + \beta G(u) \tag{5.2.9}$$

是非线性自共轭的, 其中 $C, k, \alpha, \beta$ 是任意实常数, 函数 $F(u), G(u)$ 可定义为

$$F(u) = \int f(u)du, \quad G(u) = \int g(u)du,$$

则方程 (5.2.9) 的伴随变量为 $v = \varphi(t, x, y)$, 并且 $v = \varphi(t, x, y)$ 由方程组 (5.2.8) 确定.

**注 5.2.1**　在利用方程组 (5.2.8) 计算伴随变量 $\varphi(t, x, y)$ 的过程中, 常数 $k, \alpha, \beta$ 取正数、负数或零时, 方程组 (5.2.8) 的解是不同的. 假设常数 $k, \alpha, \beta$ 分别取

$$k = s^2, \quad k = -r^2, \quad k = 0,$$
$$\alpha = \omega^2, \quad \alpha = -\theta^2, \quad \alpha = 0,$$
$$\beta = \sigma^2, \quad \beta = -v^2, \quad \beta = 0,$$

则常数 $k, \alpha, \beta$ 一共有 27 种可能的组合. 因此, 方程 (5.2.9) 会有 27 种不同类型.

接下来, 仅对方程 (5.2.9) 的一些特殊情况进行讨论. 不妨取 $k = s^2, \alpha = \omega^2$ 和 $\beta = \sigma^2$, 则方程 (5.2.9) 可以写成

$$u_{tt} = (f(u)u_x)_x + (g(u)u_y)_y + C + s^2 u + \omega^2 F(u) + \sigma^2 G(u),$$

并且方程组 (5.2.8) 可以变为

$$\begin{aligned} \varphi_{tt} - s^2\varphi &= 0, \\ \varphi_{xx} + \omega^2\varphi &= 0, \\ \varphi_{yy} + \sigma^2\varphi &= 0. \end{aligned} \tag{5.2.10}$$

求解方程组 (5.2.10) 的第一个方程, 得到

$$\varphi = A\mathrm{e}^{st} + B\mathrm{e}^{-st}, \tag{5.2.11}$$

其中 $A = A(x, y), B = B(x, y)$ 是待定系数.

将式 (5.2.11) 代入方程组 (5.2.10) 的第二个方程中并化简, 可得

$$A_{xx} + \omega^2 A = 0,$$

$$B_{xx} + \omega^2 B = 0.$$

求解上述方程组, 可以得到

$$A = a^1(y)\cos(\omega x) + a^2(y)\sin(\omega x),$$
$$B = b^1(y)\cos(\omega x) + b^2(y)\sin(\omega x).$$
(5.2.12)

将式 (5.2.12) 代入式 (5.2.11) 中, 得到 $\varphi$ 的表达式. 进一步, 将所得到的 $\varphi$ 代入方程组 (5.2.10) 的第三个方程, 得到如下四个方程

$$a_{yy}^1 + \sigma^2 a^1 = 0, \quad a_{yy}^2 + \sigma^2 a^2 = 0, \quad b_{yy}^1 + \sigma^2 b^1 = 0, \quad b_{yy}^2 + \sigma^2 b^2 = 0.$$

求解上述四个方程, 可以得到

$$a^1(y) = p_1^1\cos(\sigma y) + p_2^1\sin(\sigma y), \quad a^2(y) = p_1^2\cos(\sigma y) + p_2^2\sin(\sigma y),$$
$$b^1(y) = q_1^1\cos(\sigma y) + q_2^1\sin(\sigma y), \quad b^2(y) = q_1^2\cos(\sigma y) + q_2^2\sin(\sigma y),$$

其中 $p_1^1, p_2^1, p_1^2, p_2^2, q_1^1, q_2^1, q_1^2, q_2^2$ 是常数. 将上式代入式 (5.2.12) 中, 得到

$$A = c_1\cos(\sigma y - \omega x) + c_2\cos(\sigma y + \omega x) + c_3\sin(\sigma y - \omega x) + c_4\sin(\sigma y + \omega x),$$
$$B = c_5\cos(\sigma y - \omega x) + c_6\cos(\sigma y + \omega x) + c_7\sin(\sigma y - \omega x) + c_8\sin(\sigma y + \omega x),$$

其中 $c_i(i = 1, 2, \cdots, 8)$ 是任意常数.

因此, 方程 (5.2.9) 的伴随变量为

$$v = (c_1\mathrm{e}^{st} + c_5\mathrm{e}^{-st})\cos(\sigma y - \omega x) + (c_2\mathrm{e}^{st} + c_6\mathrm{e}^{-st})\cos(\sigma y + \omega x)$$
$$+ (c_3\mathrm{e}^{st} + c_7\mathrm{e}^{-st})\sin(\sigma y - \omega x) + (c_4\mathrm{e}^{st} + c_8\mathrm{e}^{-st})\sin(\sigma y + \omega x).$$

### 5.2.2 守恒向量约化

这一小节将根据第 4 章中的守恒向量定理构造方程的守恒向量. 接下来, 仅考虑方程 (5.2.9) 的特殊情况, 若取 $k = 0$, $\alpha = \omega^2$, $\beta = 0$, $C = 0$, 则方程 (5.2.9) 可以写成

$$u_{tt} = (f(u)u_x)_x + (g(u)u_y)_y + \omega^2 F(u),$$
(5.2.13)

并且方程组 (5.2.8) 可以变为

$$\varphi_{tt} = 0,$$
$$\varphi_{xx} + \omega^2\varphi = 0,$$

$$\varphi_{yy} = 0.$$

求解上述方程组, 可以得到

$$v = \varphi = ((a_1 y + b_1)t + (a_2 y + b_2))\sin(\omega x) + ((a_3 y + b_3)t + (a_4 y + b_4))\cos(\omega x),$$

其中 $a_1, a_2, a_3, a_4, b_1, b_2, b_3, b_4$ 是任意常数.

若取 $a_1 = a_2 = a_3 = a_4 = b_2 = b_3 = b_4 = 0$, $b_1 = 1$, 则有

$$v = t\sin(\omega x). \tag{5.2.14}$$

假设方程 (5.2.13) 的无穷小生成元为

$$V = \xi^1 \frac{\partial}{\partial t} + \xi^2 \frac{\partial}{\partial x} + \xi \frac{\partial}{\partial y} + \eta \frac{\partial}{\partial u}.$$

由定义 4.1.1, 可得方程 (5.2.13) 的形式 Lagrangian 量为

$$\mathcal{L} = v(u_{tt} - f(u)u_{xx} - f'(u)u_x^2 - g(u)u_{yy} - g'(u)u_y^2 - \omega^2 F(u)). \tag{5.2.15}$$

根据定理 4.1.1, 得到守恒向量的分量为

$$C^1 = -W D_t\left(\frac{\partial \mathcal{L}}{\partial u_{tt}}\right) + D_t(W)\frac{\partial \mathcal{L}}{\partial u_{tt}},$$

$$C^2 = W\left(\frac{\partial \mathcal{L}}{\partial u_x} - D_x\left(\frac{\partial \mathcal{L}}{\partial u_{xx}}\right)\right) + D_x(W)\frac{\partial \mathcal{L}}{\partial u_{xx}}, \tag{5.2.16}$$

$$C^3 = W\left(\frac{\partial \mathcal{L}}{\partial u_y} - D_y\left(\frac{\partial \mathcal{L}}{\partial u_{yy}}\right)\right) + D_y(W)\frac{\partial \mathcal{L}}{\partial u_{yy}},$$

其中李特征函数为 $W = \eta - \xi^1 u_t - \xi^2 u_x - \xi^3 u_y$, 且守恒律为

$$D_t(C^1) + D_x(C^2) + D_y(C^3) = 0. \tag{5.2.17}$$

根据李群方法分析方程 (5.2.13), 可以得到该方程的无穷小生成元为

$$V_1 = \frac{\partial}{\partial t}, \quad V_2 = \frac{\partial}{\partial x}, \quad V_3 = \frac{\partial}{\partial y}.$$

在 $V_2 = \frac{\partial}{\partial x}$ 下, 李特征函数为 $W = -u_x$, 再结合形式 Lagrangian 量 (5.2.15), 则守恒向量的分量 (5.2.16) 可以写成

$$C^1 = v_t u_x - v u_{tx},$$
$$C^2 = 2v f'(u) u_x^2 - u_x D_x(f(u)v) + v f(u) u_{xx}, \tag{5.2.18}$$
$$C^3 = 2v g'(u) u_x u_y - u_x D_y(g(u)v) + v g(u) u_{xy}.$$

采用和 5.1.2 小节相同的方法, 对守恒向量的分量 (5.2.18) 进行转化. 从 $C^1$ 开始, 利用如下等式

$$v_t u_x = D_x(uv_t) - uv_{tx}, \quad -v u_{tx} = D_x(-v u_t) + u_t v_x. \tag{5.2.19}$$

由式 (5.2.14), 式 (5.2.19) 可以写成

$$v_t u_x = D_x(uv_t) - \omega u \cos(\omega x), \quad -v u_{tx} = D_x(-v u_t) + \omega t u_t \cos(\omega x).$$

于是, 式 (5.2.18) 中的 $C^1$ 可以写成

$$C^1 = \tilde{C}^1 + D_x(S), \tag{5.2.20}$$

其中 $S = uv_t - v u_t$, 并且 $\tilde{C}^1 = \omega(t u_t - u)\cos(\omega x)$. 将式 (5.2.20) 代入方程 (5.2.17) 的左边, 由于 $D_x$ 和 $D_t$ 可交换, 所以可以得到

$$D_t(C^1) + D_x(C^2) + D_y(C^3) = D_t(\tilde{C}^1) + D_x(\hat{C}^2) + D_y(C^3), \tag{5.2.21}$$

其中

$$\hat{C}^2 = C^2 + D_t(S). \tag{5.2.22}$$

将式 (5.2.18) 中 $C^2$ 的表达式代入式 (5.2.22) 中, 得到

$$\hat{C}^2 = v f'(u) u_x^2 - f(u) u_x v_x + v f(u) u_{xx} - v u_{tt}. \tag{5.2.23}$$

利用方程 (5.2.13) 替换式 (5.2.23) 中的 $u_{tt}$, 从而式 (5.2.23) 可以写成 $\hat{C}^2 = -f(u) u_x v_x - \omega^2 v F(u) - D_y(v g(u) u_y)$. 因此, 有 $\hat{C}^2 = \tilde{C}^2 + D_y(-v g(u) u_y)$, 其中 $\tilde{C}^2 = -f(u) u_x v_x - \omega^2 v F(u)$. 通过类似的过程, 式 (5.2.21) 可转化为

$$D_t(C^1) + D_x(C^2) + D_y(C^3) = D_t(\tilde{C}^1) + D_x(\tilde{C}^2) + D_y(C^3 - D_x(v g(u) u_y)),$$

即 $D_t(C^1) + D_x(C^2) + D_y(C^3) = D_t(\tilde{C}^1) + D_x(\tilde{C}^2) + D_y(\tilde{C}^3)$, 其中

$$\tilde{C}^3 = C^3 - D_x(v g(u) u_y). \tag{5.2.24}$$

将式 (5.2.18) 中 $C^3$ 的表达式代入式 (5.2.24) 中, 得到 $\tilde{C}^3 = -g(u) u_y v_x$.

因此, 守恒向量的分量 (5.2.18) 转化为

$$
\begin{aligned}
\tilde{C}^1 &= \omega t \cos(\omega x) u_t - \omega \cos(\omega x) u, \\
\tilde{C}^2 &= -\omega t \cos(\omega x) f(u) u_x - \omega^2 t \sin(\omega x) F(u), \\
\tilde{C}^3 &= -\omega t \cos(\omega x) g(u) u_y.
\end{aligned} \tag{5.2.25}
$$

进一步得到

$$
\begin{aligned}
D_t(\tilde{C}^1) &= \omega t \cos(\omega x) u_{tt}, \\
D_x(\tilde{C}^2) &= -\omega t \cos(\omega x)((f(u)u_x)_x + \omega^2 F(u)), \\
D_y(\tilde{C}^3) &= -\omega t \cos(\omega x)(g(u)u_y)_y.
\end{aligned} \tag{5.2.26}
$$

经验证守恒向量的分量 (5.2.25) 满足守恒律

$$
D_t(\tilde{C}^1) + D_x(\tilde{C}^2) + D_y(\tilde{C}^3) = \omega t \cos(\omega x)(u_{tt} - (f(u)u_x)_x - (g(u)u_y)_y - \omega^2 F(u)) = 0.
$$

### 5.2.3　三角函数型精确解求解

利用守恒律可以得到非线性各向异性波动方程 (5.2.13) 的精确解. 假设守恒律中每一项都等于零, 即

$$
D_t(\tilde{C}^1) = 0, \quad D_x(\tilde{C}^2) = 0, \quad D_y(\tilde{C}^3) = 0.
$$

由式 (5.2.26), 可以得到如下方程组

$$
\begin{aligned}
&\omega t \cos(\omega x) u_{tt} = 0, \\
&\omega t \cos(\omega x)((f(u)u_x)_x + \omega^2 F(u)) = 0, \\
&\omega t \cos(\omega x)(g(u)u_y)_y = 0.
\end{aligned}
$$

由于任意 $t, x, y$ 满足上式, 所以有

$$
u_{tt} = 0, \quad (f(u)u_x)_x + \omega^2 F(u) = 0, \quad (g(u)u_y)_y = 0. \tag{5.2.27}
$$

显然, 方程组 (5.2.27) 的解 $u(t,x,y)$ 也满足方程 (5.2.13). 不妨假设方程 (5.2.13) 中的 $g(u) = u$, $f(u) = u^2$ 和 $F(u) = u^3/3$, 则方程 (5.2.13) 可以写成

$$
u_{tt} = (u^2 u_x)_x + (uu_y)_y + \frac{1}{3}\omega^2 u^3. \tag{5.2.28}
$$

于是, 方程组 (5.2.27) 转化为

$$
\begin{aligned}
&u_{tt} = 0, \\
&(uu_y)_y = 0, \\
&(u^2 u_x)_x + \frac{1}{3}\omega^2 u^3 = 0.
\end{aligned} \tag{5.2.29}
$$

求解方程组 (5.2.29) 中的第一个方程, 可以得到 $u = \alpha(x,y)t + \beta(x,y)$. 为了简化计算, 可以取

$$u = \alpha(x,y)t. \tag{5.2.30}$$

进一步, 方程组 (5.2.29) 中的第二个方程还可以写成 $(u^2)_{yy} = 0$, 把式 (5.2.30) 代入该方程中并化简, 可得方程 $(\alpha^2)_{yy} = 0$, 求解此方程, 得到一个精确解为 $\alpha = A(x)\sqrt{y}$. 因此有

$$u = A(x)\sqrt{y}t. \tag{5.2.31}$$

由式 (5.2.30) 可知, 方程组 (5.2.29) 的第三个方程可以写成

$$(u^3)_{xx} + \omega^2 u^3 = 0. \tag{5.2.32}$$

再将式 (5.2.31) 代入方程 (5.2.32) 中, 得到一个二阶非线性常微分方程 $w_{xx} + \omega^2 w^3 = 0$, 其中 $w(x) = A^3(x)$. 求解此方程, 可以得到

$$w(x) = c_1 \cos(\omega x) + c_2 \sin(\omega x),$$

其中 $c_1, c_2$ 为任意常数. 因此有 $A(x) = \sqrt[3]{c_1 \cos(\omega x) + c_2 \sin(\omega x)}$.

最后, 将 $A(x)$ 代入式 (5.2.31) 中, 得到方程 (5.2.28) 的精确解为

$$u = t\sqrt{y}\sqrt[3]{c_1 \cos(\omega x) + c_2 \sin(\omega x)}.$$

## 5.3 一类非线性色散演化方程组的精确解

本节将介绍一类非线性色散演化方程组的精确解求解. 由方程组的共轭性得到在一定条件下的伴随变量, 通过所得伴随变量构造该方程组的守恒向量, 进而得到一些特殊的精确解.

考虑如下非线性色散演化方程组

$$\begin{cases} u_t - (u_{xxx} + \alpha_1 vv_x)_x - \alpha_2 v^2 = 0, \\ v_t - u_{xxx} - \beta_1 u - \beta_2 v = 0, \end{cases} \tag{5.3.1}$$

其中 $\alpha_1, \alpha_2, \beta_1, \beta_2$ 是常数, 并且 $|\alpha_1| + |\alpha_2| \neq 0$. 为便于表示, 令

$$F_1 = u_t - (u_{xxx} + \alpha_1 vv_x)_x - \alpha_2 v^2,$$
$$F_2 = v_t - u_{xxx} - \beta_1 u - \beta_2 v.$$

### 5.3.1　非线性自共轭

设方程组 (5.3.1) 的形式 Lagrangian 量为

$$\mathcal{L} = \bar{u}(u_t - (u_{xxx} + \alpha_1 v v_x)_x - \alpha_2 v^2) + \bar{v}(v_t - u_{xxx} - \beta_1 u - \beta_2 v),$$

其中 $\bar{u}, \bar{v}$ 是伴随变量. 由共轭方程的定义可知方程组 (5.3.1) 的共轭方程组为

$$
\begin{aligned}
F_1^* &= \frac{\delta \mathcal{L}}{\delta u} = \bar{v}_{xxx} - \beta_1 \bar{v} - \bar{u}_{xxxx} - \bar{u}_t = 0, \\
F_2^* &= \frac{\delta \mathcal{L}}{\delta v} = -\bar{v}_t - \beta_2 \bar{v} - \alpha_1 \bar{u}_{xx} v - 2\alpha_2 \bar{u} v = 0.
\end{aligned}
\tag{5.3.2}
$$

假设方程组 (5.3.2) 的伴随变量为

$$\bar{u} = \phi(t, x, u, v), \quad \bar{v} = \psi(t, x, u, v),$$

其中 $\phi(t, x, u, v)$ 和 $\psi(t, x, u, v)$ 不同时为零.

根据非线性自共轭的定义, 则有

$$
\begin{aligned}
F_1^*|_{\bar{u}=\phi(t,x,u,v),\bar{v}=\psi(t,x,u,v)} &= \lambda_1 F_1 + \lambda_2 F_2, \\
F_2^*|_{\bar{u}=\phi(t,x,u,v),\bar{v}=\psi(t,x,u,v)} &= \lambda_3 F_1 + \lambda_4 F_2,
\end{aligned}
\tag{5.3.3}
$$

其中 $\lambda_1$ ,$\lambda_2$ ,$\lambda_3$ ,$\lambda_4$ 是待定系数.

因为函数 $\phi(t, x, u, v)$, $\psi(t, x, u, v)$ 与 $u, v$ 的导数无关, 所以由方程组 (5.3.3) 可以得到

$$
\begin{aligned}
&\lambda_1 = -\phi_u, \quad \lambda_2 = -\phi_v, \\
&\lambda_3 = -\psi_u, \quad \lambda_4 = -\psi_v, \\
&\phi_u = \phi_v = \psi_u = \psi_v = 0, \\
&-\phi_{xxxx} - \phi_t + \psi_{xxx} - \beta_1 \psi = 0, \\
&-\alpha_1 \phi_{xx} - 2\alpha_2 \phi = 0, \\
&-\psi_t - \beta_2 \psi = 0.
\end{aligned}
\tag{5.3.4}
$$

分析方程组 (5.3.4) 中的第三行方程可知伴随变量 $\phi = \phi(t, x)$, $\psi = \psi(t, x)$. 进一步分析 (5.3.4) 剩下的方程可知 $\phi$, $\psi$ 还与 $\alpha_1$, $\alpha_2$, $\beta_1$, $\beta_2$ 的取值有关. 因此, 若 $\alpha_1$, $\alpha_2$, $\beta_1$ ,$\beta_2$ 不同, 则所对应的 $\phi, \psi$ 也不同. 关于伴随变量 $\phi, \psi$ 更具体的分析过程, 感兴趣的读者可参见文献 [77]. 不失一般性, 仅考虑当 $\alpha_1 \alpha_2 \neq 0$, $\beta_2 \neq 4\alpha_2^2/\alpha_1^2$ 时, $\phi, \psi$ 的具体表达式.

(1) 若 $\alpha_1\alpha_2 > 0$, 则伴随变量 $\phi, \psi$ 为

$$\phi(t,x) = \left(c_1\exp(-A^4 t) + \frac{c_2\exp(-\beta_2 t)}{A^4 - \beta_2}\right)\sin(Ax)$$
$$+ \left(c_3\exp(-A^4 t) + \frac{c_4\exp(-\beta_2 t)}{A^4 - \beta_2}\right)\cos(Ax), \tag{5.3.5}$$

$$\psi(t,x) = f(x)\exp(-\beta_2 t),$$

并且函数 $f(x)$ 满足如下方程

$$f''' - \beta_1 f = c_2\sin(Ax) + c_4\cos(Ax), \tag{5.3.6}$$

其中 $c_i(i = 1, 2, 3, 4)$ 是常数, $A = \sqrt{2\alpha_2/\alpha_1}$.

(2) 若 $\alpha_1\alpha_2 < 0$, 则伴随变量 $\phi, \psi$ 为

$$\phi(t,x) = \left(c_1\exp(-A^4 t) + \frac{c_2\exp(-\beta_2 t)}{A^4 - \beta_2}\right)\exp(Ax)$$
$$+ \left(c_3\exp(-A^4 t) + \frac{c_4\exp(-\beta_2 t)}{A^4 - \beta_2}\right)\exp(-Ax), \tag{5.3.7}$$

$$\psi(t,x) = f(x)\exp(-\beta_2 t),$$

并且函数 $f(x)$ 满足如下方程

$$f''' - \beta_1 f = c_2\exp(Ax) + c_4\exp(-Ax). \tag{5.3.8}$$

若令 $c_2 = c_3 = c_4 = 0$, 则方程 (5.3.6) 和方程 (5.3.8) 变为 $f''' - \beta_1 f = 0$. 由于 $f(x) = c_5\exp(x\beta_1^{1/3})$ 满足此方程, 故它为方程的一个特解. 此时, 若 $\alpha_1\alpha_2 > 0$, 则伴随变量 (5.3.5) 为

$$\phi(t,x) = c_1\exp(-A^4 t)\sin(Ax), \quad \psi(t,x) = c_5\exp(x\beta_1^{1/3} - \beta_2 t). \tag{5.3.9}$$

若 $\alpha_1\alpha_2 < 0$, 则伴随变量 (5.3.7) 为

$$\phi(t,x) = c_1\exp(-A^4 t + Ax), \quad \psi(t,x) = c_5\exp(x\beta_1^{1/3} - \beta_2 t), \tag{5.3.10}$$

其中 $c_1, c_5$ 满足 $|c_1| + |c_5| \neq 0$.

### 5.3.2 守恒向量构造

由李群方法可知, 方程组 (5.3.1) 的一组无穷小为

$$\xi^1 = 4p_1 t + p_3, \quad \xi^2 = p_1 x + p_2, \quad \eta^1 = p_4 u, \quad \eta^2 = (p_1 + p_4)v, \tag{5.3.11}$$

其中 $p_1, p_2, p_3, p_4$ 是常数, 并且满足

$$\beta_1 p_1 = 0, \quad \beta_2 p_1 = 0, \quad \alpha_1(4p_1 + p_4) = 0, \quad \alpha_2(6p_1 + p_4) = 0, \tag{5.3.12}$$

且 $|\alpha_1| + |\alpha_2| \neq 0$. 同时可知常数 $\alpha_1, \alpha_2, \beta_1, \beta_2$ 的值决定 $p_1, p_2, p_3, p_4$ 的值. 因此, 方程组 (5.3.1) 的无穷小生成元 (5.3.11) 与 $\alpha_1, \alpha_2, \beta_1, \beta_2$ 有关, 关于无穷小生成元 (5.3.11) 更具体的分析过程可参见文献 [77]. 此处仅分析当 $\alpha_1, \alpha_2, \beta_1, \beta_2$ 为任意常数时的无穷小生成元和守恒向量.

当 $\alpha_1, \alpha_2, \beta_1, \beta_2$ 为任意常数时, 由方程组 (5.3.12), 得到 $p_1 = p_4 = 0$. 因此, 方程组 (5.3.1) 的无穷小生成元为

$$V = p_3 \frac{\partial}{\partial t} + p_2 \frac{\partial}{\partial x}, \tag{5.3.13}$$

其中 $|p_2| + |p_3| \neq 0$.

接下来将根据定理 4.1.1 分别构造方程组 (5.3.1) 的守恒律 $D_t(C^1) + D_x(C^2) = 0$ 和如下守恒向量的分量

$$\begin{aligned}
C^1 =&\ \xi^1 \mathcal{L} + W^1 \left( \frac{\partial \mathcal{L}}{\partial u_t} \right) + W^2 \left( \frac{\partial \mathcal{L}}{\partial v_t} \right), \\
C^2 =&\ \xi^2 \mathcal{L} + W^1 \left( D_x^2 \left( \frac{\partial \mathcal{L}}{\partial u_{xxx}} \right) - D_x^3 \left( \frac{\partial \mathcal{L}}{\partial u_{xxxx}} \right) \right) + W^2 \left( \frac{\partial \mathcal{L}}{\partial v_x} - D_x \frac{\partial \mathcal{L}}{\partial v_{xx}} \right) \\
&+ D_x(W^1) \left( -D_x \left( \frac{\partial \mathcal{L}}{\partial u_{xxx}} \right) + D_x^2 \left( \frac{\partial \mathcal{L}}{\partial u_{xxxx}} \right) \right) + D_x(W^2) \left( \frac{\partial \mathcal{L}}{\partial v_{xx}} \right) \\
&+ D_x^2(W^1) \left( \frac{\partial \mathcal{L}}{\partial u_{xxx}} - D_x \frac{\partial \mathcal{L}}{\partial u_{xxxx}} \right) + D_x^3(W^1) \left( \frac{\partial \mathcal{L}}{\partial u_{xxxx}} \right),
\end{aligned} \tag{5.3.14}$$

其中李特征函数为 $W^1 \equiv \eta^1 - \xi^1 u_t - \xi^2 u_x$, $W^2 \equiv \eta^2 - \xi^1 v_t - \xi^2 v_x$. 由无穷小生成元 (5.3.13), 可得李特征函数为

$$W^1 = -p_3 u_t - p_2 u_x, \quad W^2 = -p_3 v_t - p_2 v_x.$$

根据上述李特征函数、守恒向量的分量 (5.3.14) 以及伴随变量 (5.3.9) 和 (5.3.10), 可得方程组 (5.3.1) 的守恒向量为

$$C = (C^1, C^2) = (s_1 C_1^1 + s_2 C_2^1 + s_3 C_3^1, s_1 C_1^2 + s_2 C_2^2 + s_3 C_3^2),$$

其中 $s_1 = c_5(p_2 \beta_1^{1/3} - p_3 \beta_2)$, $s_2 = c_1 p_1$, $s_3 = c_1 p_3$, 以及

$$C_1^1 = v \exp(x \beta_1^{1/3} - \beta_2 t), \quad C_1^2 = (\beta_1^{1/3} u_x - u_{xx} - \beta_1^{2/3} u) \exp(x \beta_1^{1/3} - \beta_2 t). \tag{5.3.15}$$

若 $\alpha_1\alpha_2 > 0$, 则有

$$C_2^1 = A\exp(-A^4t)\cos(Ax)u,$$

$$C_2^2 = \frac{\alpha_2}{\alpha_1^2}\exp(-A^4t)\Big(\left(4\alpha_2 u - 2\alpha_1 u_{xx} - \alpha_1^2 v^2\right)\sin(Ax)$$

$$+ \frac{2}{A}(2\alpha_2 u_x - \alpha_1 u_{xxx} - \alpha_1^2 vv_x)\cos(Ax)\Big),$$

$$C_3^1 = -A^4\exp(-A^4t)\sin(Ax)u,$$

$$C_3^2 = 2\frac{\alpha_2^2}{\alpha_1^3}\exp(-A^4t)(2(\alpha_1 u_{xxx} - 2\alpha_2 u_x + \alpha_1^2 vv_x)\sin(Ax)$$

$$- A(2\alpha_1 u_{xx} + \alpha_1^2 v^2 - 4\alpha_2 u)\cos(Ax)).$$

若 $\alpha_1\alpha_2 < 0$, 则有

$$C_2^1 = A\exp(-A^4t + Ax)u,$$

$$C_2^2 = \exp(-A^4t + Ax)(-\alpha_1 Avv_x - \alpha_2 v^2 - Au_{xxx} + A^2 u_{xx} - A^3 u_x + A^4 u),$$

$$C_3^1 = -A^3 C_2^1,$$

$$C_3^2 = -A^3 C_2^2.$$

### 5.3.3 精确解求解

本小节将利用守恒向量构造方程组 (5.3.1) 的精确解. 由守恒向量的分量 (5.3.15), 守恒律 $D_t(C_1^1) + D_x(C_1^2) = 0$ 可以写成

$$D_t(v\exp(x\beta_1^{1/3} - \beta_2 t)) + D_x((\beta_1^{1/3}u_x - u_{xx} - \beta_1^{2/3}u)\exp(x\beta_1^{1/3} - \beta_2 t)) = 0.$$

令 $f(x) = C_1^1$, $g(t) = C_1^2$, 则有

$$f(x) = v\exp(x\beta_1^{1/3} - \beta_2 t), \tag{5.3.16}$$

$$g(t) = (\beta_1^{1/3}u_x - u_{xx} - \beta_1^{2/3}u)\exp(x\beta_1^{1/3} - \beta_2 t). \tag{5.3.17}$$

通过求解方程组 (5.3.16)-(5.3.17), 可以得到方程组 (5.3.1) 的精确解.

求解方程 (5.3.16), 可以得到

$$v(t,x) = f(x)\exp(-x\beta_1^{1/3} + \beta_2 t). \tag{5.3.18}$$

假设方程 (5.3.17) 中 $\beta_1 \neq 0$, 求解方程 (5.3.17), 可以得到

$$u(t,x) = \exp\left(\frac{\beta_1^{1/3}x}{2}\right)\left(g_1(t)\cos\left(\frac{\sqrt{3}}{2}\beta_1^{1/3}x\right) + g_2(t)\sin\left(\frac{\sqrt{3}}{2}\beta_1^{1/3}x\right)\right)$$

$$- g(t)\frac{\exp(\beta_2 t - \beta_1^{1/3} x)}{3\beta_1^{2/3}}. \tag{5.3.19}$$

将式 (5.3.18) 和式 (5.3.19) 代入方程组 (5.3.1) 的第二个方程中, 可以得到

$$6\beta_1^{2/3}(\alpha_1(4\beta_1^{1/3}ff_x - 2\beta_1^{2/3}f^2 - ff_{xx} - f_x^2) - \alpha_2 f^2)$$
$$+ 2\exp(x\beta_1^{1/3} - t\beta_2)(g(\beta_1^{4/3} - \beta_2) - g_t)$$
$$+ 3\beta_1^2\exp\left(\frac{5x\beta_1^{1/3} - 4t\beta_2}{2}\right)\left((g_2 + 2\beta_1^{-4/3}(g_2)_t - \sqrt{3}g_1)\sin\left(\frac{\sqrt{3}}{2}\beta_1^{1/3}x\right)\right.$$
$$\left.+ (g_1 + 2\beta_1^{-4/3}(g_1)_t + \sqrt{3}g_2)\cos\left(\frac{\sqrt{3}}{2}\beta_1^{1/3}x\right)\right) = 0. \tag{5.3.20}$$

为了得到方程组 (5.3.1) 的新解, 则需要确定满足方程 (5.3.20) 的函数 $g_1(t)$, $g_2(t)$, $g(t)$ 和 $f(x)$. 此时, 不妨令方程 (5.3.20) 中

$$g_1 + 2\beta_1^{-4/3}(g_1)_t + \sqrt{3}g_2 = 0,$$
$$g_2 + 2\beta_1^{-4/3}(g_2)_t - \sqrt{3}g_1 = 0.$$

求解上述方程组, 得到

$$g_1(t) = \exp\left(-t\frac{\beta_1^{4/3}}{2}\right)\left(c_2\cos\frac{t\sqrt{3}\beta_1^{4/3}}{2} - c_1\sin\frac{t\sqrt{3}\beta_1^{4/3}}{2}\right),$$
$$g_2(t) = \exp\left(-t\frac{\beta_1^{4/3}}{2}\right)\left(c_1\cos\frac{t\sqrt{3}\beta_1^{4/3}}{2} + c_2\sin\frac{t\sqrt{3}\beta_1^{4/3}}{2}\right), \tag{5.3.21}$$

其中 $c_1, c_2$ 是任意常数.

于是, 方程 (5.3.20) 可以写成

$$3\beta_1^{2/3}(\alpha_1(4\beta_1^{1/3}ff_x - 2\beta_1^{2/3}f^2 - ff_{xx} - f_x^2) - \alpha_2 f^2)$$
$$+ \exp(x\beta_1^{1/3} - t\beta_2)(g(\beta_1^{4/3} - \beta_2) - g_t) = 0. \tag{5.3.22}$$

如果 $\beta_1^{4/3} - 2\beta_2 \neq 0$, 那么可以得到方程 (5.3.22) 的一组精确解为

$$f(x) = c_4\exp\left(\frac{x\beta_1^{1/3}}{2}\right),$$
$$g(t) = c_3\exp((\beta_1^{4/3} - \beta_2)t) + \frac{3}{2}\frac{c_4^2\beta_1^{2/3}(2\alpha_2 + \alpha_1\beta_1^{2/3})\exp(\beta_2 t)}{\beta_1^{4/3} - 2\beta_2}, \tag{5.3.23}$$

其中 $c_3, c_4$ 是任意常数. 因此, 由式 (5.3.18)—(5.3.23) 可以得到非线性色散演化方程组 (5.3.1) 的一组精确解为

$$
u = \exp\left(\frac{\beta_1^{1/3}}{2}\sigma\right)\left(c_2\cos\left(\frac{\sqrt{3}}{2}\beta_1^{1/3}\sigma\right) + c_1\sin\left(\frac{\sqrt{3}}{2}\beta_1^{1/3}\sigma\right)\right)
$$

$$
+ \frac{2c_3(\beta_1^{4/3} - 2\beta_2)\exp(-\beta_1^{1/3}\sigma) + 3c_4^2\beta_1^{2/3}(2\alpha_2 + \alpha_1\beta_1^{2/3})\exp(2t\beta_2 - x\beta_1^{1/3})}{6\beta_1^{2/3}(2\beta_2 - \beta_1^{4/3})},
$$

$$
v = c_4\exp\left(t\beta_2 - x\frac{\beta_1^{1/3}}{2}\right),
$$

其中 $\sigma = x - \beta_1 t$.

如果 $\alpha_1\alpha_2 < 0$, 那么可以得到方程 (5.3.22) 的另一组精确解为

$$
f(x) = c_4\exp\left(\left(\beta_1^{1/3} + \frac{A}{2}\right)x\right), \quad g(t) = c_3\exp((\beta_1^{4/3} - \beta_2)t),
$$

其中 $c_3, c_4$ 是任意常数. 因此, 非线性色散演化方程组 (5.3.1) 的另一组精确解为

$$
u = \exp\left(\frac{1}{2}\beta_1^{1/3}\sigma\right)\left(c_2\cos\left(\frac{\sqrt{3}}{2}\beta_1^{1/3}\sigma\right) + c_1\sin\left(\frac{\sqrt{3}}{2}\beta_1^{1/3}\sigma\right)\right)
$$

$$
- \frac{c_3}{3\beta_1^{2/3}}\exp(-\beta_1^{1/3}\sigma),
$$

$$
v = c_4\exp\left(\beta_2 t + x\frac{A}{2}\right),
$$

其中 $\sigma = x - \beta_1 t$.

# 第6章 李群方法的其他应用

前面章节已经介绍了李群方法的基本思想, 着重对整数阶微分方程和一些特殊类型的分数阶微分方程进行了李群分析, 并且给出了偏微分方程的守恒向量, 进而利用所得守恒向量求解相应偏微分方程的精确解. 这一章将讨论李群方法在微分方程中的一些其他应用. 6.1 节将李群方法用于带有初值条件的双平方根利率期限结构方程的分析, 得到它的一个精确解[76]; 6.2 节基于李群方法得到 Novikov 方程的一些新解, 并着重分析 Novikov 方程的单尖峰孤子解的性质[54]; 6.3 节将李群方法应用于分数阶微分–积分方程, 进一步扩展了李群方法的应用范围[65].

## 6.1 双平方根利率期限结构方程的李群分析

利率期限结构方程是金融数学中的一类重要数学模型, 在金融产品定价、交易、预测以及风险管理方面有着重要的应用. 双平方根利率期限结构方程是其中的一种形式, 且能反映更丰富和更现实的期限结构情况, 但是该方程的分析与初值条件密不可分. 通常李群方法在求解带有初值或边值问题的微分方程时并不高效, 这是因为初值或边值问题条件破坏了方程所接受的单参数李变换群. 事实上, 对于双平方根利率期限结构方程可以通过对无穷小生成元进行线性组合, 寻找同时满足方程和初值条件的无穷小生成元, 进而得到不变解[15]. 这样也就扩展了李群方法的应用范围. 本节将介绍双平方根利率期限结构方程的无穷小生成元, 并用所得无穷小生成元的线性组合, 得到该方程满足初值条件的不变解.

考虑如下双平方根利率期限结构方程

$$\frac{1}{2}\sigma^2 r \frac{\partial^2 u}{\partial r^2} + \left(\frac{\sigma^2}{4} - K\sqrt{r} - 2\lambda r\right)\frac{\partial u}{\partial r} - ru - \frac{\partial u}{\partial t} = 0, \tag{6.1.1}$$

$$u(r, 0) = 1, \tag{6.1.2}$$

其中 $u$ 表示贴现债券的均衡价格, $t$ 表示债券到期的剩余时间, $r$ 表示瞬时无风险利率. $t$ 和 $r$ 由如下随机微分方程控制

$$\mathrm{d}r(t) = K(\mu - \sqrt{r(t)})\mathrm{d}t + \sigma\sqrt{r(t)}\mathrm{d}W(t), \quad K, \ \sigma > 0, \ \mu = \sigma^2/4K,$$

其中 $W(t)$ 是标准的一维 Wiener 过程 [76].

利用变量代换 $x = \sqrt{r}$, 方程 (6.1.1) 和初值条件 (6.1.2) 可以变为

$$\frac{\partial u}{\partial t} - \frac{1}{8}\sigma^2 \frac{\partial^2 u}{\partial x^2} + \left(\frac{K}{2} + \lambda x\right)\frac{\partial u}{\partial x} + x^2 u = 0, \tag{6.1.3}$$

$$u(x, 0) = 1. \tag{6.1.4}$$

### 6.1.1  无穷小生成元

假设方程 (6.1.3) 接受如下单参数李变换群

$$t^* = t + \varepsilon\tau(x, t, u) + O(\varepsilon^2),$$
$$x^* = x + \varepsilon\xi(x, t, u) + O(\varepsilon^2),$$
$$u^* = u + \varepsilon\eta(x, t, u) + O(\varepsilon^2).$$

借助 Maple, 可以得到方程 (6.1.3) 的六个无穷小生成元分别为

$$V_1 = \frac{\partial}{\partial t}, \quad V_2 = u\frac{\partial}{\partial u},$$
$$V_3 = \mathrm{e}^{\gamma t/2}\left(\frac{\partial}{\partial x} + a(x, \gamma)u\frac{\partial}{\partial u}\right),$$
$$V_4 = \mathrm{e}^{-\gamma t/2}\left(\frac{\partial}{\partial x} + a(x, -\gamma)u\frac{\partial}{\partial u}\right),$$
$$V_5 = \mathrm{e}^{\gamma t}\left(b(x, \gamma)\frac{\partial}{\partial x} + \frac{1}{\gamma}\frac{\partial}{\partial t} + c(x, \gamma)u\frac{\partial}{\partial u}\right), \tag{6.1.5}$$
$$V_6 = \mathrm{e}^{-\gamma t}\left(b(x, -\gamma)\frac{\partial}{\partial x} - \frac{1}{\gamma}\frac{\partial}{\partial t} + c(x, -\gamma)u\frac{\partial}{\partial u}\right),$$

其中 $\gamma = \sqrt{2(2\lambda^2 + \sigma^2)}$, 并且函数 $a(z, y)$, $b(z, y)$ 和 $c(z, y)$ 分别为

$$a(z, y) = \frac{2(2\lambda - y)(zy - K)}{\sigma^2 y}, \quad b(z, y) = \frac{2K\lambda + zy^2}{2y^2},$$

$$c(z, y) = \frac{z^2(2\lambda - y)}{\sigma^2} - \frac{K^2(2\lambda - y)^2}{2\sigma^2 y^3} + \frac{Kz(2\lambda - y)^2}{\sigma^2 y^2} + \frac{2\lambda - y}{4y}.$$

### 6.1.2  不变解求解

由李群方法可知, 利用所得到的无穷小生成元 (6.1.5) 可以求出方程 (6.1.3) 相应的不变解, 但是所得的不变解未必满足初值条件 (6.1.4). 因此, 本小节将介绍既满足方程 (6.1.3), 又满足初值条件 (6.1.4) 的不变解.

首先, 将所得到的六个无穷小生成元 (6.1.5) 进行线性组合

$$\Upsilon = \sum_{i=1}^{6} a_i V_i, \tag{6.1.6}$$

其中 $a_i$ 是需要确定的常系数. 其次, 将式 (6.1.6) 同时作用于 $t = 0$ 和 $u(x, 0) - 1 = 0$, 得到 $\Upsilon(t - 0)|_{t=0} = 0, \Upsilon(u - 1)|_{u(x,0)=1} = 0$, 即

$$(a_1 V_1(t) + a_2 V_2(t) + a_3 V_3(t) + a_4 V_4(t) + a_5 V_5(t) + a_6 V_6(t))|_{t=0} = 0,$$

$$(a_1 V_1(u - 1) + a_2 V_2(u - 1) + a_3 V_3(u - 1) + a_4 V_4(u - 1)$$

$$+ a_5 V_5(u - 1) + a_6 V_6(u - 1))|_{u(x,\, 0)=1} = 0. \tag{6.1.7}$$

由方程组 (6.1.7) 的第一个方程可得

$$\gamma a_1 + a_5 - a_6 = 0, \tag{6.1.8}$$

由方程组 (6.1.7) 的第二个方程可得

$$((2\lambda - \gamma)a_5 + (2\lambda + \gamma)a_6)x^2 + \left(2(2\lambda - \gamma)a_3 + \frac{K(2\lambda - \gamma)^2 a_5}{\gamma^2} + 2(2\lambda + \gamma)a_4 \right.$$

$$\left. + \frac{K(2\lambda + \gamma)^2 a_6}{\gamma^2}\right) x + \sigma^2 a_2 - \frac{2K(2\lambda - \gamma)a_3}{\gamma} + \frac{2K(2\lambda + \gamma)a_4}{\gamma} + \alpha a_5 - \beta a_6 = 0,$$

$$\tag{6.1.9}$$

其中

$$\alpha = \frac{\sigma^2(2\lambda - \gamma)}{4\gamma} - \frac{K^2(2\lambda - \gamma)^2}{2\gamma^3}, \quad \beta = \frac{\sigma^2(2\lambda + \gamma)}{4\gamma} - \frac{K^2(2\lambda + \gamma)^2}{2\gamma^3}.$$

假设 $u(x, t)$ 是既满足方程 (6.1.3) 又满足初值条件 (6.1.4) 的解. 因此, 对于任意 $x$, 方程 (6.1.9) 始终成立. 于是令

$$(2\lambda - \gamma)a_5 + (2\lambda + \gamma)a_6 = 0,$$

$$2(2\lambda - \gamma)a_3 + \frac{K(2\lambda - \gamma)^2 a_5}{\gamma^2} + 2(2\lambda + \gamma)a_4 + \frac{K(2\lambda + \gamma)^2 a_6}{\gamma^2} = 0,$$

$$\sigma^2 a_2 - \frac{2K(2\lambda - \gamma)a_3}{\gamma} + \frac{2K(2\lambda + \gamma)a_4}{\gamma} + \alpha a_5 - \beta a_6 = 0.$$

结合式 (6.1.8), 求解上述方程组, 得到

$$a_1 = \frac{4\lambda a_6}{(2\lambda - \gamma)\gamma},$$

$$a_2 = \frac{2\lambda + \gamma}{\gamma\sigma^2}\left(\frac{-4K^2(\lambda + \gamma) + \gamma^2\sigma^2}{2\gamma^2}a_6 - 4Ka_4\right), \tag{6.1.10}$$

$$a_3 = -\frac{(2\lambda + \gamma)(\gamma a_4 + K a_6)}{(2\lambda - \gamma)\gamma}, \quad a_5 = -\frac{2\lambda + \gamma}{2\lambda - \gamma}a_6.$$

将式 (6.1.10) 代入式 (6.1.6) 中并化简, 可得

$$
\begin{aligned}
\Upsilon =& \frac{4\lambda a_6}{(2\lambda - \gamma)\gamma}V_1 + \frac{2\lambda + \gamma}{\gamma\sigma^2}\left(\frac{-4K^2(\lambda + \gamma) + \gamma^2\sigma^2}{2\gamma^2}a_6 - 4Ka_4\right)V_2 \\
&- \frac{(2\lambda + \gamma)(\gamma a_4 + Ka_6)}{(2\lambda - \gamma)\gamma}V_3 + a_4 V_4 - \frac{2\lambda + \gamma}{2\lambda - \gamma}a_6 V_5 + a_6 V_6 \\
=& \frac{4\lambda a_6}{(2\lambda - \gamma)\gamma}V_1 + \frac{2\lambda + \gamma}{\gamma\sigma^2}\frac{-4K^2(\lambda + \gamma) + \gamma^2\sigma^2}{2\gamma^2}a_6 V_2 - 4K\frac{2\lambda + \gamma}{\gamma\sigma^2}a_4 V_2 \\
&- \frac{(2\lambda + \gamma)\gamma a_4}{(2\lambda - \gamma)\gamma}V_3 - \frac{(2\lambda + \gamma)Ka_6}{(2\lambda - \gamma)\gamma}V_3 + a_4 V_4 - \frac{2\lambda + \gamma}{2\lambda - \gamma}a_6 V_5 + a_6 V_6 \\
=& \left(-4K\frac{2\lambda + \gamma}{\gamma\sigma^2}V_2 - \frac{(2\lambda + \gamma)\gamma}{(2\lambda - \gamma)\gamma}V_3 + V_4\right)a_4 \\
&+ \left(\frac{4\lambda}{(2\lambda - \gamma)\gamma}V_1 + \frac{2\lambda + \gamma}{\gamma\sigma^2}\frac{-4K^2(\lambda + \gamma) + \gamma^2\sigma^2}{2\gamma^2}V_2\right. \\
&\left. - \frac{(2\lambda + \gamma)K}{(2\lambda - \gamma)\gamma}V_3 - \frac{2\lambda + \gamma}{2\lambda - \gamma}V_5 + V_6\right)a_6 \\
=& a_4\widehat{V}_1 + a_6\widehat{V}_2,
\end{aligned}
\tag{6.1.11}
$$

其中

$$
\widehat{V}_1 = \mathrm{e}^{-\gamma t/2}\left(\theta_1(t)\frac{\partial}{\partial x} - \theta_2(x,t)u\frac{\partial}{\partial u}\right),
$$

$$
\widehat{V}_2 = \mathrm{e}^{-\gamma t}\left(\theta_3(x,t)\frac{\partial}{\partial x} + \theta_4(t)\frac{\partial}{\partial t} + u\theta_5(x,t)\frac{\partial}{\partial u}\right),
$$

并且

$$
\theta_1(t) = \frac{2\lambda(\mathrm{e}^{\gamma t} - 1) + \gamma(\mathrm{e}^{\gamma t} + 1)}{\gamma - 2\lambda},
$$

$$
\theta_2(x,t) = \frac{4\lambda + 2\gamma}{\gamma\sigma^2}(\gamma(\mathrm{e}^{\gamma t} - 1)x - K(\mathrm{e}^{\gamma t/2} - 1)^2),
$$

$$
\theta_3(x,t) = \frac{K(2\lambda + \gamma)\mathrm{e}^{3\gamma t/2}}{\gamma(2\lambda - \gamma)} + \frac{2K\lambda + \gamma^2 x}{2\gamma^2}\left(\frac{(2\lambda + \gamma)\mathrm{e}^{2\gamma t}}{2\lambda - \gamma} - 1\right),
$$

$$
\theta_4(t) = \frac{(\mathrm{e}^{\gamma t} - 1)(2\lambda(\mathrm{e}^{\gamma t} - 1) + \gamma(\mathrm{e}^{\gamma t} + 1))}{\gamma(2\lambda - \gamma)},
$$

$$
\begin{aligned}
\theta_5(x,t) =& \frac{2K^2(2\lambda + \gamma)}{4\gamma^3\sigma^2}\left(\gamma(2(\mathrm{e}^{\gamma t} - 1) + (\mathrm{e}^{\gamma t} + 1)^2) - 2\lambda(\mathrm{e}^{\gamma t} - 1)^2 + \frac{\gamma^2\sigma^2}{2K^2}(\mathrm{e}^{\gamma t} - 1)^2\right) \\
&+ \frac{2K(2\lambda + \gamma)(\gamma x - K)\mathrm{e}^{3\gamma t/2}}{\gamma^2\sigma^2} + \frac{K(2\lambda + \gamma)}{\gamma^2\sigma^2}(2\lambda(\mathrm{e}^{2\gamma t} - 1) - \gamma(\mathrm{e}^{2\gamma t} + 1))x \\
&+ \frac{(2\lambda + \gamma)(\mathrm{e}^{2\gamma t} - 1)x^2}{\sigma^2}.
\end{aligned}
$$

由式 (6.1.11) 可知, 简化后的式 (6.1.6) 中仅含有两个常数 $a_4, a_6$. 因此, 方程 (6.1.3) 和初始条件 (6.1.4) 的无穷小生成元为 $\widehat{V}_1, \widehat{V}_2$.

由李括号定义可得 $[\widehat{V}_1, \widehat{V}_2] = \widehat{V}_1 \gamma / (2\lambda - \gamma)$. 根据第 1 章李代数的有关性质可知, $\{\widehat{V}_1\}$ 是二维李代数 $L_2 = \{\widehat{V}_1, \widehat{V}_2\}$ 的理想. 因此, 只需要利用无穷小生成元 $\widehat{V}_1$ 来寻找既满足方程 (6.1.3) 又满足初始条件 (6.1.4) 的不变解. 由无穷小生成元 $\widehat{V}_1$ 可知, 相应的特征方程为

$$\frac{\mathrm{d}t}{0} = \frac{\mathrm{d}x}{\mathrm{e}^{-\gamma t/2}\theta_1(t)} = \frac{\mathrm{d}u}{-\mathrm{e}^{-\gamma t/2}\theta_2(x,t)u}.$$

求解此特征方程, 得到方程 (6.1.3) 的不变解为

$$u(x,t) = \varphi(t)\exp\left(\frac{2x(2K(\mathrm{e}^{\gamma t2}-1)^2 - \gamma(\mathrm{e}^{\gamma t}-1)x)}{\gamma\psi(t)}\right), \tag{6.1.12}$$

其中 $t$ 是不变量, 以及

$$\psi(t) = 2\lambda(\mathrm{e}^{\gamma t}-1) + \gamma(\mathrm{e}^{\gamma t}+1). \tag{6.1.13}$$

将不变解 (6.1.12) 代入方程 (6.1.3) 中, 方程 (6.1.3) 可以约化为如下一阶线性常微分方程

$$\varphi(t)(2(\mathrm{e}^{\gamma t/2}-1)^2 K^2\psi^2(t/2) + (\mathrm{e}^{\gamma t}-1)\gamma^2\sigma^2\psi(t)) + 2\gamma^2\psi^2(t)\varphi'(t) = 0,$$

求解上述方程, 可以得到

$$\varphi(t) = \frac{C_0}{\sqrt{\psi(t)}}\exp\left(\left(\frac{2\lambda+\gamma}{4} - \frac{K^2}{\gamma^2}\right)t - \frac{4K^2(\gamma(\gamma-4\lambda)+4\lambda\psi(t/2))}{\gamma^3(2\lambda+\gamma)\psi(t)}\right), \tag{6.1.14}$$

其中 $C_0$ 是任意常数. 进一步, 利用初始条件 (6.1.4), 可以得到 $C_0$ 的值为

$$C_0 = \sqrt{2\gamma}\exp\left(\frac{2K^2(4\lambda+\gamma)}{\gamma^3(2\lambda+\gamma)}\right). \tag{6.1.15}$$

因此, 由不变解 (6.1.12)、式 (6.1.14) 和式 (6.1.15) 构成了既满足方程 (6.1.3) 又满足初始条件 (6.1.4) 的不变解.

最后, 将不变解中的 $x$ 用 $\sqrt{r}$ 替换, 可以得到满足方程 (6.1.1) 和初始条件 (6.1.2) 的精确解为

$$u(r,t) = \varphi(t)\exp\left(\frac{2\sqrt{r}(2K(\mathrm{e}^{\gamma t/2}-1)^2 - \gamma(\mathrm{e}^{\gamma t}-1)\sqrt{r})}{\gamma\psi(t)}\right),$$

其中

$$\varphi(t) = \sqrt{\frac{2\gamma}{\psi(t)}}\exp\left(\left(\frac{2\lambda+\gamma}{4} - \frac{K^2}{\gamma^2}\right)t\right.$$

$$+\frac{2K^2}{\gamma^3\psi(t)}\left(2\lambda(e^{\gamma t/2}-1)^2+(e^{\gamma t/2}-1)\psi(t/2)\right),$$

并且 $\psi(t)$ 由 (6.1.13) 确定.

## 6.2 Novikov 方程基于不变解的单尖峰孤子解

Camassa-Holm 方程[34]最显著的特点是存在一类尖峰孤子解. 尖峰意味着解在某个点处的左导数和右导数不一致. 一般来说, 尖峰以非常复杂的方式相互作用. 具有类似特点的方程还有 Novikov 方程[62], 其形式为

$$u_t-u_{xxt}=-4u^2u_x+3uu_xu_{xx}+u^2u_{xxx}. \tag{6.2.1}$$

该方程是 Camassa-Holm 方程的推广.

微分方程的解在单参数李变换群下能够被映为它的另一个解. 因此, 可以利用方程的已知解, 并借助不变解来获得方程的新解. 本节将对 Novikov 方程进行李群分析, 并利用单尖峰孤子解得到 Novikov 方程的新解, 同时讨论该新解的性质.

### 6.2.1 方程的李群分析

假设方程 (6.2.1) 接受如下单参数李变换群

$$t^*=t+\varepsilon\tau(x,t,u)+O(\varepsilon^2),$$
$$x^*=x+\varepsilon\xi(x,t,u)+O(\varepsilon^2),$$
$$u^*=u+\varepsilon\eta(x,t,u)+O(\varepsilon^2).$$

相应的无穷小生成元为

$$V=\tau(x,t,u)\frac{\partial}{\partial t}+\xi(x,t,u)\frac{\partial}{\partial x}+\eta(x,t,u)\frac{\partial}{\partial u}.$$

借助 Maple, 可以求得方程 (6.2.1) 的无穷小生成元为

$$V_1=-\frac{\partial}{\partial x}, \quad V_2=-\frac{\partial}{\partial t}, \quad V_3=t\frac{\partial}{\partial t}-\frac{u}{2}\frac{\partial}{\partial u},$$
$$V_4=-e^{2x}\frac{\partial}{\partial x}-e^{2x}u\frac{\partial}{\partial u}, \quad V_5=e^{-2x}\frac{\partial}{\partial x}-e^{-2x}u\frac{\partial}{\partial u}.$$

根据李第一基本定理可知, 如果已知无穷小生成元就能求出相应的单参数李变换群. 下面以无穷小生成元 $V_4$ 为例, 介绍相应的单参数李变换群的求解过程. 由

$V_4$ 可知, 相应的李方程组为

$$\begin{cases} \dfrac{\mathrm{d}t^*}{\mathrm{d}\varepsilon} = 0, & t^*|_{\varepsilon=0} = t, \\[2mm] \dfrac{\mathrm{d}x^*}{\mathrm{d}\varepsilon} = -\mathrm{e}^{2x^*}, & x^*|_{\varepsilon=0} = x, \\[2mm] \dfrac{\mathrm{d}u^*}{\mathrm{d}\varepsilon} = -\mathrm{e}^{2x^*}u^*, & u^*|_{\varepsilon=0} = u. \end{cases} \tag{6.2.2}$$

由李方程组 (6.2.2) 的第一个方程, 可得 $t^* = t$. 由李方程组 (6.2.2) 的第二个方程, 可得 $x^* = -\ln(\mathrm{e}^{-2x} + 2\varepsilon)/2$. 由李方程组 (6.2.2) 的第二个方程和第三个方程, 有 $\dfrac{\mathrm{d}u^*}{\mathrm{d}x^*} = u^*$, 经计算得到 $\ln u^* = x^* + C_0$, 其中 $C_0$ 是积分常数. 根据初始条件, 可得积分常数 $C_0 = \ln u - x$. 因此有 $\ln u^* = x^* + \ln u - x$. 将 $x^* = -\ln(\mathrm{e}^{-2x} + 2\varepsilon)/2$ 代入上式并化简, 得到 $u^* = u(1 + 2\varepsilon\mathrm{e}^{2x})^{-1/2}$. 从而可以得到 $V_4$ 的单参数李变换群为

$$t^* = t, \quad x^* = -\frac{1}{2}\ln(\mathrm{e}^{-2x} + 2\varepsilon), \quad u^* = u(1 + 2\varepsilon\mathrm{e}^{2x})^{-\frac{1}{2}}, \tag{6.2.3}$$

其中 $\varepsilon$ 是参数.

同理, 可以得到 $V_1, V_2, V_3, V_5$ 的单参数李变换群分别为

$$t^* = t, \quad x^* = x - \varepsilon, \quad u^* = u;$$

$$t^* = t - \varepsilon, \quad x^* = x, \quad u^* = u;$$

$$t^* = t\mathrm{e}^\varepsilon, \quad x^* = x, \quad u^* = u\mathrm{e}^{-\frac{\varepsilon}{2}};$$

$$t^* = t, \quad x^* = \frac{1}{2}\ln(\mathrm{e}^{2x} + 2\varepsilon), \quad u^* = u(1 + 2\varepsilon\mathrm{e}^{-2x})^{-\frac{1}{2}},$$

其中 $\varepsilon$ 是参数.

**注 6.2.1**　无穷小生成元 $V_1, V_2$ 分别是空间和时间上的平移变换, $V_3$ 是尺度变换.

如果 $u = f(x,t)$ 是方程 (6.2.1) 的解, 那么 $u^* = f(x^*, t^*)$ 也是方程 (6.2.1) 的解, 其中 $t^*, x^*, u^*$ 满足单参数李变换群. 于是, 由单参数李变换群 (6.2.3), 可以得到方程 (6.2.1) 的新解为

$$u = u^*\sqrt{1 + 2\varepsilon\mathrm{e}^{2x}} = \sqrt{1 + 2\varepsilon\mathrm{e}^{2x}}f(x^*, t^*) = \sqrt{1 + 2\varepsilon\mathrm{e}^{2x}}f\left(-\frac{1}{2}\ln(\mathrm{e}^{-2x} + 2\varepsilon), t\right).$$

从而得到方程 (6.2.1) 含有参数 $\varepsilon$ 的新解.

同理, 也可以得到方程 (6.2.1) 在 $V_1, V_2, V_3, V_5$ 下的新解. 因此, 有如下定理成立.

**定理 6.2.1**   如果 $u = f(x,t)$ 是方程 (6.2.1) 的解, 那么方程 (6.2.1) 在无穷小生成元 $V_i(i = 1, 2, \cdots, 5)$ 下的新解分别为

$$u_1 = f(x - \varepsilon, t), \quad u_2 = f(x, t - \varepsilon), \quad u_3 = \mathrm{e}^{\varepsilon/2} f(x, t\mathrm{e}^\varepsilon),$$

$$u_4 = \sqrt{1 + 2\varepsilon \mathrm{e}^{2x}} f\left(-\frac{1}{2}\ln(\mathrm{e}^{2x} + 2\varepsilon), t\right),$$

$$u_5 = \sqrt{1 + 2\varepsilon \mathrm{e}^{-2x}} f\left(\frac{1}{2}\ln(\mathrm{e}^{2x} + 2\varepsilon), t\right),$$

其中 $\varepsilon$ 是参数.

### 6.2.2   单尖峰孤子解

基于定理 6.2.1 所得到的含有参数 $\varepsilon$ 的新解, 本节将讨论方程 (6.2.1) 的单尖峰孤子解的性质. 假设方程 (6.2.1) 有如下形式的单尖峰孤子解

$$u(x,t) = c\exp\left(-\left|x - c^2 t\right|\right), \tag{6.2.4}$$

这是一个向右移动的尖峰, 其恒定速度 $c$ 等于尖峰高度的平方. 但是单尖峰孤子解 (6.2.4) 不是光滑的. 因此, 还需要进一步检验基于定理 6.2.1 所得到的方程 (6.2.1) 新的单尖峰孤子解是否为有效弱解.

在平移变换 $V_1, V_2$ 和尺度变换 $V_3$ 相应的李变换群下, 可以得到平移单尖峰孤子解和尺度孤子解, 但本质上并没有得到新解. 因此, 在 $V_4$ 和 $V_5$ 下讨论方程 (6.2.1) 的新解会更有意义. 由单尖峰孤子解 (6.2.4) 和定理 6.2.1, 可得在 $V_4$ 下方程 (6.2.1) 的新解为

$$u_4(x,t) = \sqrt{1 + 2\varepsilon \mathrm{e}^{2x}}\, u^* = \sqrt{1 + 2\varepsilon \mathrm{e}^{2x}}\, c\exp\left(-\left|x^* - c^2 t^*\right|\right)$$

$$= \sqrt{1 + 2\varepsilon \mathrm{e}^{2x}}\, c\exp\left(-\left|\frac{1}{2}\ln(\mathrm{e}^{-2x} + 2\varepsilon) + c^2 t\right|\right).$$

同理可得, 在 $V_5$ 下方程 (6.2.1) 的新解为

$$u_5(x,t) = c\sqrt{1 + 2\varepsilon \mathrm{e}^{-2x}}\exp\left(-\left|\frac{1}{2}\ln(\mathrm{e}^{2x} + 2\varepsilon) - c^2 t\right|\right), \tag{6.2.5}$$

当 $|x| \to \infty$ 时, $u_4(x,t), u_5(x,t)$ 并不趋于零.

这里将着重分析单尖峰孤子解 $u_5(x,t)$ 的有关性质, 即有如下定理成立.

**定理 6.2.2**   形如 (6.2.5) 的单尖峰孤子解 $u_5(x,t)$ 具有如下性质: 当 $t < t_0 = \ln(2\varepsilon)/2c^2$ 时, $u_5(x,t)$ 是光滑的; 当 $t = t_0$ 时, 在 $x = -\infty$ 处, 产生一个尖峰孤子解; 当 $t > t_0$ 时, $u_5(x,t)$ 是弱解.

**证**　首先分析单尖峰孤子解 (6.2.5) 中绝对值内的表达式. 显然, 这个表达式关于 $x$ 是单调递增的, 且存在唯一的根 $x = \ln(\mathrm{e}^{2c^2 t} - 2\varepsilon)/2$, 其中 $\mathrm{e}^{2c^2 t} - 2\varepsilon > 0$, 即 $t > \ln(2\varepsilon)/2c^2$. 令 $t_0 = \ln(2\varepsilon)/2c^2$, $B(t) = \ln(\mathrm{e}^{2c^2 t} - 2\varepsilon)/2$. 因此, 当固定时间 $t > t_0$ 时, 存在唯一的 $x = B(t)$, 使得单尖峰孤子解 (6.2.5) 中绝对值内的表达式改变正负. 根据 (6.2.5) 中绝对值内的表达式的性质, 继续讨论单尖峰孤子解 (6.2.5) 的性质.

当 $t \leqslant t_0$ 时, 单尖峰孤子解 (6.2.5) 可以转化为

$$u_5(x,t) = c\sqrt{1 + 2\varepsilon \mathrm{e}^{-2x}} \exp\left(-\frac{1}{2}\ln(\mathrm{e}^{2x} + 2\varepsilon) + c^2 t\right)$$

$$= c\frac{\sqrt{1 + 2\varepsilon \mathrm{e}^{-2x}}}{\sqrt{\mathrm{e}^{2x} + 2\varepsilon}} \mathrm{e}^{c^2 t} = c\exp(-x + c^2 t).$$

于是有: 当 $t < t_0 = \ln(2\varepsilon)/2c^2$ 时, $u_5(x,t)$ 是光滑的, 就是通常意义上说的 Novikov 方程的解; 但是当 $t = t_0$ 时, 在 $x = -\infty$ 处会产生一个尖峰孤子解, 这是因为对于每一个 $t > t_0$ 的值都存在一个点, 使得左右导数不相等. 在产生尖峰孤子解之后, 尖峰会从左侧快速移动.

当 $t > t_0$ 时, 单尖峰孤子解 (6.2.5) 中绝对值内的表达式的正负与 $B(t)$ 有关, 则有

$$u_5(x,t) = \begin{cases} c\exp(-x + c^2 t), & x \geqslant B(t), \\ c(\mathrm{e}^x + 2\varepsilon \mathrm{e}^{-x})\mathrm{e}^{-c^2 t}, & x < B(t). \end{cases} \tag{6.2.6}$$

为了检验函数在时间 $t_0$ 之后仍然是弱解, 需要证明

$$\left\langle (1 - \partial_x^2)u_t + (4 - \partial_x^2)\partial_x\left(\frac{1}{3}u^3\right) + \partial_x\left(\frac{3}{2}uu_x^2\right) + \frac{1}{2}u_x^3, \phi \right\rangle = 0$$

对任意关于 $x$ 的 $\mathbf{C}_0^\infty$ 测试函数 $\phi(x)$ 成立, 其中 $\langle\,\cdot\,,\,\cdot\,\rangle$ 表示作用于测试函数 $\phi(x)$. 根据分布导数的定义, 则有

$$\langle u_t, (1 - \partial_x^2)\phi \rangle + \left\langle \frac{1}{3}u^3, \partial_x(\partial_x^2 - 4)\phi \right\rangle + \left\langle \frac{3}{2}uu_x^2, -\partial_x\phi \right\rangle + \left\langle \frac{1}{2}u_x^3, \phi \right\rangle = 0. \tag{6.2.7}$$

为了后面表示方便, 将式 (6.2.6) 中 $x \geqslant B(t)$ 时的表达式用 $u^+$ 表示, $x < B(t)$ 时的表达式用 $u^-$ 表示.

由于单尖峰孤子解 $u_5(x,t)$ 在所有点处都连续, 且 $u_x, u_t$ 是分段连续函数, 所以式 (6.2.7) 的左边可以写成

$$\int_B^{+\infty} u_t^+(\phi - \phi_{xx})\mathrm{d}x + \int_{-\infty}^B u_t^-(\phi - \phi_{xx})\mathrm{d}x + \int_B^{+\infty} \frac{1}{3}(u^+)^3(\phi_{xxx} - 4\phi_x)\mathrm{d}x$$

$$+ \int_{-\infty}^{B} \frac{1}{3}(u^-)^3(\phi_{xxx} - 4\phi_x)\mathrm{d}x + \int_{B}^{+\infty} \frac{3}{2}u^+(u_x^+)^2(-\phi_x)\mathrm{d}x$$

$$+ \int_{-\infty}^{B} \frac{3}{2}u^-(u_x^-)^2(-\phi_x)\mathrm{d}x + \int_{B}^{+\infty} \frac{1}{2}(u_x^+)^3\phi\mathrm{d}x + \int_{-\infty}^{B} \frac{1}{2}(u_x^-)^3\phi\mathrm{d}x.$$

对上式进行分部积分, 由于在每个区间上, 单尖峰孤子解 $u_5(x,t)$ 是 Novikov 方程的强解, 所以积分组合为零. 再次对具有紧支集的测试函数进行积分, 得到无穷大处的边界值都为零, 同时也能得到在 $B$ 处的边界值为

$$U_1(B)\phi(B) + U_2(B)\phi_x(B) + U_3(B)\phi_{xx}(B),$$

其中采用简化记号 $F(B) = F(B,t)$ 则

$$U_1(B) = (u_t^-)_x(B) - (u_t^+)_x(B) + \frac{1}{3}((u^-)^3)_{xx}(B) - \frac{1}{3}((u^+)^3)_{xx}(B)$$

$$+ \frac{3}{2}u^+(B)(u_x^+(B))^2 - \frac{3}{2}u^-(B)(u_x^-(B))^2 + \frac{4}{3}(u^+)^3(B) - \frac{4}{3}(u^-)^3(B),$$

$$U_2(B) = u_t^+(B) - u_t^-(B) + \frac{1}{3}((u^+)^3)_x(B) - \frac{1}{3}((u^-)^3)_x(B),$$

$$U_3(B) = \frac{1}{3}((u^-)^3)(B) - \frac{1}{3}((u^+)^3)(B).$$

根据单尖峰孤子解 $u_5(x,t)$ 的连续性, 得到 $u^+(B) = u^-(B)$, 这也意味着 $U_3(B) = 0$. 同理可得, $U_1(B) = 0, U_2(B) = 0$. 证毕.

类似地, 对于单尖峰孤子解 $u_4(x,t)$ 仅通过修改上面证明过程中的参数, 就可以推出单尖峰孤子解 $u_4(x,t)$ 也有一个尖峰. 但是在某个 (有限) 时间之前, 尖峰的位置会变为 $+\infty$. 同时也可以检验单尖峰孤子解 $u_4(x,t)$ 是一个弱解, 直到峰值被破坏之后它成为 Novikov 方程的正则解.

此外, 还可以将 $V_4$ 和 $V_5$ 相应的变换进行组合, 得到如下单尖峰孤子解

$$\tilde{u} = c\sqrt{1 + 2\delta\mathrm{e}^{2x}}\sqrt{1 + 2\varepsilon(\mathrm{e}^{-2x} + 2\delta)}\exp\left(-\left|\frac{1}{2}\ln\left(\frac{1}{\mathrm{e}^{-2x} + 2\delta} + 2\varepsilon\right) - c^2 t\right|\right),$$

其中单尖峰孤子解 $u_5(x,t)$ 中的参数为 $\varepsilon$, 单尖峰孤子解 $u_4(x,t)$ 中的参数为 $\delta$. 从上式可以看出, 这个函数有一个峰值, 在有限的时间内产生和破坏. 峰值存在的区间为

$$t \in \left(\frac{1}{2c^2}\ln(2\varepsilon), \frac{1}{2c^2}\ln\left(2\varepsilon + \frac{1}{2\delta}\right)\right).$$

在这个区间之外, $\tilde{u}$ 是关于 $x$ 的光滑函数, 并且是一个正则解. 要找到峰值在给定时间 $t_1$ 和 $t_2$ 之间的函数, 可选择 $\varepsilon = \mathrm{e}^{2c^2 t_1}/2$, $\delta = 1/(2\mathrm{e}^{2c^2 t_2} - 2\mathrm{e}^{2c^2 t_1})$, 其中 $t_1 < t_2$.

## 6.3　分数阶微分–积分方程的李群分析

分数阶微分–积分方程在数学物理、生物数学和经济数学等交叉学科中有着广泛的应用. 本节将考虑如下分数阶微分–积分方程

$$D_x^\alpha y(x) = F(x, y(x), T(y(x))), \quad 0 < \alpha < 1, \tag{6.3.1}$$

其中

$$T(y(x)) = \int_\Omega f(x, t, y(t)) \mathrm{d}t, \tag{6.3.2}$$

并且 $D_x^\alpha y(x)$ 是 Riemann-Liouville 左分数阶导数, $f$ 和 $F$ 是足够光滑函数, $\Omega$ 是 $\mathbf{R}$ 的子集.

### 6.3.1　不变性准则

假设方程 (6.3.1) 接受如下单参数李变换群

$$\begin{aligned}
\tilde{x} &= x + \varepsilon \xi(x, y) + O(\varepsilon^2), \\
\tilde{y} &= y + \varepsilon \eta(x, y) + O(\varepsilon^2).
\end{aligned} \tag{6.3.3}$$

相应的无穷小生成元为

$$V = \xi(x, y) \frac{\partial}{\partial x} + \eta(x, y) \frac{\partial}{\partial y}. \tag{6.3.4}$$

同时, 假设式 (6.3.2) 中关于积分变量 $t$ 的单参数李变换群为

$$\tilde{t} = t + \varepsilon \xi(t, y(t)) + O(\varepsilon^2). \tag{6.3.5}$$

根据分数阶导数的定义可知, 积分下限是固定的. 因此, $x = 0$ 在 (6.3.3) 下是不变的, 即 $\xi(x, y(x))|_{x=0} = 0$.

**定义 6.3.1**　方程 (6.3.1) 在单参数李变换群 (6.3.3) 和 (6.3.5) 的作用下, 若有

$$D_{\tilde{x}}^\alpha \tilde{y}(\tilde{x}) = F(\tilde{x}, \tilde{y}(\tilde{x}), \tilde{T}(\tilde{y}(\tilde{x}))), \tag{6.3.6}$$

其中 $\tilde{T}(\tilde{y}(\tilde{x})) = \int_{\tilde{\Omega}} f(\tilde{x}, \tilde{t}, \tilde{y}(\tilde{x})) \mathrm{d}\tilde{t}$, 则称方程 (6.3.1) 在单参数李变换群 (6.3.3) 下是不变的. 在式 (6.3.6) 中, $\tilde{\Omega}$ 是 $\Omega$ 通过式 (6.3.5) 给出的变换 $t \to \tilde{t}$ 下的像.

由于方程 (6.3.1) 中有分数阶导数和积分, 所以需要考虑分数阶导数 $D_x^\alpha y(x)$ 以及积分 $T(y(x))$ 的延拓表达式. 假设分数阶导数的无穷小变换为

$$D_{\tilde{x}}^\alpha \tilde{y}(\tilde{x}) = D_x^\alpha y(x) + \varepsilon \eta_\alpha^0(x, y) + O(\varepsilon^2), \tag{6.3.7}$$

根据 3.2 节可知, 无穷小变换 (6.3.7) 中的无穷小 $\eta_\alpha^0$ 为

$$\eta_\alpha^0 = D_x^\alpha \eta + D_x^\alpha(D_x(\xi)y) + \xi D_x^{\alpha+1}y - D_x^{\alpha+1}(\xi y),$$

即

$$
\begin{aligned}
\eta_\alpha^0 =& \frac{\partial^\alpha \eta}{\partial x^\alpha} - y\frac{\partial^\alpha(\eta_y)}{\partial x^\alpha} + (\eta_y - \alpha\xi_x)D_x^\alpha y + \alpha(\eta_{xy} + y'\eta_{yy})D_x^{\alpha-1}y \\
&+ \sum_{n=2}^{+\infty}\binom{\alpha}{n}D_x^{\alpha-n}yD_x^n(\eta_y) - \alpha y'\xi_y D_x^\alpha y - \frac{\alpha(\alpha-1)}{2} \\
&\times D_x^{\alpha-1}y(\xi_{yy}(y')^2 + 2\xi_{xy}y' + y''\xi_y + \xi_{xx}) \\
&+ \sum_{n=2}^{+\infty}\left(\binom{\alpha}{n} - \binom{\alpha+1}{n+1}\right) \\
&\times D_x^{\alpha-n}y\left(\frac{\partial^{n+1}\xi}{\partial x^{n+1}} + \sum_{m=1}^{n+1}\binom{n+1}{m}y^{(m)}\frac{\partial^{n-m+1}\xi_y}{\partial x^{n-m+1}} + \nu_n\right) + \mu,
\end{aligned}
$$

其中

$$
\begin{aligned}
D_x(\eta_y) =& \eta_{xy} + y'\eta_{yy}, \\
D_x^n(\eta_y) =& \frac{\partial^n\eta_y}{\partial x^n} + \sum_{m=1}^n\binom{n}{m}y^{(m)}\frac{\partial^{n-m}\xi_y}{\partial x^{n-m}} + \omega_n, \quad n = 2,3,\cdots, \\
\nu_n =& \sum_{i=2}^{+\infty}\sum_{j=2}^i\sum_{k=2}^j\sum_{r=0}^{k-1}\binom{n+1}{i}\binom{i}{j}\binom{k}{r} \\
&\times \frac{1}{k!}\frac{x^{i-n+1}}{\Gamma(i+1-\alpha)}(-y)^r\frac{\mathrm{d}^j(y^{k-r})}{\mathrm{d}x^j}\frac{\partial^{i-j+k}\eta(x,y)}{\partial x^{i-j}\partial y^k}, \\
\omega_n =& \sum_{i=2}^{+\infty}\sum_{j=2}^i\sum_{k=2}^j\sum_{r=0}^{k-1}\binom{n}{i}\binom{i}{j}\binom{k}{r} \\
&\times \frac{1}{k!}\frac{x^{i-n}}{\Gamma(i+1-n)}(-y)^r\frac{\mathrm{d}^j(y^{k-r})}{\mathrm{d}x^j}\frac{\partial^{i-j+k}\eta_y}{\partial x^{i-j}\partial y^k}, \quad n = 2,3,\cdots.
\end{aligned}
$$

接下来, 分析积分 $T(y(x))$ 的延拓表达式. 对单参数李变换群 (6.3.5) 关于 $t$ 求导可得

$$(\tilde{t})' = 1 + \varepsilon D_t\xi(t, y(t)) + O(\varepsilon^2), \tag{6.3.8}$$

并将 $(\tilde{t})'$ 记作 $J(t)$. 改变式 (6.3.6) 中的积分变量, 可以得到

$$\tilde{T}(\tilde{y}(\tilde{x})) = \int_\Omega f(\tilde{x}, \tilde{t}, \tilde{y}(\tilde{t}))J(t)\mathrm{d}t. \tag{6.3.9}$$

根据式 (6.3.8) 和 Taylor 公式, 有

$$f(\tilde{x},\tilde{t},\tilde{y}(\tilde{t})) = f(x,t,y(t)) + \varepsilon Q_m(f(x,t,y(t))) + O(\varepsilon^2),$$

其中

$$Q_m = \xi(x,y(x))\frac{\partial}{\partial x} + \xi(t,y(t))\frac{\partial}{\partial t} + \eta(t,y(t))\frac{\partial}{\partial y(t)}.$$

于是, 式 (6.3.9) 可以写成

$$\tilde{T}(\tilde{y}(\tilde{x})) = T(y(x)) + \varepsilon P_T(y(x)) + O(\varepsilon^2), \tag{6.3.10}$$

其中非线性算子 $P_T(y)$ 定义为

$$P_T(y) = \int_\Omega (Q_m + D_t\xi(t,y(t)))f(x,t,y(t))\mathrm{d}t.$$

根据无穷小生成元 (6.3.4)、无穷小变换 (6.3.7) 和式 (6.3.10), 可以得到方程 (6.3.1) 的延拓的无穷小生成元为

$$\mathrm{Pr}^{T,\alpha}V = V + \eta_\alpha^0\frac{\partial}{\partial(D_x^\alpha y)} + P_T(y)\frac{\partial}{\partial(T(y))}, \tag{6.3.11}$$

其中无穷小生成元 $V$ 由 (6.3.4) 所确定.

类似于整数阶李群方法的不变性准则, 将延拓的无穷小生成元 (6.3.11) 作用于方程 (6.3.1), 可以得到不变性准则

$$\mathrm{Pr}^{T,\alpha}V(\Delta)|_{\Delta=0} = 0, \tag{6.3.12}$$

其中 $\Delta = D_x^\alpha y(x) - F(x,y(x),T(y(x)))$.

接下来, 将对 $F(x,y(x),T(y(x))) = f(x,y(x)) + T(y(x))$ 时的情况进行李群分析. 此时, 相应的分数阶微分–积分方程为

$$\Delta_1 = D_0^\alpha y(x) - f(x,y(x)) - T(y(x)) = 0, \tag{6.3.13}$$

其中

$$T(y(x)) = \int_0^x K(x,t)y(t)\mathrm{d}t. \tag{6.3.14}$$

在方程 (6.3.13) 和式 (6.3.14) 中, $K(x,t)$ 和 $f(x,y(x))$ 分别称为核函数和自由项.

## 6.3.2 无穷小生成元

由不变性准则 (6.3.12) 和方程 (6.3.13), 可以得到

$$\mathrm{Pr}^{T,\alpha}V(\Delta_1)|_{\Delta_1=0} = \eta_\alpha^0 - P_T(y) - f_x\xi - f_y\eta = 0, \tag{6.3.15}$$

其中

$$P_T(y) = \int_0^x \left( \left( \frac{\partial K}{\partial x}\xi[x] + \frac{\partial K}{\partial t}\xi[t] \right) y(t) + K\eta[t] + Ky(t)D_t\xi[t] \right) \mathrm{d}t. \tag{6.3.16}$$

在式 (6.3.16) 中令 $\xi[\cdot] = \xi(\cdot, y(\cdot))$, $\eta[t] = \eta(t, y(t))$.

由于方程在单参数李变换群下可以变为另一个方程, 所以不妨假设存在函数 $c(x)$, 使得方程 (6.3.15) 能写成

$$c(x)(D_x^\alpha y - f(x, y(x)) - T(y(x))) = \eta_\alpha^0 - P_T(y) - f_x\xi - f_y\eta. \tag{6.3.17}$$

令

$$P_T(y) = b(x)T(y) + \varphi(x), \tag{6.3.18}$$

则方程 (6.3.17) 可以化为

$$\eta_\alpha^0 - \varphi(x) - f_x\xi - f_y\eta = c(x)(D_x^\alpha y - f) + (b(x) - c(x))T(y(x)). \tag{6.3.19}$$

将 $\eta_\alpha^0$ 代入方程 (6.3.19) 中并整理, 可得

$$\frac{\partial^\alpha \eta}{\partial x^\alpha} - y\frac{\partial^\alpha(\eta_y)}{\partial x^\alpha} + (\eta_y - \alpha\xi_x)D_x^\alpha y + \alpha(\eta_{xy} + y'\eta_{yy})D_x^{\alpha-1}y$$

$$+ \sum_{n=2}^{+\infty} \binom{\alpha}{n} D_x^{\alpha-n}y D_x^n(\eta_y) - \alpha y'\xi_y D_x^\alpha y - \frac{\alpha(\alpha-1)}{2}$$

$$\times D_x^{\alpha-1}y(\xi_{yy}(y')^2 + 2\xi_{xy}y' + y''\xi_y + \xi_{xx})$$

$$+ \sum_{n=2}^{+\infty} \left( \binom{\alpha}{n} - \binom{\alpha+1}{n+1} \right)$$

$$\times D_x^{\alpha-n}y \left( \frac{\partial^{n+1}\xi}{\partial x^{n+1}} + \sum_{m=1}^{n+1} \binom{n+1}{m} y^{(m)}\frac{\partial^{n-m+1}\xi_y}{\partial x^{n-m+1}} + \nu_n \right) + \mu$$

$$- \varphi - f_x\xi - f_y\eta = c(x)(D_x^\alpha y - f) + (b(x) - c(x))T(y).$$

由上式可得如下超定方程组

$(A_1): \xi_y = 0,$

$(A_2): \eta_{yy} = 0,$

$(A_3): \eta_y - \alpha\xi_x = c(x),$

$(A_4): \alpha\eta_{xy} - \dfrac{\alpha(\alpha-1)}{2}\xi_{xx} = 0,$

$(A_5): \begin{pmatrix}\alpha\\n\end{pmatrix}\dfrac{\partial^n\eta_y}{\partial x^n} + \left(\begin{pmatrix}\alpha\\n\end{pmatrix} - \begin{pmatrix}\alpha+1\\n+1\end{pmatrix}\right)\dfrac{\partial^{n+1}\xi}{\partial x^{n+1}} = 0, \quad n = 2,3,\cdots,$

$(A_6): b(x) - c(x) = 0,$

$(A_7): \dfrac{\partial^\alpha\eta}{\partial x^\alpha} - y\dfrac{\partial^\alpha\eta_y}{\partial x^\alpha} - f_x\xi - f_y\eta - \varphi + cf = 0.$

由 $(A_1)$ 可得 $\xi = \xi(x)$. 由 $(A_2)$ 可得

$$\eta(x,y) = e(x)y + h(x), \tag{6.3.20}$$

其中 $e(x), h(x)$ 是待定函数. 由 $(A_4)$ 和式 (6.3.20), 可得

$$\eta_y = e(x) = \dfrac{\alpha-1}{2}\xi_x + C_0, \tag{6.3.21}$$

其中 $C_0$ 是常数. 将式 (6.3.21) 代入 $(A_5)$ 中, 进行化简

$$\begin{pmatrix}\alpha\\n\end{pmatrix}\dfrac{\partial^n(e(x))}{\partial x^n} + \left(\begin{pmatrix}\alpha\\n\end{pmatrix} - \begin{pmatrix}\alpha+1\\n+1\end{pmatrix}\right)\dfrac{\partial^{n+1}}{\partial x^{n+1}}\xi = 0.$$

$$\Rightarrow \begin{pmatrix}\alpha\\n\end{pmatrix}\dfrac{\partial^n}{\partial x^n}\left(\dfrac{\alpha-1}{2}\xi_x + C_0\right) + \left(\begin{pmatrix}\alpha\\n\end{pmatrix} - \begin{pmatrix}\alpha+1\\n+1\end{pmatrix}\right)\dfrac{\partial^{n+1}}{\partial x^{n+1}}\xi = 0.$$

$$\Rightarrow \begin{pmatrix}\alpha\\n\end{pmatrix}\dfrac{\partial^n}{\partial x^n}\left(\dfrac{\alpha-1}{2}\xi\right) + \left(\begin{pmatrix}\alpha\\n\end{pmatrix} - \begin{pmatrix}\alpha+1\\n+1\end{pmatrix}\right)\dfrac{\partial^{n+1}}{\partial x^{n+1}}\xi = 0.$$

$$\Rightarrow \dfrac{\alpha-1}{2}\begin{pmatrix}\alpha\\n\end{pmatrix}\dfrac{\partial^{n+1}}{\partial x^{n+1}}\xi + \left(\begin{pmatrix}\alpha\\n\end{pmatrix} - \begin{pmatrix}\alpha+1\\n+1\end{pmatrix}\right)\dfrac{\partial^{n+1}}{\partial x^{n+1}}\xi = 0.$$

$$\Rightarrow \left(\dfrac{\alpha+1}{2}\begin{pmatrix}\alpha\\n\end{pmatrix} - \begin{pmatrix}\alpha+1\\n+1\end{pmatrix}\right)\dfrac{\partial^{n+1}}{\partial x^{n+1}}\xi = 0. \tag{6.3.22}$$

其中 $n = 2,3,\cdots$.

特别地, 当 $n = 2$ 时, 式 (6.3.22) 可简化为 $\xi'''(x) = 0$. 因此, 有

$$\xi(x) = C_1x^2 + C_2x + C_3, \tag{6.3.23}$$

其中 $C_1, C_2, C_3$ 是任意常数. 根据 $\xi(x, y(x))|_{x=0} = 0$ 可知 $C_3 = 0$. 将式 (6.3.23) 代入式 (6.3.21) 中, 可以得到 $e(x) = C_1(\alpha - 1)x + C_4$, 其中 $C_4 = C_2(\alpha - 1)/2 + C_0$.

将式 (6.3.20) 代入 $(A_7)$ 中, 可以得到

$$\xi f_x + \eta f_y = cf + \frac{\partial^\alpha h}{\partial x^\alpha} - \varphi.$$

另一方面, 将式 (6.3.20) 代入式 (6.3.16) 中, 则 $P_T(y)$ 可以写成

$$P_T(y) = \int_0^x \left( \left( \frac{\partial K(x,t)}{\partial x}\xi[x] + \frac{\partial K(x,t)}{\partial t}\xi[t] \right) y(t) + K(x,t)\eta[t] + K(x,t)y(t)\xi'(t) \right) dt$$

$$= \int_0^x \left( \frac{\partial K(x,t)}{\partial x}\xi[x] + \frac{\partial K(x,t)}{\partial t}\xi[t] + K(x,t)e(t) + K(x,t)\xi'(t) \right) y(t)dt$$

$$+ \int_0^x K(x,t)h(t)dt.$$

在式 (6.3.18) 中, 不妨令 $\varphi(x) = \int_0^x K(x,t)h(t)dt$, 则有

$$\frac{\partial K(x,t)}{\partial x}\xi[x] + \frac{\partial K(x,t)}{\partial t}\xi[t] + K(x,t)e(t) + K(x,t)\xi'(t) = K(x,t)b(x)$$

和

$$\xi f_x + \eta f_y = c(x)f + \frac{\partial^\alpha h}{\partial x^\alpha} - \int_0^x K(x,t)h(t)dt.$$

根据 $(A_6)$, $(A_3)$ 和式 (6.3.21), 可以得到

$$b(x) = c(x) = -C_1(\alpha + 1)x - \frac{\alpha + 1}{2}C_2 + C_0.$$

因此, 得到方程 (6.3.13) 的无穷小为

$$\xi = C_1 x^2 + C_2 x, \quad \eta = \left( C_1(\alpha - 1)x + \frac{\alpha - 1}{2}C_2 + C_0 \right) y + h(x), \tag{6.3.24}$$

其中 $C_0, C_1, C_2$ 是任意常数, $h(x)$ 是任意函数.

根据无穷小 (6.3.24), 可以得到关于核函数 $K(x,t)$ 的偏微分方程为

$$(C_1 x^2 + C_2 x)\frac{\partial K}{\partial x} + (C_1 t^2 + C_2 t)\frac{\partial K}{\partial t} + (\alpha + 1)(C_1(t + x) + C_2)K = 0. \tag{6.3.25}$$

同时得到关于 $f(x, y(x))$ 的分数阶微分–积分方程为

$$(C_1 x^2 + C_2 x)f_x + \left( \left( C_1(\alpha - 1)x + \frac{\alpha - 1}{2}C_2 + C_0 \right) y + h(x) \right) f_y$$

$$+ \left( C_1(\alpha + 1)x + \frac{\alpha + 1}{2}C_2 - C_0 \right) f = \frac{\partial^\alpha h}{\partial x^\alpha} - \int_0^x K(x,t)h(t)dt. \tag{6.3.26}$$

### 6.3.3　基于核函数和自由项的李群分析

这一小节将根据核函数 $K(x,t)$ 和自由项 $f(x,y(x))$ 的不同情况, 继续对方程 (6.3.13) 进行李群分析.

**1. 任意核函数 $K(x,t)$ 和自由项 $f(x,y(x))$ 情形**

对于任意核函数 $K(x,t)$ 和自由项 $f(x,y(x))$, 由方程 (6.3.25) 和方程 (6.3.26) 可以得到 $C_1 = C_2 = C_3 = C_0 = 0$. 因此, 方程 (6.3.13) 的无穷小生成元 $V = h(x)\dfrac{\partial}{\partial y}$, 其中函数 $h(x)$ 满足

$$h(x)f_y(x,y) = \frac{\partial^\alpha h}{\partial x^\alpha} - \int_0^x K(x,t)h(t)\mathrm{d}t.$$

**2. 几类特殊情况**

情况 1: 当 $C_1 = C_3 = h = q = 0, C_2 \neq 0$ 时.

令 $\alpha = 1/2$, 方程 (6.3.25) 和方程 (6.3.26) 可以分别写成

$$x\frac{\partial K}{\partial x} + t\frac{\partial K}{\partial t} + \frac{3}{2}K = 0 \quad \text{和} \quad x\frac{\partial f}{\partial x} - \frac{1}{4}y\frac{\partial f}{\partial y} + \frac{3}{4}f = 0,$$

求解上述方程, 可得

$$K(x,t) = \frac{F_1(t/x)}{x^{3/2}}, \quad f(x,y) = \frac{F_2(yx^{1/4})}{x^{3/4}},$$

其中 $F_1(t/x), F_2(yx^{1/4})$ 是可微函数. 同时方程 (6.3.13) 的无穷小为

$$\xi(x) = C_2 x, \quad \eta(x,y) = -\frac{1}{4}C_2 y,$$

相应的无穷小生成元为

$$V = x\frac{\partial}{\partial x} - \frac{1}{4}y\frac{\partial}{\partial y}.$$

情况 2: 当 $C_1 = C_0 = 0, C_2 = h \neq 0, \alpha = 1/2$ 时.

方程 (6.3.25) 和方程 (6.3.26) 可以分别写成

$$x^2\frac{\partial K}{\partial x} + t^2\frac{\partial K}{\partial t} + \frac{3}{2}(t+x)K = 0 \quad \text{和} \quad x\frac{\partial f}{\partial x} + \left(-\frac{1}{4}y+1\right)\frac{\partial f}{\partial y} + \frac{3}{4}f = l(x),$$

其中 $l(x) = 1/(\Gamma(1/2)\sqrt{x}) - \int_0^x K(x,t)\mathrm{d}t$. 求解上述方程, 可得

$$K(x,t) = \frac{F_1\left(-(t-x)/tx\right)\left(1-(t-x)/t\right)^{3/2}}{x^3},$$

$$f(x,y) = \frac{\displaystyle\int l(x)/x^{1/4}\mathrm{d}x + F_2(yx^{1/4} - 4x^{1/4})}{x^{3/4}},$$

其中 $F_1\left(-(t-x)/tx\right)$, $F_2(yx^{1/4} - 4x^{1/4})$ 是可微函数.

当

$$K(x,t) = \frac{\left(-(t-x)/tx\right)\left(1 - (t-x)/t\right)^{3/2}}{x^3},$$

$$f(x,y) = \frac{-2 + 4/\sqrt{\pi}}{\sqrt{x}} + \frac{F_2(yx^{1/4} - 4x^{1/4})}{x^{3/4}}$$

时, 方程 (6.3.13) 的无穷小为

$$\xi(x) = C_2 x, \quad \eta(x,y) = -\frac{1}{4}C_2 y + C_2,$$

相应的无穷小生成元为

$$V = x\frac{\partial}{\partial x} + \left(-\frac{1}{4}y + 1\right)\frac{\partial}{\partial y}. \tag{6.3.27}$$

情况 3: 当 $C_1 = 0, C_0 = h \neq 0$ 时.

对于任意的核函数 $K = K(x,t)$, 由方程 (6.3.25), 可以得到如下微分方程

$$(y+1)f_y - f = \frac{1}{\Gamma(1-\alpha)\sqrt{x}} - \int_0^x K(x,t)\mathrm{d}t,$$

求解上述方程, 可以得到

$$f(x,y) = F(x)y + F(x) + \int_0^x K(x,t)\mathrm{d}t - \frac{1}{\Gamma(1-\alpha)\sqrt{x}},$$

其中 $F(x)$ 是任意函数. 同时方程 (6.3.13) 的无穷小为

$$\xi(x) = 0, \quad \eta(x,y) = C_0(y+1),$$

相应的无穷小生成元为

$$V = (y+1)\frac{\partial}{\partial y}. \tag{6.3.28}$$

最后给出两个例子, 根据所得到的无穷小求解它们相应的不变解.

**例 6.3.1** 考虑如下方程

$$D_x^{1/2}y(x) = \frac{4/\sqrt{\pi} - 2}{\sqrt{x}} + \frac{7\Gamma(3/4)}{11\Gamma(1/4)}\frac{y(x)}{\sqrt{x}} + \int_0^x \frac{t}{x^{5/2}}y(x)\mathrm{d}t, \tag{6.3.29}$$

根据情况 2 可知, 方程 (6.3.29) 的无穷小生成元为 (6.3.27), 相应的特征方程为

$$\frac{\mathrm{d}x}{x} = \frac{\mathrm{d}y}{-(1/4)y + 1},$$

求解此特征方程, 可以得到不变解为 $y(x) = 4(1 - x^{-1/4})$. 经计算可知, 该不变解也满足方程 (6.3.29).

**例 6.3.2**　考虑如下方程

$$D_x^{1/2}y(x) = 2x - x\cos(x) - \frac{1}{\sqrt{\pi}\sqrt{x}} + yx + \int_0^x x\sin(t)y(t)\mathrm{d}t, \qquad (6.3.30)$$

根据情况 3 可知, 方程 (6.3.30) 的无穷小生成元为 (6.3.28), 相应的特征方程为

$$\frac{\mathrm{d}x}{0} = \frac{\mathrm{d}y}{y + 1},$$

求解此特征方程, 可以得到不变解为 $y = -1$. 经计算可得, 该不变解也满足方程 (6.3.30).

# 参 考 文 献

[1] 谷超豪, 胡和生, 周子翔. 孤立子理论中的达布变换及其几何应用. 第 2 版. 上海: 上海科学技术出版社, 2005.

[2] 郭柏灵, 蒲学科, 黄凤辉. 分数阶偏微分方程及其数值解. 北京: 科学出版社, 2011.

[3] 郭玉翠. 非线性偏微分方程引论. 北京: 清华大学出版社, 2008.

[4] 蒋耀林. 波形松弛方法. 北京: 科学出版社, 2009.

[5] 蒋耀林. 模型降阶方法. 北京: 科学出版社, 2010.

[6] 蒋耀林. 工程数学的新方法 (现代数学基础 32 辑). 北京: 高等教育出版社, 2013.

[7] 李翊神, 郝柏林. 孤子与可积系统. 上海: 上海科技教育出版社, 1999.

[8] 田畴. 李群及其在微分方程中的应用. 北京: 科学出版社, 2001.

[9] 瓦内尔 F W. 微分流形与李群基础. 谢孔彬, 谢云鹏, 译. 北京: 科学出版社, 2008.

[10] 吴文俊. 数学机械化. 北京: 科学出版社, 2003.

[11] 闫振亚. 复杂非线性波的构造性理论及其应用. 北京: 科学出版社, 2007.

[12] 伊布拉基莫夫 N H. 微分方程与数学物理问题 (现代数学基础 14 辑). 卢琦, 杨凯, 胡享平, 译. 北京: 高等教育出版社, 2013.

[13] Ames W F. Nonlinear Partial Differential Equations in Engineering. New York: Academic Press, 1965.

[14] Birkhoff G. Hydrodynamics. Princeton: Princeton University Press, 1960.

[15] Bluman G W, Kumei S. Symmetries and Differential Equations. New York: Springer-Verlag, 1989.

[16] Bocharov A V, Chetverikov V N, Duzhin S V, Khor'kova N G, Krasil'shchik I S, Samokhin A V, Torkhov Yu N, Verbovetsky A M, Vinogradov A M. Symmetries and Conservation Laws for Differential Equations of Mathematical Physics. Providence : American Mathematical Society, 1999.

[17] Cantwell B J. Introduction to Symmetry Analysis. Cambridge: Cambridge University Press, 2002.

[18] Dorodnitsyn V. Applications of Lie Groups to Difference Equations. Boca Raton: CRC Press, 2010.

[19] Fushchich W I, Shtelen W M, Serov N I. Symmetry Analysis and Exact Solutions of Equations of Nonlinear Mathematical Physics. Dordrecht: Kluwer Academic Publishers, 1993.

[20] Ibragimov N H. CRC Handbook of Lie Group Analysis of Differential Equations, vol. 3. Boca Raton: CRC Press, 1996.

[21] Kilbas A A, Srivastava H M, Trujillo J J. Theory and Applications of Fractional Differential Equations. Amsterdam: Elsevier, 2006.

[22] Lie S. Theorie der Transformationsgruppen, vol. III. B.G. Teubner, Leipzig, 1893.

[23] Machado J A T, Luo A C J, Barbosa R S, Silva M F, Figueiredo L B. Nonlinear Science and Complexity. Dordrecht: Springer, 2011.

[24] Olver P J. Applications of Lie Groups to Differential Equations. New York: Springer-Verlag, 1986.

[25] Ovsyannikov L V. Group Analysis of Differential Equations. New York: Academic Press, 1982.

[26] Ovsyannikov L V, Ibragimov N K. Lectures on the Theory of Group Properties of Differential Equations. Singapore: World Scientific Publishing Company, 2013.

[27] Podlubny I. Fractional Differential Equations. San Diego: Academic Press, 1999.

[28] Polyanin A D, Zaitsev V F. Handbook of Nonlinear Partial Differential Equations. Boca Raton: Chapman & Hall/CRC Press, 2003.

[29] Abdulwahhab M A. Nonlinear self-adjointness and conservation laws of Klein-Gordon-Fock equation with central symmetry. Communications in Nonlinear Science and Numerical Simulation, 2015, 22(1-3): 1331-1340.

[30] Avdonina E D, Ibragimov N H. Conservation laws and exact solutions for nonlinear diffusion in anisotropic media. Communications in Nonlinear Science and Numerical Simulation, 2013, 18(10): 2595-2603.

[31] Bakkyaraj T, Sahadevan R. Invariant analysis of nonlinear fractional ordinary differential equations with Riemann-Liouville fractional derivative. Nonlinear Dynamics, 2015, 80(1-2): 447-455.

[32] Bateman H. The conformal transformations of a space of four dimensions and their applications to geometrical optics. Proceedings of the London Mathematical Society, 1909, 7(1): 70-89.

[33] Bluman G W, Kumei S. Symmetry-based algorithms to relate partial differential equations: I. Local symmetries. European Journal of Applied Mathematics, 1990, 1(3): 189-216.

[34] Camassa R, Holm D D. An integrable shallow water equation with peaked solitons. Physical Review Letters, 1993, 71(11): 1661-1664.

[35] Chen C, Jiang Y L. Invariant solutions and conservation laws of the generalized Kaup-Boussinesq equation. Waves in Random and Complex Media, 2019, 29(1): 138-152.

[36] Chen C, Jiang Y L. Lie group analysis and invariant solutions for nonlinear time-fractional diffusion-convection equations. Communications in Theoretical Physics, 2017, 68(3): 295-300.

[37] Chen C, Jiang Y L. Lie group analysis, exact solutions and new conservation laws for combined KdV-mKdV equation. Differential Equations and Dynamical Systems, 2020, 28: 827-840.

[38] Chen C, Jiang Y L. Lie group analysis method for two classes of fractional partial differential equations. Communications in Nonlinear Science and Numerical Simulation,

2015, 26(1): 24-35.

[39] Chen C, Jiang Y L. Lie symmetry analysis and dynamic behaviors for nonlinear generalized Zakharov system. Analysis and Mathematical Physics, 2019, 9(1): 349-366.

[40] Clarkson P A, Mansfield E L. Algorithms for the nonclassical method of symmetry reductions. SIAM Journal on Applied Mathematics, 1994, 54(6): 1693-1719.

[41] Cunningham E. The principle of relativity in electrodynamics and an extension thereof. Proceedings of the London Mathematical Society, 1910, 8: 77-98.

[42] Dai C Q, Meng J P, Zhang J F. Symbolic computation of extended Jacobian elliptic function algorithm for nonlinear differential-different equations. Communications in Theoretical Physics, 2005, 43(3): 471-478.

[43] Dorodnitsyn V, Kozlov R, Winternitz P. Continuous symmetries of Lagrangians and exact solutions of discrete equations. Journal of Mathematical Physics, 2004, 45(1): 336-359.

[44] El Kinani E H, Ouhadan A. Lie symmetry analysis of some time fractional partial differential equations. International Journal of Modern Physics: Conference Series, 2015, 38: 1560075.

[45] Gazizov R K, Kasatkin A A, Lukashchuk S Y. Symmetry properties of fractional diffusion equations. Physica Scripta, 2009, T136: 014016.

[46] Ibragimov N H. A new conservation theorem. Journal of Mathematical Analysis and Applications, 2007, 333(1): 311-328.

[47] Ibragimov N H. Conservation laws and non-invariant solutions of anisotropic wave equations with a source. Nonlinear Analysis: Real World Applications, 2018, 40: 82-94.

[48] Ibragimov N H. Integrating factors, adjoint equations and Lagrangians. Journal of Mathematical Analysis and Applications, 2006, 318(2): 742-757.

[49] Ibragimov N H. Nonlinear self-adjointness in constructing conservation laws. Archives of ALGA, 2010-2011, 7-8: 1-90.

[50] Ivanov R, Lyons T. Integrable models for shallow water with energy dependent spectral problems. Journal of Nonlinear Mathematical Physics, 2012, 19(sup1): 72-88.

[51] Jiang Y L, Chen C. Lie group analysis and dynamical behavior for classical Boussinesq-Burgers system. Nonlinear Analysis: Real World Applications, 2019, 47: 385-397.

[52] Jiang Y L, Lu Y, Chen C. Conservation Laws and optimal system of extended quantum Zakharov-Kuznetsov equation. Journal of Nonlinear Mathematical Physics, 2016, 23(2): 157-166.

[53] Sirendaoreji, Jiong S. Auxiliary equation method for solving nonlinear partial differential equations. Physics Letters A, 2003, 309(5-6): 387-396.

[54] Kardell M. New solutions with peakon creation in the Camassa-Holm and Novikov equations. Journal of Nonlinear Mathematical Physics, 2015, 22(1): 1-16.

[55]  Kaur J, Gupta R K, Kumar S. On explicit exact solutions and conservation laws for time fractional variable-coefficient coupled Burger's equations. Communications in Nonlinear Science and Numerical Simulation, 2020, 83: 105108.

[56]  Kunzinger M, Oberguggenberger M. Group analysis of differential equations and generalized functions. SIAM Journal on Mathematical Analysis, 2000, 31(6): 1192-1213.

[57]  Lashkarian E, Hejazi S R. Group analysis of the time fractional generalized diffusion equation. Physica A: Statistical Mechanics and Its Applications, 2017, 479: 572-579.

[58]  Li Y S, Zhu G C. New set of symmetries of the integrable equations, Lie algebra and non-isospectral evolution equations. II. AKNS system. Journal of Physics A: Mathematical and General, 1986, 19(18): 3713-3725.

[59]  Lou S Y, Hu X B. Infinitely many Lax pairs and symmetry constraints of the KP equation. Journal of Mathematical Physics, 1997, 38(12): 6401-6427.

[60]  Lukashchuk S Y. Conservation laws for time-fractional subdiffusion and diffusion-wave equations. Nonlinear Dynamics, 2015, 80(1-2): 791-802.

[61]  Malfliet W. Solitary wave solutions of nonlinear wave equations. American Journal of Physics, 1992, 60(7): 650-654.

[62]  Marvan M. Sufficient set of integrability conditions of an orthonomic system. Foundations of Computational Mathematics, 2009, 9(6): 651-674.

[63]  Noether E. Invariant variation problems. Transport Theory and Statistical Physics, 1971, 1(3): 186-207.

[64]  Özer T, Antar N. The similarity forms and invariant solutions of two-layer shallow-water equations. Nonlinear Analysis: Real World Applications, 2008, 9(3): 791-810.

[65]  Pashayi S, Hashemi M S, Shahmorad S. Analytical Lie group approach for solving fractional integro-differential equations. Communications in Nonlinear Science and Numerical Simulation, 2017, 51: 66-77.

[66]  Qu C Z. Classification and reduction of some systems of quasilinear partial differential equations. Nonlinear Analysis: Theory Methods and Applications, 2000, 42(2): 301-327.

[67]  Qu C Z. Symmetries and solutions to the thin film equations. Journal of Mathematical Analysis and Applications, 2006, 317(2): 381-397.

[68]  Rocha Filho T M, Figueiredo A. [SADE] a Maple package for the symmetry analysis of differential equations. Computer Physics Communications, 2011, 182(2): 467-476.

[69]  Sahadevan R, Prakash P. Exact solution of certain time fractional nonlinear partial differential equations. Nonlinear Dynamics, 2016, 85(1): 659-673.

[70]  Sahin D, Antar N, Ozer T. Lie group analysis of gravity currents. Nonlinear Analysis: Real World Applications, 2010, 11(2): 978-994.

[71]  Sahoo S, Ray S S. Lie symmetry analysis and exact solutions of (3+1) dimensional Yu-Toda-Sasa-Fukuyama equation in mathematical physics. Computers & Mathematics

with Applications, 2017, 73(2): 253-260.

[72] Schwarz F. Symmetries of differential equations: from Sophus Lie to computer algebra. SIAM Review, 1988, 30(3): 450-481.

[73] Selima E S, Yao X, Wazwaz A M. Multiple and exact soliton solutions of the perturbed Korteweg–de Vries equation of long surface waves in a convective fluid via Painlevé analysis, factorization, and simplest equation methods. Physical Review E, 2017, 95(6): 062211.

[74] Singla K, Gupta R K. On invariant analysis of some time fractional nonlinear systems of partial differential equations. I. Journal of Mathematical Physics, 2016, 57(10): 101504.

[75] Singla K, Gupta R K. On invariant analysis of space-time fractional nonlinear systems of partial differential equations. II. Journal of Mathematical Physics, 2017, 58(5): 051503.

[76] Sinkala W. Two ways to solve, using Lie group analysis, the fundamental valuation equation in the double-square-root model of the term structure. Communications in Nonlinear Science and Numerical Simulation, 2011, 16(1): 56-62.

[77] Tracinà R, Bruzón M S, Gandarias M L, Torrisi M. Nonlinear self-adjointness, conservation laws, exact solutions of a system of dispersive evolution equations. Communications in Nonlinear Science and Numerical Simulation, 2014, 19(9): 3036-3043.

[78] Vu K T, Jefferson G F, Carminati J. Finding higher symmetries of differential equations using the MAPLE package DESOLVII. Computer Physics Communications, 2012, 183(4): 1044-1054.

[79] Wang G W, Xu T Z, Johnson S, Biswas A. Solitons and Lie group analysis to an extended quantum Zakharov-Kuznetsov equation. Astrophysics and Space Science, 2014, 349(1): 317-327.

[80] Wazwaz A M. The generalized Kaup-Boussinesq equation: multiple soliton solutions. Waves in Random and Complex Media, 2015, 25(4): 473-481.

[81] Wei G M, Lu Y L, Xie Y Q, Zheng W X. Lie symmetry analysis and conservation law of variable-coefficient Davey-Stewartson equation. Computers & Mathematics with Applications, 2018, 75(9): 3420-3430.

[82] Yomba E. The sub-ODE method for finding exact travelling wave solutions of generalized nonlinear Camassa-Holm, and generalized nonlinear Schrödinger equations. Physics Letters A, 2008, 372(3): 215-222.

[83] Yu J, Wang D S, Sun Y L, Wu S P. Modified method of simplest equation for obtaining exact solutions of the Zakharov-Kuznetsov equation, the modified Zakharov-Kuznetsov equation, and their generalized forms. Nonlinear Dynamics, 2016, 85(4): 2449-2465.

# 附　　录

## 附录 A　无穷小生成元的 Maple 实现

这里给出组合 KdV-mKdV 方程和非线性广义 Zakharov 方程组无穷小生成元的 Maple 实现过程.

### A.1　组合 KdV-mKdV 方程情形

≫ with (PDEtools):　　　　　　%调入偏微分工具箱

≫ declare(u(x, t))　　　　　　%声明函数

　　　　　　　　　　　　　u(x, t) will now be displayed as u

≫ U: = diff_table(u(x, t)): %允许紧凑的数学符号输入表达式及其导数

≫ e4 := $U_t + a \cdot U_{[\ ]} \cdot U_x + p \cdot U_{[\ ]}^2 \cdot U_x + b \cdot U_{x,x,x} = 0$　　%定义一个偏微分方程

　　　　　　　　　　　　$e4 := pu^2 u_x + auu_x + bu_{x,x,x} + u_t = 0$

≫ Infinitesimals(e4)　　　　%求偏微分方程所接受的无穷小

$$\left[ -\xi_x(x,t,u) = 0,\ -\xi_t(x,t,u) = 0,\ -\eta_u(x,t,u) = 0 \right],$$

$$\left[ -\xi_x(x,t,u) = 1,\ -\xi_t(x,t,u) = 0,\ -\eta_u(x,t,u) = 0 \right],$$

$$\left[ -\xi_x(x,t,u) = \frac{1}{3}x - \frac{1}{6}\frac{a^2 t}{p},\ \xi_t(x,t,u) = t,\ -\eta_u(x,t,u) = \frac{1}{6}\frac{-2pu - a}{p} \right]$$

### A.2　非线性广义 Zakharov 方程组情形

≫ With(PDEtools):　　　　　　　　%调入偏微分工具箱

≫ declare (u(x,t),v(x,t),w(x,t))　　%声明函数

　　　　　　　　u(x, t) will not be displayed as u

　　　　　　　　v(x, t) will not be displayed as v

　　　　　　　　w(x, t) will not be displayed as w

≫ U,V,W:=diff_table(u(x, t)), diff_table(v(x, t)),

　　diff_table(w(x, t)):

　　　　%允许紧凑的数学符号输入表达式及其导数

≫ e1 := $U_t + \alpha \cdot V_{x,x} - \delta_1 \cdot V_{[\ ]} \cdot W_{[\ ]} + \delta_2 \cdot V_{[\ ]} \cdot \left( U_{[\ ]}^2 + V_{[\ ]}^2 \right)$

$$+\delta_3 \cdot V_{[\ ]} \cdot \left(U_{[\ ]}^2 + V_{[\ ]}^2\right)^2 = 0$$

$$e1 := u_t + \alpha v_{x,x} - \delta_1 vw + \delta_2 v\left(u^2 + v^2\right) + \delta_3 v\left(u^2 + v^2\right)^2 = 0$$

$$\ll e2 := -V_t + \alpha \cdot U_{x,x} - \delta_1 \cdot U_{[\ ]} \cdot W_{[\ ]} + \delta_2 \cdot \left(U_{[\ ]}^2 + V_{[\ ]}^2\right) \cdot U_{[\ ]}$$

$$+\delta_3 \cdot \left(U_{[\ ]}^2 + V_{[\ ]}^2\right)^2 \cdot U_{[\ ]} = 0$$

$$e2 := -v_t + \alpha u_{x,x} - \delta_1 uw + \delta_2 \left(u^2 + v^2\right)u + \delta_3 \left(u^2 + v^2\right)^2 u = 0$$

$$\ll e3 := W_{t,t} - c^2 \cdot W_{x,x} = 2 \cdot \beta \cdot \left(U_x^2 + U_{[\ ]} \cdot U_{x,x} + V_{[\ ]} \cdot V_{x,x} + V_x^2\right)$$

$$e3 := -c^2 w_{x,x} + w_{t,t} = 2\beta\left(uu_{x,x} + u_x^2 + vv_{x,x} + v_x^2\right)$$

$\ll$ PDESYS := [e1, e2, e3] :                           %定义一个偏微分方程组

$\ll$ G := Infinitesimals(PDESYS)          %求偏微分方程组所接受的无穷小

$$G := [-\xi_x(x,t,u,v,w) = 0, -\xi_t(x,t,u,v,w) = 1, -\eta_u(x,t,u,v,w) = 0,$$

$$-\eta_v(x,t,u,v,w) = 0, -\eta_w(x,t,u,v,w) = 0],$$

$$[-\xi_x(x,t,u,v,w) = 1, -\xi_t(x,t,u,v,w) = 0, -\eta_u(x,t,u,v,w) = 0$$

$$-\eta_v(x,t,u,v,w) = 0, -\eta_w(x,t,u,v,w) = 0],$$

$$[-\xi_x(x,t,u,v,w) = 0, -\xi_t(x,t,u,v,w) = 0, -\eta_u(x,t,u,v,w) = v,$$

$$-\eta_v(x,t,u,v,w) = -u, -\eta_w(x,t,u,v,w) = 0],$$

$$[-\xi_x(x,t,u,v,w) = 0, -\xi_t(x,t,u,v,w) = 0, -\eta_u(x,t,u,v,w) = tv,$$

$$-\eta_v(x,t,u,v,w) = -tu, -\eta_w(x,t,u,v,w) = \frac{1}{\delta_1}\Big],$$

$$\Big[-\xi_x(x,t,u,v,w) = 0, -\xi_t(x,t,u,v,w) = 0, -\eta_u(x,t,u,v,w) = \frac{1}{2}t^2 v,$$

$$-\eta_v(x,t,u,v,w) = -\frac{1}{2}t^2 u, -\eta_w(x,t,u,v,w) = \frac{t}{\delta_1}\Big]$$

## 附录 B  Bernoulli 型辅助方程法

考虑如下含有 $n$ 个自变量和一个因变量的偏微分方程

$$H(u, u_{x^i}, u_{x^i x^j}, \cdots) = 0, \tag{B.1}$$

其中 $u = u(x)$, $x = (x^1, x^2, \cdots, x^n)$ 是 $n$ 维自变量.

接下来, 将给出以 Bernoulli 方程作为辅助方程求解方程 (B.1) 精确解的具体步骤.

步骤 1: 利用适当的变换 (可以是李群变换、行波变换等)

$$u = U(\xi), \quad \xi = \xi(x), \tag{B.2}$$

将方程 (B.1) 转化为一个非线性常微分方程

$$N(U, U', U'', U''', \cdots) = 0, \tag{B.3}$$

其中 $U' = \dfrac{\mathrm{d}U}{\mathrm{d}\xi}$, $U'' = \dfrac{\mathrm{d}^2 U}{\mathrm{d}\xi^2}$, $\cdots$.

步骤 2: 假设方程 (B.3) 的解能写成一个有限的幂级数

$$U(\xi) = \sum_{i=0}^{M} a_i G^i(\xi), \tag{B.4}$$

其中 $a_i(i = 1, 2, \cdots, M)$ 是需要确定的常系数, 且 $a_M \neq 0$. 根据齐次平衡原则, 即通过对方程 (B.3) 中 $G(\xi)$ 的最高阶导数项和最高阶非线性项的次数进行平衡, 可以得到 $M$ 的值. 假设式 (B.4) 中的函数 $G(\xi)$ 满足某些常微分方程 (通常称为辅助方程), 这里采用 Bernoulli 方程作为辅助方程, 则 $G(\xi)$ 满足

$$G'(\xi) = aG(\xi) + bG^2(\xi), \tag{B.5}$$

其中 $a, b$ 是常系数. 方程 (B.5) 的解可以写成如下初等函数:

情况 1: 若 $a > 0$, $b < 0$, 则方程 (B.4) 的解为 $G(\xi) = \dfrac{a \exp(a(\xi + \xi_0))}{1 - b \exp(a(\xi + \xi_0))}$;

情况 2: 若 $a < 0$, $b > 0$, 则方程 (B.4) 的解为 $G(\xi) = -\dfrac{a \exp(a(\xi + \xi_0))}{1 + b \exp(a(\xi + \xi_0))}$, 其中 $\xi_0$ 是积分常数.

步骤 3: 将式 (B.4) 代入方程 (B.3) 中, 并结合方程 (B.5), 通过整理化简得到一个关于函数 $G(\xi)$ 的多项式, 然后令 $G^i(\xi)$ 的系数为零, 得到一个关于系数 $a, b, a_i(i = 1, 2, \cdots, M)$ 等的超定方程组, 并求解此超定方程组.

步骤 4: 将关于系数 $a, b, a_i$ 等的幂级数解 (B.4) 代入变换 (B.2) 中, 得到方程 (B.1) 的精确解.

# 附录 C　tanh 函数型辅助方程法

考虑如下含有 $n$ 个自变量和一个因变量的偏微分方程

$$H(u, u_{x^i}, u_{x^i x^j}, \cdots) = 0, \tag{C.1}$$

其中 $u = u(x)$, $x = (x^1, x^2, \cdots, x^n)$ 是 $n$ 维自变量.

下面将给出通过 tanh 方法求方程 (C.1) 精确解的具体步骤.

步骤 1: 利用适当的变换 (可以是李群变换、行波变换等)

$$u = U(\xi), \quad \xi = \xi(x), \tag{C.2}$$

将方程 (C.1) 变换为一个非线性常微分方程

$$N(U, U', U'', U''', \cdots) = 0, \tag{C.3}$$

其中 $U' = \dfrac{\mathrm{d}U}{\mathrm{d}\xi}, U'' = \dfrac{\mathrm{d}^2 U}{\mathrm{d}\xi^2}, \cdots$.

步骤 2: 假设方程 (C.3) 的解能写成一个有限的幂级数

$$U = \sum_{i=0}^{M} a_i Y^i, \tag{C.4}$$

其中 $a_i(i = 0, 1, \cdots, M)$ 是需要确定的常系数, 且 $a_M \neq 0$. 根据齐次平衡原则, 即通过对方程 (C.3) 中 $Y$ 的最高阶导数项和最高阶非线性项的次数进行平衡, 得到 $M$ 的值. 在式 (C.4) 中, $Y = \tanh(\xi)$ 的导数满足

$$\begin{aligned}
\frac{\mathrm{d}}{\mathrm{d}\xi} &= (1 - Y^2)\frac{\mathrm{d}}{\mathrm{d}Y}, \\
\frac{\mathrm{d}^2}{\mathrm{d}\xi^2} &= -2Y(1 - Y^2)\frac{\mathrm{d}}{\mathrm{d}Y} + (1 - Y^2)^2\frac{\mathrm{d}^2}{\mathrm{d}Y^2}, \\
\frac{\mathrm{d}^3}{\mathrm{d}\xi^3} &= 2(1 - Y^2)(3Y^2 - 1)\frac{\mathrm{d}}{\mathrm{d}Y} - 6Y(1 - Y^2)^2\frac{\mathrm{d}^2}{\mathrm{d}Y^2} + (1 - Y^2)^3\frac{\mathrm{d}^3}{\mathrm{d}Y^3}, \\
\frac{\mathrm{d}^4}{\mathrm{d}\xi^4} &= -8Y(1 - Y^2)(3Y^2 - 2)\frac{\mathrm{d}}{\mathrm{d}Y} + 4(1 - Y^2)^2(9Y^2 - 2)\frac{\mathrm{d}^2}{\mathrm{d}Y^2} \\
&\quad - 12Y(1 - Y^2)^3\frac{\mathrm{d}^3}{\mathrm{d}Y^3} + (1 - Y^2)^4\frac{\mathrm{d}^4}{\mathrm{d}Y^4},
\end{aligned} \tag{C.5}$$

$$\cdots\cdots$$

步骤 3: 将式 (C.4) 代入方程 (C.3) 中, 并结合式 (C.5), 通过整理化简得到一个关于函数 $Y$ 的多项式. 然后令 $Y^i$ 的系数为零, 得到一个关于系数 $a_i$ 等的超定方程组, 并求解此超定方程组.

步骤 4: 将关于系数 $a_i(i = 0, 1, \cdots, M)$ 的幂级数解 (C.4) 代入变换 (C.2) 中, 得到方程 (C.1) 的精确解.

## 附录 D 分数阶无穷小生成元相关推导

在 3.2.1 小节中, 已知 $\eta_\alpha^0$ 的表达式为

$$\eta_\alpha^0 = D_x^\alpha \eta - \alpha D_x^\alpha y D_x(\xi) + \sum_{n=1}^{+\infty}\left(\binom{\alpha}{n} - \binom{\alpha+1}{n+1}\right)D_x^{\alpha-n} y D_x^{n+1}\xi,$$

其中

$$D_x^\alpha \eta = \frac{\partial^\alpha \eta}{\partial x^\alpha} + \frac{\partial^\alpha (y\eta_y)}{\partial x^\alpha} - y\frac{\partial^\alpha(\eta_y)}{\partial x^\alpha} + \mu, \tag{D.1}$$

并且

$$\mu = \sum_{n=2}^{+\infty}\sum_{m=2}^{n}\sum_{k=2}^{m}\sum_{r=0}^{k-1} \begin{pmatrix} \alpha \\ n \end{pmatrix}\begin{pmatrix} n \\ m \end{pmatrix}\begin{pmatrix} k \\ r \end{pmatrix}\frac{1}{k!}\frac{x^{n-\alpha}}{\Gamma(n+1-\alpha)}$$

$$\times (-y)^r \frac{\mathrm{d}^m(y^{k-r})}{\mathrm{d}x^m}(y^{k-r})\frac{\partial^{n-m+k}\eta(x,y)}{\partial x^{n-m}\partial y^k}.$$

下面给出式 (D.1) 的具体推导过程. 在 (D.1) 的推导过程中要用到广义链式法则和广义 Leibniz 公式, 为此先给出它们各自的表达式. 广义链式法则为

$$\frac{\mathrm{d}^m g(y(x))}{\mathrm{d}x^m} = \sum_{k=0}^{m}\sum_{r=0}^{k}\begin{pmatrix} k \\ r \end{pmatrix}\frac{1}{k!}(-y(x))^r\frac{\mathrm{d}^m}{\mathrm{d}x^m}((y(x))^{k-r})\frac{\mathrm{d}^k g(y)}{\mathrm{d}y^k},$$

且广义 Leibniz 公式为

$$D_x^\alpha(f(x)g(x)) = \sum_{n=0}^{+\infty}\begin{pmatrix} \alpha \\ n \end{pmatrix}D_x^{\alpha-n}f(x)D_x^n g(x). \tag{D.2}$$

在式 (D.2) 中, 若 $f = f(x, y(x))$, $g(x) = 1$, 利用广义链式法则, 式 (D.2) 可以写成

$$D_x^\alpha(f(x,y(x)))$$

$$=\sum_{n=0}^{+\infty}\sum_{m=0}^{n}\sum_{k=0}^{m}\sum_{r=0}^{k}\begin{pmatrix} \alpha \\ n \end{pmatrix}\begin{pmatrix} n \\ m \end{pmatrix}\begin{pmatrix} k \\ r \end{pmatrix}\frac{1}{k!}\frac{x^{n-\alpha}}{\Gamma(n+1-\alpha)}$$

$$\times (-y(x))^r \frac{\mathrm{d}^m}{\mathrm{d}x^m}((y(x))^{k-r})\frac{\partial^{n-m+k}f(x,y)}{\partial x^{n-m}\partial y^k}.$$

将上式中的第二个求和符号 $\sum\limits_{m=0}^{n}$ 拆分为 $m=0$, $m=1$ 和 $m \geqslant 2$ 三部分, 则有

$$D_x^\alpha(f(x,y(x)))$$

$$=\sum_{n=0}^{+\infty}\left(\begin{pmatrix} \alpha \\ n \end{pmatrix}\frac{x^{n-\alpha}}{\Gamma(n+1-\alpha)}\frac{\partial^n f(x,y)}{\partial x^n}\right.$$

$$+\sum_{k=0}^{1}\sum_{r=0}^{k}\begin{pmatrix} \alpha \\ n \end{pmatrix}\begin{pmatrix} n \\ 1 \end{pmatrix}\begin{pmatrix} k \\ r \end{pmatrix}\frac{1}{k!}\frac{x^{n-\alpha}}{\Gamma(n+1-\alpha)}(-y(x))^r$$

$$
\times \frac{\mathrm{d}}{\mathrm{d}x}((y(x))^{k-r})\frac{\partial^{n-1+k}f(x,y)}{\partial x^{n-m}\partial y^k}
$$

$$
+\sum_{m=2}^{n}\sum_{k=0}^{m}\sum_{r=0}^{k}\left(\begin{array}{c}\alpha\\n\end{array}\right)\left(\begin{array}{c}n\\m\end{array}\right)\left(\begin{array}{c}k\\r\end{array}\right)\frac{1}{k!}\frac{x^{n-\alpha}}{\Gamma(n+1-\alpha)}(-y(x))^r
$$

$$
\times \frac{\mathrm{d}^m}{\mathrm{d}x^m}((y(x))^{k-r})\frac{\partial^{n-m+k}f(x,y)}{\partial x^{n-m}\partial y^k}\bigg).
$$

由于 $D_x^{\alpha}x^{\beta}=\dfrac{\Gamma(\beta+1)}{\Gamma(\beta+1-\alpha)}x^{\beta-\alpha}$, 所以上式可以简化为

$$
\begin{aligned}
&D_x^{\alpha}(f(x,y(x)))\\
=&\frac{\partial^{\alpha}f}{\partial x^{\alpha}}+\sum_{n=0}^{+\infty}\left(\sum_{r=0}^{1}\left(\begin{array}{c}\alpha\\n\end{array}\right)\left(\begin{array}{c}n\\1\end{array}\right)\frac{x^{n-\alpha}}{\Gamma(n+1-\alpha)}(-y(x))^r\frac{\mathrm{d}}{\mathrm{d}x}((y(x))^{1-r})\frac{\partial^{n}f(x,y)}{\partial x^{n-1}\partial y}\right.\\
&+\sum_{m=2}^{n}\sum_{k=0}^{m}\sum_{r=0}^{k}\left(\begin{array}{c}\alpha\\n\end{array}\right)\left(\begin{array}{c}n\\m\end{array}\right)\left(\begin{array}{c}k\\r\end{array}\right)\frac{1}{k!}\frac{x^{n-\alpha}}{\Gamma(n+1-\alpha)}(-y(x))^r\\
&\left.\times \frac{\mathrm{d}^m}{\mathrm{d}x^m}((y(x))^{k-r})\frac{\partial^{n-m+k}f(x,y)}{\partial x^{n-m}\partial y^k}\right)\\
=&\frac{\partial^{\alpha}f}{\partial x^{\alpha}}+\sum_{n=0}^{+\infty}\left(\left(\begin{array}{c}\alpha\\n\end{array}\right)\left(\begin{array}{c}n\\1\end{array}\right)\frac{x^{n-\alpha}}{\Gamma(n+1-\alpha)}y'\frac{\partial^{n}f(x,y)}{\partial x^{n-1}\partial y}\right.\\
&+\sum_{m=2}^{n}\sum_{k=0}^{m}\sum_{r=0}^{k}\left(\begin{array}{c}\alpha\\n\end{array}\right)\left(\begin{array}{c}n\\m\end{array}\right)\left(\begin{array}{c}k\\r\end{array}\right)\frac{1}{k!}\frac{x^{n-\alpha}}{\Gamma(n+1-\alpha)}\\
&\left.\times (-y(x))^r\frac{\mathrm{d}^m}{\mathrm{d}x^m}((y(x))^{k-r})\frac{\partial^{n-m+k}f(x,y)}{\partial x^{n-m}\partial y^k}\right).
\end{aligned}
$$

接下来, 将 $k$ 分为 $k=0$, $k=1$ 和 $k\geqslant 2$ 三部分并整理化简, 则有

$$
\begin{aligned}
D_x^{\alpha}(f(x,y(x)))=&\frac{\partial^{\alpha}f}{\partial x^{\alpha}}+\sum_{n=0}^{+\infty}\left(\left(\begin{array}{c}\alpha\\n\end{array}\right)\left(\begin{array}{c}n\\1\end{array}\right)\frac{x^{n-\alpha}}{\Gamma(n+1-\alpha)}y'\frac{\partial^{n}f(x,y)}{\partial x^{n-1}\partial y}\right.\\
&+\sum_{m=2}^{n}\left(\begin{array}{c}\alpha\\n\end{array}\right)\left(\begin{array}{c}n\\m\end{array}\right)\frac{x^{n-\alpha}}{\Gamma(n+1-\alpha)}\frac{\mathrm{d}^m y(x)}{\mathrm{d}x^m}\frac{\partial^{n-m+1}f(x,y)}{\partial x^{n-m}\partial y}\\
&+\sum_{m=2}^{n}\sum_{k=2}^{m}\sum_{r=0}^{k}\left(\begin{array}{c}\alpha\\n\end{array}\right)\left(\begin{array}{c}n\\m\end{array}\right)\left(\begin{array}{c}k\\r\end{array}\right)\frac{1}{k!}\frac{x^{n-\alpha}}{\Gamma(n+1-\alpha)}\\
&\left.\times (-y(x))^r\frac{\mathrm{d}^m}{\mathrm{d}x^m}(y(x)^{k-r})\frac{\partial^{n-m+k}f(x,y)}{\partial x^{n-m}\partial y^k}\right).
\end{aligned}
$$

最后, 利用公式

$$D_x^n(f(x)g(x)) = \sum_{m=0}^{n} \binom{n}{m} f^{(n-m)}(x)g^{(m)}(x), \quad n \in \mathbf{N}$$

和广义 Leibniz 公式 (D.2), 可以得到如下简化形式

$$D_x^\alpha(f(x,y(x)))$$
$$= \frac{\partial^\alpha f}{\partial x^\alpha} + \sum_{n=0}^{+\infty} \binom{\alpha}{n} \frac{x^{n-\alpha}}{\Gamma(n+1-\alpha)} \left( D_x^n(y(x)f_y(x,\ y)) - y(x)\frac{\partial^n(f_y(x,y))}{\partial x^n} \right)$$
$$+ \sum_{n=0}^{+\infty}\sum_{m=2}^{n}\sum_{k=2}^{m}\sum_{r=0}^{k} \binom{\alpha}{n}\binom{n}{m}\binom{k}{r} \frac{1}{k!} \frac{x^{n-\alpha}}{\Gamma(n+1-\alpha)}$$
$$\times (-y(x))^r \frac{\mathrm{d}^m}{\mathrm{d}x^m}((y(x))^{k-r}) \frac{\partial^{n-m+k}f(x,y)}{\partial x^{n-m}\partial y^k}$$
$$= \frac{\partial^\alpha f}{\partial x^\alpha} + \frac{\partial^\alpha(yf_y)}{\partial x^\alpha} - y\frac{\partial^\alpha(f_y)}{\partial x^\alpha} + \sum_{n=0}^{+\infty}\sum_{m=2}^{n}\sum_{k=2}^{m}\sum_{r=0}^{k} \binom{\alpha}{n}\binom{n}{m}\binom{k}{r}$$
$$\times \frac{\Gamma(n+1-\alpha)}{k!} x^{n-\alpha}(-y(x))^r \frac{\mathrm{d}^m}{\mathrm{d}x^m}((y(x))^{k-r}) \frac{\partial^{n-m+k}f(x,y)}{\partial x^{n-m}\partial y^k}$$
$$= \frac{\partial^\alpha f}{\partial x^\alpha} + \frac{\partial^\alpha(yf_y)}{\partial x^\alpha} - y\frac{\partial^\alpha(f_y)}{\partial x^\alpha} + \sum_{n=0}^{+\infty}\sum_{m=2}^{n}\sum_{k=2}^{m}\sum_{r=0}^{k-1} \binom{\alpha}{n}\binom{n}{m}\binom{k}{r}$$
$$\times \frac{1}{k!} \frac{x^{n-\alpha}}{\Gamma(n+1-\alpha)} (-y(x))^r \frac{\mathrm{d}^m}{\mathrm{d}x^m}((y(x))^{k-r}) \frac{\partial^{n-m+k}f(x,y)}{\partial x^{n-m}\partial y^k}.$$

从而得到式 (D.1) 为

$$D_x^\alpha f = \frac{\partial^\alpha f}{\partial x^\alpha} + \frac{\partial^\alpha(yf_y)}{\partial x^\alpha} - y\frac{\partial^\alpha(f_y)}{\partial x^\alpha} + \mu,$$

其中

$$\mu = \sum_{n=0}^{+\infty}\sum_{m=2}^{n}\sum_{k=2}^{m}\sum_{r=0}^{k-1} \binom{\alpha}{n}\binom{n}{m}\binom{k}{r}$$
$$\frac{1}{k!} \frac{x^{n-\alpha}}{\Gamma(n+1-\alpha)} (-y(x))^r \frac{\mathrm{d}^m}{\mathrm{d}x^m}((y(x))^{k-r}) \frac{\partial^{n-m+k}f(x,y)}{\partial x^{n-m}\partial y^k}.$$

根据式 (D.1), 则有

$$D_x^\alpha \eta = \frac{\partial^\alpha \eta}{\partial x^\alpha} + \frac{\partial^\alpha(y\eta_y)}{\partial x^\alpha} - y\frac{\partial^\alpha(\eta_y)}{\partial x^\alpha} + \mu.$$

# 《现代数学基础丛书》已出版书目

## (按出版时间排序)